Simon Hofer
Der neue Erfolgsstandard

SIMON HOFER (Hrsg.)

Der neue ERFOLGS STANDARD

Top-Speaker und Coaches verraten, wie man ins Rampenlicht kommt

MIT EINEM VORWORT VON STEFAN FRÄDRICH

REDLINE | VERLAG

Bibliografische Information der Deutschen Nationalbibliothek
Die Deutsche Nationalbibliothek verzeichnet diese Publikation in der Deutschen Nationalbibliografie. Detaillierte bibliografische Daten sind im Internet über http://dnb.d-nb.de abrufbar.

Für Fragen und Anregungen
info@redline-verlag.de

Wichtiger Hinweis:
Ausschließlich zum Zweck der besseren Lesbarkeit wurde auf eine genderspezifische Schreibweise sowie eine Mehrfachbezeichnung verzichtet. Alle personenbezogenen Bezeichnungen sind somit geschlechtsneutral zu verstehen.

1. Auflage 2021

Türkenstraße 89
80799 München
Tel.: 089 651285-0
Fax: 089 652096

Redaktion: Silvia Kinkel
Umschlaggestaltung: Marc Fischer
Umschlagabbildung: katatonia82/ Shutterstock
Layout und Satz: Andreas Linnemann
Druck: GGP Media GmbH, Pößneck
Printed in Germany

ISBN Print 978-3-86881-858-1
ISBN E-Book (PDF) 978-3-96267-355-0
ISBN E-Book (EPUB, Mobi) 978-3-96267-356-7

Wir produzieren nachhaltig
www.m-vg.de

Weitere Informationen zum Verlag finden Sie unter
www.redline-verlag.de
Beachten Sie auch unsere weiteren Verlage unter www.m-vg.de

INHALTSVERZEICHNIS

Kapitel 5

TIMO SIMON

Kapitel 6

ANJA MACK

Kapitel 7

ULRICH OLBRISCH

Kapitel 8

CLAUDIA STROBL

VORWORT

Speaker, die ein Buch schreiben? Moment. Wieso sollte das verwundern? Wer sich auf eine Bühne stellt und Menschen mit seinen Worten inspiriert, sollte schließlich mit selbigen umgehen können.

Ganz so einfach ist es aber nicht. Gar nicht. Denn der Teufel steckt im Detail, was man aber nur bemerkt, wenn man sich die Details auch anschaut. Weil Speaking nämlich nicht einfach nur Sprechen bedeutet.

Wagen wir eine semantische Annäherung: Was ist ein Speaker? Das mit Bühne, Menschen und Worten hatten wir schon. Spannend wird es bei der Inspiration. Denn für die braucht es mehr. Schließlich stellen sich auch Schauspieler, Comedians oder CEOs vor allerlei Gruppen hin und machen hörbar den Mund auf. Aber inspirieren sie? Im Idealfall schon. Als Nebenprodukt. Doch in der Hauptsache geht es um Theater, Pointen oder Business. Alles Elemente, die zwar auch in guten Reden vorkommen können, aber diese nicht definieren.

Schauspieler spielen eine Rolle. Sie sind nicht, was sie vorgeben, zu sein. (Nun ja, meistens.) Sie können berühren, mitreißen, unterhalten. Aber immer abhängig von den Vorgaben anderer wie Autoren und Regisseuren. Insofern mag ihre Kunst groß sein, bleibt aber höchstens Interpretation von etwas Vorgegebenem.

Comedians emotionalisieren. Wobei ich das Wort Comedian hier als Überbegriff verwende. Den Unterschied zu Kabarettisten, Witzeerzählern und sonstigen Stimmungskanonen dürfen andere aufdröseln. Der Punkt ist: Wenn das eigentliche Ziel der Performance ist, das Publikum zum Lachen zu bringen, geht es, wenn überhaupt, nur nebensächlich um Messages. Die aber sind das Ziel von Speakern. Humor kann eine angenehme Darreichungsform sein, bleibt aber Stilmittel.

Okay, dann der CEO, der Strategien, Zahlen oder Ideen vermittelt. Prima, wenn er (oder sie) dabei das Handwerkszeug (oder Mundwerkszeug) guter Speaker nutzen kann: Inspiration und Infotainment. Dann leuchten die Augen der Belegschaft: »Cooler Typ, unser Vorstandsvorsitzender!« Aber bitte mal ehrlich: Viele Chefs haben in Sachen Präsentation und Bühnenperformance noch Luft nach oben. Rhetorik ist für ihren eigentlichen Job hilfreich, aber in der Praxis eher *nice to have*.

Gar nicht so einfach, oder? Lassen wir doch aus dem neudeutschen Wort »Speaker« ein wenig die Luft raus: Können wir nicht einfach »Redner« sagen oder »Vortragender«? Leider nein, weil auch das zu schiefen Ergebnissen führt.

Wobei »Redner« durchaus passen kann. Im klassisch rhetorischen Sinne tragen gute Redner nicht nur irgendetwas vor, sondern erreichen damit auch ihr Publikum. Sie vermitteln neben Inhalten auch Haltung und Appelle. Der Funke springt über – im klassischen Sinne der Rhetorik! In der Realität allerdings versprühen allzu viele »Redner« leider überhaupt keine Funken. Denken wir nur an abgelesene Erklärungen bei der Jahreshauptversammlung. Oder an Grußworte von Politikern beim Stadtfest. Versteckt hinter dem Rednerpult. Peinlich ins Mikrofon genuschelt. Gähn.

Natürlich: Ein Redner kann ein guter Speaker sein. Ist er aber zu selten. Weshalb man als Speaker immer vorsichtig sein sollte, sich Redner zu nennen. Allzu nahe liegt die Assoziation: »Bitte keine langen Reden halten!« Wobei es beim guten Speaker genau andersherum ist: »Bitte weitersprechen, ich will dir zuhören!«

Also »Vortragender«? Auch nicht: Ein Vortrag ist eher eine inhaltliche Abhandlung, das Vermitteln von Information. Rhetorisches Beiwerk? Haltung? Emotionen? Können irritieren, wenn es um die Sache gehen soll. Nüchternheit is King.

Sensibilisiert für all das können wir also bewusst beim Wort »Speaker« bleiben und Speaking als eigenes Genre verstehen. Gute Speaker sprechen kunstvoll unterhaltsam über Inhaltliches mit persönlichem Engagement, einer inneren Haltung und dem Ziel, ihr Publikum zu inspirieren. Sie sind keine sprechenden Hüllen, sondern sendende Persönlichkeiten. Sie stellen nichts dar, sondern sind, was sie mitteilen, wenn sie sich ihren Zuhörern öffnen. Sie sind Erfahrung, Erkenntnis und Relevanz statt Theorie, Geschichte oder Unterhaltung. Sie sind nahe am Leben und dadurch nahe am Menschen. Und dabei sind sie so bunt und stilistisch vielfältig, wie Leben und Menschen es nun mal sind. Sie beherrschen Formen, ohne von ihnen beherrscht zu werden. Nicht um der Formen, sondern um der Wirkung willen. Sie machen Infotainment, weil Information nicht ausreicht und Entertainment kaum eindringt.

Na also, wir kommen der Sache näher! Und sind trotzdem noch an der Oberfläche. Denn um zu verstehen, was es heißt, Speaker zu sein, muss man verstehen, was es heißt, Speaker zu werden: einen langen inneren Weg zu gehen. Sich zu hinterfragen. Sich zu klären. Sich zu zeigen. Sich zu schärfen. Sich zu erschaffen und dabei zu finden. Unbequemes auszuhalten. Durchzuhalten. Immer wieder zu scheitern. Wieder aufzustehen. Dranzubleiben. Sich dem Publikum stellen und das Publikum mit sich – und den ganz persönlichen, oft sensiblen Motiven – zu konfrontieren. Speaker werden? Und Speaker sein? Das muss man sich erst mal trauen!

Zurück zum Anfangsgedanken: Speaker, die ein Buch schreiben? Sehr gute Idee! Vor allem, wenn sie die Leser dabei auf ihre Reise mitnehmen, wie die Autoren dieses Buches es getan haben. Alle haben diese Reise mit Greator gemacht, zuvor GEDANKENtanken, der größten deutschsprachigen Speakingplattform, deren Gründer ich bin. (Vielleicht haben Sie unser großes blaues G auf der Bühne schon einmal gesehen? In einem Youtube-Video zum Beispiel oder live bei einer unserer Veranstaltungen.) So kann ich Ihnen aus eigener Erfahrung versichern: Speaker sein ist heftig, Speaker sein ist Arbeit, Speaker sein ist großartig. Und den langen Weg zum Speaker zu gehen, ist pure Persönlichkeitsentwicklung.

Womit wir wieder beim eigentlichen Kern wären: bei Relevanz, Message und Inspiration. Ein Speaker eben. Das geht nicht nur mit gesprochenen Worten auf einer Bühne, es geht auch mit geschriebenen in einem Buch. Aber hallo!

Ich wünsche Ihnen aus tiefstem Herzen: Mögen die Funken überspringen!

Ihr
Dr. *Stefan Frädrich*

WIE DAS BUCH ENTSTANDEN IST:

Zusammenkommen ist ein Beginn, zusammenbleiben ein Fortschritt und zusammenarbeiten ein Erfolg.[1]

Es gibt unglaublich viele Facetten von Erfolg. Viele wollen ihn, wenige erreichen ihn. Manche behaupten, Erfolg sei in erster Linie eine Frage der Konsequenz, des Willens, des Denkens, der eigenen Motivation und des Durchhaltens. Andere sind sich sicher, dass es viel mehr eine Frage der richtigen Technik ist: Zeitmanagement, Führungsfähigkeiten, Strukturen. Jede dieser Fähigkeiten mag richtig und wichtig sein, aber wäre nicht zunächst die Frage zu klären, was Erfolg für den Einzelnen überhaupt bedeutet? Und bedeutet beruflicher Erfolg wirklich privaten Verzicht, oder kann man diese beiden – Beruf- und Privatleben – erfolgreich miteinander verbinden? Falls ja, wie definiere ich Erfolg in diesem Bereich?

Wir hören und lesen oft von Menschen, die in unserer Wahrnehmung zwar sehr erfolgreich sind, die aber trotzdem an Depressionen oder Alkoholsucht leiden.

Die Entfaltung und Entwicklung der eigenen Persönlichkeit in möglichst vielen Bereichen ist zwar kein Garant für Erfolg, aber eine Basis, um uns als Menschen besser verstehen zu können, und genau hier setzen wir mit diesem Buch an. Jeder von uns Autoren, von uns Speakern, hat ein Kernthema und ist überzeugt davon, dass seine Botschaft es verdient hat, gehört zu werden. Waren es am Anfang noch Einzelgespräche, wurden bald Seminare oder Workshops daraus, und es kam der Zeitpunkt, an dem sich die Chance ergab, das eigene Herzensthema als Speaker auf einer großen Bühne zu präsentieren. Für uns bedeutete das, 18 Minuten, um unser Thema auf den Punkt zu bringen, das Publikum zu begeistern und zu inspirieren oder aber zu langweilen.

Damit Letzteres nicht passiert, traf sich im Oktober 2019 eine bunt gemischte Truppe aus Deutschland Österreich und der Schweiz, um an ihren Keynotes[2] zu arbeiten. Insgesamt vier Tage lang ging es ausschließlich darum, das eigene Thema so unterhaltend und informativ wie möglich zu präsentieren.

Wie intensiv diese Tage schließlich wurden, hat niemand von uns für möglich gehalten. Sich in der Öffentlichkeit zu präsentieren, bedeutet auch immer, angreifbar und verletzbar zu sein. Sich selbst zu öffnen, seine eigene Geschichte zu offenbaren und die Beweggründe zu verstehen, warum einem das eigene Thema so viel

Herzblut abverlangt, ist eine der wichtigsten und schwierigsten Grundlagen, wenn der Schritt ins Rampenlicht gewagt wird.

Entstanden ist in diesen vier Tagen noch viel mehr. Aus bis dato völlig fremden Menschen ist eine Gemeinschaft entstanden, die sich auch über den eigentlichen Zweck hinaus »verbunden« hat. Aus einer dieser anschließenden Zusammenkünfte ist die Idee für dieses Buch entstanden. Der Gedanke, all die Dinge zu erzählen, die eben nicht in besagte 18 Minuten passten. Aufzuzeigen, wie wir überhaupt dazu gekommen sind, auf Bühnen zu sprechen; und da dieser Auftritt nun schon rund zwei Jahre her ist, aufzuzeigen, was die einzelnen Autoren in der Zwischenzeit erlebt haben und welche Erkenntnisse sie daraus gezogen haben.

Betrachten Sie bitte die acht Kapitel und Themen von uns Autoren wie ein Bufett. Suchen Sie sich entweder die Themen heraus, die Ihnen aktuell wichtig sind und jetzt gerade zu Ihrem Leben passen, oder Sie lesen die kurzen Überleitungen, die den einen Autor mit dem nächsten verbinden. Hier erfahren Sie persönliche Gedanken, Eindrücke und Verbindungen zwischen den Autoren abseits von Biografie und beruflicher Historie. Es sind schließlich immer die Verbindungen zwischen Menschen, die Gemeinsamkeiten und Unterschiede, die Begegnungen interessant werden lassen. Last but not least: Wer weiß, vielleicht schlummert ja auch in Ihnen jemand, der eine Message hat, die helfen kann, unsere Welt ein kleines bisschen leichter, besser oder friedvoller zu gestalten. Dann freuen wir uns auf Ihr Feedback und Ihren Beitrag. Wir, die Autoren, wünschen Ihnen viele Momente der Selbsterkenntnis, der Bestärkung, des Lernens und vor allem: Viel Spaß beim Lesen.

Ihr
Ulrich Olbrisch, Autor

Aufbau des Buchs

Vorwort	Dr. Stefan Frädrich
Einleitung	Wie das Buch entstanden ist (Ulrich Olbrisch)
Kapitel 1	Anya Delen – Ein geplantes Comeback
Kapitel 2	Simon Hofer – Erfolg ist Kopfsache
Kapitel 3	Robert Steffen – Die Macht der Worte
Kapitel 4	Vera Peters – Was wir von der Wildnis lernen dürfen
Kapitel 5	Timo Simon – Was STOPPschilder mit der Bühne zu tun haben?
Kapitel 6	Anja Mack – Die Wahrheit, die alles verändert
Kapitel 7	Ulrich Olbrisch – Vom lieben Geld und der Gesundheit
Kapitel 8	Claudia Strobl – In Topform

Claudia Strobl über Anya Delen

Anya Delen, Speaker-Kollegin und lieb gewonnene Freundin, ist ein authentisches Beispiel dafür, Herausforderungen als Treibstoff für persönliche Freiheit und persönliches Wachstum zu erkennen. Als Tochter einer Flüchtlingsfamilie macht sie in ihrer spannenden, sehr emotionalen Geschichte ihren Leserinnen und Lesern Mut, sich von seinen Problemen nicht aus der Bahn werfen zu lassen, sondern Eigenverantwortung im Leben zu übernehmen. Anya zeigt anhand ihrer persönlichen Erlebnisse, dass Ver-ANTWORTUNG zu übernehmen der Schlüssel sein kann, um das eigene Leben und das Leben anderer in unserem Umfeld positiv zu beeinflussen. Wer nur ihre politische und gesellschaftliche Historie sieht, vermutet eher eine Frau reiferen Alters, als die junge, temperamentvolle Friedens- und Konfliktforscherin, die hier ihre Spuren hinterlassen hat. Von ihr kann gelernt werden, ohne belehrt zu werden. Diskussionen bleiben bei ihr immer auf einer sehr sachlichen Ebene, ohne dabei aber emotionslos zu sein. Wer Veränderung sucht, findet in ihr nicht nur eine Beraterin mit Augenmaß, sondern auch eine, die das Machbare erkennt und den Weg dorthin begleitet. Zusammengefasst ist es vielleicht so am besten zu beschreiben: analytisch wie ein Informatiker, fantasievoll wie ein Künstler, visionär wie ein Erfinder und vor allem liebenswert und sympathisch.

KAPITEL 1

ANYA DELEN

EIN GEPLANTES COMEBACK – DAS BLAUE G MUSS ES ABER SEIN!

Kennen Sie das? Sie tun bereits etwas, ohne zu wissen, dass Sie es tun? Sie sind bereits jemand, ohne zu wissen, dass Sie es sind? Falls Sie sich nun dabei ertappt fühlen, dann dürfen Sie beruhigt sein – auch mir ist es so ergangen! Denn ohne die Berufsbezeichnung »Keynote-Speaker« bereits gekannt zu haben, tat ich genau das. Ohne zu wissen, wie, habe ich zu und vor Menschen gesprochen und sie auf unterschiedliche Weise »in meinen Bann« gezogen. Das muss im Übrigen nicht immer heißen, dass sie mich auch mögen. Nicht alles sehen wir auf den ersten, zweiten oder dritten Blick. Hin und wieder gelingt es nicht einmal, uns selbst völlig losgelöst zu betrachten, obwohl uns das manchmal helfen könnte, Dinge schneller zu erledigen.

Als ich das erste Mal einen Fuß in das Büro von GEDANKENtanken setzte, wusste ich, dass das hier unter dem Titel »Fortsetzung folgt« laufen würde. Wer mich kennt, denkt auch gerne an meine politischen Reden zurück, mein Engagement für all jene unter uns, die einfach einen guten Freund oder Helfer brauchen. Sollten Sie mich noch nicht kennen, dann möchte ich Ihnen auf diesem Wege getrost mitteilen, dass ich von Herzen gerne jedem zur Seite stehe, der den Mut zur Veränderung nicht aufbringt. Das ist zwar nicht immer angenehm, jedoch meistens recht hilfreich, und letztlich ist es das, was wirklich zählt, oder? Ich muss an dieser Stelle gestehen, dass mein Auftritt bei GEDANKENtanken weder mein erster noch mein größter, aber dafür ein ganz besonderer Auftritt war.

Als 2014 im Nahen Osten durch den Islamischen Staat (ISIS) der Krieg ausbrach und die Bilder Tausender Vertriebener und Toter um die Welt gingen, sah ich mich in der Pflicht, etwas zu tun.[3] Und ich tat das, wozu wir alle ohne Ausnahme imstande gewesen wären. Ich nutzte meine Stimme, um zu sprechen und gehört zu werden.

Gemeinsam mit einem Dutzend Weggefährt*innen stürmten wir friedlich den Grünen Parteitag in Hamburg, um die Dringlichkeit von Hilfsangeboten für die Menschen im Kriegsgebiet zu betonen. Und hierbei ging es nicht nur um die Menschen im Kriegsgebiet, sondern um uns alle. Wenn wir denen, die Hilfe benötigen, nicht helfen, werden wir irgendwann Hilfe benötigen und niemand wird da sein, um uns zu helfen. In diesem Augenblick, während meines Auftritts bei den Grünen, prallten jegliche Zweifel und Unsicherheit von mir ab, weil ich das unbedingt tun wollte und musste. Zumindest sagte mir das mein Herz. Meine Unsicherheit oder gar die Angst vor Ablehnung hatten zu diesem Zeitpunkt keinen Platz auf dieser Welt, und so kam es, dass meine Rede live übertragen wurde und im modernen Jargon ausgedrückt »viral« ging. Mehrere Hunderttausende Aufrufe in den sozialen Netzwerken und etliche Auftritte später war klar, dass die politische Landschaft eine Newcomerin haben sollte.

Als ich der Kooperation mit GEDANKENtanken einige Jahre später zusagte, war uns allen klar, dass Politik zumindest bei diesem Auftritt auch eine wichtige Rolle spielen sollte. Zwar entsprach es bislang eher weniger dem Bühnenformat von GEDANKENtanken, wie man es kannte, doch die Geschichte der Rede stieß bei allen Beteiligten im Entstehungsprozess auf große Zustimmung. Wir wollten etwas gemeinsam bewegen. Nicht um jeden Preis geliebt und angehimmelt zu werden war unser primäres, gemeinsames Ziel, sondern ETWAS in den Menschen vor der Bühne und den Bildschirmen zu bewegen.

Nachdem ich das Büro anschließend wieder verließ, wusste ich, dass die Zeit gekommen war, auch jenseits klassischer politischer Bühnen zu sprechen. Wir leben in einer Zeit der Bewusstseinswerdung. Die persönliche Entwicklung ist dem Menschen heutzutage wichtiger denn je, da das Motto der letzten hundert Jahre »immer schneller, höher und weiter« tiefgreifende Spuren in uns hinterlassen hat. So können und wollen wir nicht weitermachen. Wir trauen uns endlich, genauer hinzusehen, auf unsere Fehler zu blicken und auf das, was wir in unserem Leben und dem Leben der anderen vielleicht noch auf eine positive Art gestalten können. Veränderung ist ein Prozess und ganz ohne Unannehmlichkeiten geht es nun mal nicht. Andererseits war mein zweiter Gedanke: »Anya! Warum musst du immerzu ungemütliche Themen wählen? Lass das doch diesmal die anderen machen.«

Mittlerweile habe ich verstanden, warum die unangenehmen Themen auf den Bühnen dieser Welt ihre Daseinsberechtigung haben und nicht wieder vergraben werden dürfen: Wir dürfen nicht immer die Klappe halten und jeder, der eine Bühne betritt, trägt auch eine gewisse Verantwortung. Und es ist an der Zeit, dass wir endlich im Kollektiv begreifen, dass jeder Einzelne von uns zählt, um diese Welt schöner, friedvoller, glücklicher und heller strahlen zu lassen als je zuvor.

Wenn Mentoren dir auf die Schulter klopfen, nachdem sie Tränen vergossen haben

Mitunter als eine der jüngsten Speaker*innen im Team habe ich mich ganz besonders auf die Zusammenarbeit mit Trainer und Coach Christian Gärtner sowie dem Regisseur und Top Executive Coach Frank Asmus gefreut. Wir lernen nie aus und was gibt es Schöneres, als das Handwerk von den Besten in der Branche zu erlernen? Ich glaube nach wie vor nicht, dass Sie eine Ausbildung als Keynote-Speaker im herkömmlichen Sinne brauchen, sondern vielmehr jemanden, der Sie begleitet, Sie bei der Reflexion Ihrer Keynotes und Vorträge unterstützt; jemanden, der einen geschulten Blick darauf wirft und Ihnen hilft, Ihre einzigartige Performance auf das nächste Level zu heben, denn das Wichtigste haben Sie ja bereits dabei: Sie haben sich!

Gemeinsam mit Frank und Christian haben wir vor den Auftritten die Keynotes in kleinen Teams zerpflückt, einige darin aufgeführte Geschichten hinterfragt, Sätze ausgebessert und die Bühnenperformance genauestens unter die Lupe genommen. Während ich den beiden von meinen Ideen erzählte und anschließend meine Keynote vortrug, war ich der felsenfesten Überzeugung, dass wir danach eine Menge umgestalten müssten.

Warum ich das dachte? Na, weil die Art und Weise sowie der Inhalt meiner Keynote sich so stark von den Auftritten meiner Kolleg*innen unterschied. Wer aus der Reihe tanzt so wie ich – und vielleicht tun Sie es ja auch – , steht gefühlt plötzlich allein da, und so hatte auch ich mit dem Gedanken zu kämpfen, dass ich mich vielleicht an die Darstellungs- und Redeweise der anderen ausnahmsweise mal anpassen sollte. Dass genau dies nicht geschehen ist, bemerken Sie, wenn Sie sich meinen Auftritt ansehen.

Kennen Sie dieses wunderbare Bild, auf dem fünf zuckersüße kleine Ballerinen abgebildet sind? Die Ballerina ganz links tut nicht dasselbe wie die übrigen Ballerinen. Die anderen blicken gehorsam zu ihrer Lehrerin und stehen mit beiden Füßen auf dem Boden, wohingegen die fünfte Ballerina kopfüber an der Ballettstange hängt und ihre Aufmerksamkeit irgendwo zu sein scheint – nur nicht beim Ballettunterricht. Sie macht, was sie will oder zumindest macht sie es auf ihre ganz eigene Art. Ein bisschen von dieser Ballerina steckt sicherlich in jedem von uns.

Heute bin ich sehr froh darüber, dass ich mit Christian und Frank zusammenarbeiten durfte. Die Individualität der einzelnen Speaker*innen ist den beiden ein besonderes Anliegen gewesen, sodass der Fokus bei unserer Performance darauf ausgerichtet war, dass wir uns auf der Bühne nackig machten. Ich meine damit nicht, dass wir uns die Kleider vom Leibe gerissen haben, sondern dass die Person, die sich auf die Bühne stellt und zum Publikum spricht, authentisch und echt ist. Rollenspiele braucht heute niemand mehr, wir brauchen echte Geschichten von echten Menschen mit echten Gefühlen. Wir wollen berührt werden. Und vielleicht war dies auch der Grund, warum der liebe Frank Asmus nach unserer letzten gemeinsamen Probe zur Bühne eilte und mich tief und fest umarmte. Bis heute kann ich sagen, dass ich eine solch innige und ernst gemeinte Umarmung nur selten erlebt habe. Frank hat meine Geschichte gefühlt, und als er mich losließ, blickte ich in die feuchten Augen eines Mannes, der es gewohnt ist, die Fassung zu bewahren.

Nachdem er wieder auf einem der hinteren Ränge des Theaters Platz genommen hatte, zeigte er mit seinem Kugelschreiber auf mich und sagte: »Wir brauchen dich! Unbedingt.« Ich möchte ganz ehrlich sein, das hat mir Kraft gegeben, wobei ich überzeugt bin, dass wir keine einzelne starke Persönlichkeit brauchen, sondern ein herausragend starkes Kollektiv. Die Welt braucht starke Menschen mit einer gemeinsamen Mission.

Nachdem ich vor meinem neu gewonnenen Freundeskreis und Christian in einem letzten Durchgang sprach, konnte er es sich nicht verkneifen, mich immer wieder mit Greta Thunberg zu vergleichen. Da er dies wiederholt tat und dabei auch noch betonte, dass er mir stundenlang zuhören könne, verlor sein Satz »Eigentlich möchte ich dich nicht die ganze Zeit mit Greta Thunberg vergleichen» für mich jedwede Bedeutung. Wenn Sie Greta Thunberg nicht kennen, dann ist Ihre Welt vermutlich bereits vor einigen Jahren zum Stehen gekommen. In diesem Jahr, am 3. Januar 2021, wurde die Schwedin Greta Thunberg gerade einmal 18 Jahre alt. Sie war es, die mit ihren jungen 15 Jahren und einem einfachen Plakat den Schulstreik begann, der heute als Fundament der weltweit bekannten Fridays-for-Future-Kundgebungen gilt. Die Klimakrise hat mit Thunberg ein Gesicht bekommen und auch jemanden, der ohne Kompromisse an Politik und Wirtschaft appelliert, dass der von Menschenhand gemachte Klimawandel aufgehalten werden müsse. Zugegeben, Greta Thunberg hat nicht nur Freunde. Die Radikalität ihres Ansatzes und ihr energisches Beharren auf der Notwendigkeit einer drastischen Veränderung polarisieren die Menschen in zwei Lager: Die einen lieben sie und die anderen hassen sie, wobei wir hassen vielleicht durch einen milderen Begriff ersetzen sollten.[4]

Sobald jemand auf der Bildfläche erscheint und auf Veränderungen und das Engagement jedes Einzelnen drängt, ist davon auszugehen, dass nicht jeder von uns dieses Vorhaben unterstützen wird. Dies liegt in unserer Natur. Wir genießen unser Dasein in unserer Komfortzone und reagieren zunächst empört und wütend, wenn uns jemand dazu auffordert, unsere Kuschelecke zu verlassen. Zumindest ist der Dalai Lama ein großer Greta-Thunberg-Fan, wie uns seit seinem Outing bekannt ist, und lobt sie in den höchsten Tönen. Durch Greta habe er begriffen, dass es bei unserer Existenz um so viel mehr geht als die ständige Ich-Fokussierung. Diese junge Dame sei »eine echte Hoffnung«, so der Dalai Lama.[5]

Zwar bin ich keine Greta Thunberg und weit davon entfernt, eine zu sein, doch Christians Kompliment nehme ich gerne an. Wie vor vielen anderen Auftritten auch erwischte ich mich allerdings kurz bei dem Wunsch, einfach mal etwas zu tun, das jedem gefällt, bis mir wieder einfiel, dass dies erstens nicht möglich und zweitens einfach nicht mein Ding ist.

Wer jedem gefällt, macht irgendetwas falsch. Das müssen Sie nicht so sehen, aber ich tue es. In meiner Vorbereitung auf die GEDANKENtanken-Bühne habe ich also, wie Sie sehen, starke und verlässliche Unterstützung gehabt. Mit Christian und Frank an meiner Seite wusste ich, dass hier zwei absolut zuverlässige Persönlichkeiten am Werk waren. Was aber noch viel wichtiger war: Sie glaubten an die Wichtigkeit meiner Botschaft und dafür bin ich den beiden aus tiefstem Herzen dankbar.

Auf der vergeblichen Suche nach Fehlern bei der Generalprobe

Lassen Sie uns nicht das sagen, was gehört werden will, sondern stets das, was gesagt werden muss.

Etwa zwei Wochen vor dem geplanten Auftritt am 28. Januar 2020 fand die Generalprobe auf der Volksbühne am Rudolfplatz statt. Entspannt kreuzte ich bei

Jingsi, die ich bis dahin noch gar nicht kannte, und Thomas auf, der uns von Anfang an begleitete. Beide hatten noch nie einen Auftritt von mir gesehen und so stellte ich mich auf die Bühne und plapperte los. Früher konnte ich nicht begreifen, warum mir meine Reden gut gelangen, doch heute habe ich eine plausible Erklärung dafür gefunden: Ich stehe zu 110 Prozent hinter meiner Botschaft und dabei ist es mir völlig egal, ob ich anschließend geliebt oder gehasst werde, ob aus dem Publikum Blumen auf die Bühne fliegen oder mit Eiern in meine Richtung geworfen wird. Mein Ziel ist einzig und allein die Übermittlung der Botschaft der Rede und dafür sind Sympathiepunkte nicht immer notwendig.

Wenn Sie in Zukunft also über etwas sprechen wollen, dann wählen Sie stets ein Thema, bei dem Sie heller strahlen als die über dem Fujiyama aufgehende Sonne. In Ihnen muss das Feuer brennen und ich verspreche Ihnen, dass die Menschen Ihnen zuhören werden. So simpel kann manchmal die Antwort auf eine Frage sein, von der wir glauben, dass eine Antwort nur in Form eines Romans möglich sei.

Nun stand ich da, war am Ende der Generalprobe angelangt und wartete auf ein Feedback, doch nichts tat sich. Jingsi schwieg, Thomas schwieg (ich glaube sogar bemerkt zu haben, dass Thomas bei meiner Vorstellung hin und wieder den Blickkontakt mit mir vermied, so wie ich es bei meinen anwesenden Kolleg*innen und einigen Zuhörer*innen im Publikum auch bemerkt hatte). Nichts, Totenstille, bis Jingsi begriff, dass jemand nun das Wort ergreifen müsste. Über ihr imposantes »Geil!« habe ich mich wahrlich gefreut, weil es mir doch nach diesem ernsten Thema ein Lächeln ins Gesicht zauberte. Das Wörtchen »geil« sollte Jingsi im Verlauf unseres Gesprächs noch einige Male verwenden. »Geile Rednerin«, »geiles Thema«, »geile Message«, »geil, wie du es rüberbringst«.

Wem von uns tut es nicht gut, hin und wieder eine Ladung Zuspruch zu erhalten? Die Generalprobe lief schneller ab, als ich erwartet hatte, und nach der Besprechung von einigen hilfreichen Tipps verließ ich die Theaterbühne, auf der ich in zwölf Tagen noch mal stehen sollte – als Vorletzte im Programm. Nach meinem Auftritt musste schließlich noch etwas Lustiges daherkommen, damit das Publikum zum Ende hin doch noch etwas zu lachen hatte, was ich niemanden verübeln kann.

Ich möchte Sie ermutigen, Ihrem Herzen zu folgen, wenn Sie sich auf die Bühnen dieser Welt stellen möchten. Vergessen Sie bitte nicht, dass Sie jeden Tag auf einer Bühne zu Hause sind. Die Bühne Ihres Lebens findet nicht einmal jährlich in Form einer fest durchgeplanten Veranstaltung statt, sondern 24 Stunden jeden Tag. Wenn Sie mit sich allein sind oder mit anderen Menschen zusammen, sprechen Sie immer auf einer Bühne: Sind Menschen in Ihrer Nähe, dann lauschen Ihnen diese Menschen. Sind Sie mit sich allein, dann lauschen Sie Ihren Gedanken. Sie sollten gar nicht erst versuchen, jemandem zu gefallen und Ihre Themen danach auszurichten, was gegenwärtig im Trend liegt. Vielmehr nehmen Sie das Publikum stets dann mit auf eine zauberhafte Reise, wenn Sie direkt aus Ihrem Herzen sprechen und sich nicht verstellen: Wir Menschen sind sehr feinfühlig und bemerken ein aufgesetztes Verhalten in den meisten Fällen – früher oder später.

In diesem Prozess durfte ich nochmals für mich selbst lernen, dass es vollkommen in Ordnung ist, die Zuhörerschaft zu polarisieren. Sobald Sie erfolgreich sind, werden Sie mit beiden Gruppierungen Bekanntschaft machen: Ihren Wegbegleitern und jenen, die mit Ihrer Botschaft nichts anzufangen wissen oder diese für Bockmist halten. Nehmen Sie dieses Geschenk an und bleiben Sie sich selbst treu. Die Erfahrung zeigt, dass Sie dann sicherer beim Sprechen sind und Ihnen die volle Aufmerksamkeit des Publikums zuteilwird. Etwas auswendig zu lernen, was mich nicht interessiert, von dem ich aber weiß, dass es gut ankommt, ist die **WAHL DER QUAL**. Wählen Sie weise und bleiben Sie bei den Themen, die das Blut in Ihren Adern pulsieren lassen, wenn Sie nur schon daran denken.

Die höchste Form der Anerkennung und warum sie Ihnen auf der Bühne Freiheit schenkt

Manch einer mag Ihnen erzählen, dass wir Speaker und Coaches mit jedem Auftritt weniger Nervosität und Aufregung verspüren. Gewiss neigen wir dazu, durch die Wiederholung einer Erfahrung an Selbstsicherheit zu gewinnen. Da unsere Erfahrungen allerdings nie dieselben sind, das Publikum von Auftritt zu Auftritt ein anderes ist und wir auch nie haargenau die identische Performance wie beim letzten Mal darbieten können, wiederholt sich meiner Meinung nach auch die Erfahrung nicht. Es ist jedes Mal ein neues Abenteuer, auf das wir uns gemeinsam einlassen, für die es jedoch eine Zutat gibt, die Ihnen helfen wird, sich frei auf den Bühnen dieser Welt bewegen und reden zu können. Es sollte

Ihnen gelingen, ein gewisses Maß an Selbstsicherheit zu besitzen und allem voran sich selbst Anerkennung zu zollen. Alle Anerkennung von außen wird wertlos sein, sofern die Anerkennung, die Sie sich selbst entgegenbringen sollten, nicht vorhanden ist.

Schlagen Sie bitte in einem deutschen Wörterbuch das Substantiv »Anerkennung» nach, und Ihnen werden folgende Erklärungen angezeigt:

»Würdigung, Lob, Achtung, Respekt.«[6]

Glauben Sie mir, wenn ich Ihnen sage, dass ich es in meinem jungen Leben noch nie erlebt habe, dass jemand zeitgleich von der Außenwelt geachtet und respektiert wurde, während er sich selbst mitsamt allen Facetten seiner Persönlichkeit nicht anerkannte? Früher oder später – und dies gilt nicht nur für Redner*innen – , brechen alle künstlich errichteten Konstrukte in sich zusammen. Wer nach außen hin vorgibt, selbstsicher zu sein, ohne über jegliche Selbstsicherheit zu verfügen, wird irgendwann unter diesem Druck zusammenbrechen. Wer seine Einstellung tief vergräbt und nach außen die Haltung eines Menschen darstellt, der er oder sie gar nicht ist, wird das Publikum auf Dauer nicht begeistern können. Wer an seiner Botschaft zweifelt, kann sich unzählige Male auf eine Bühne stellen und zu Menschenmassen sprechen: Ihm wird nichts gelingen.

Stellen Sie also sicher, dass Sie sich selbst, so wie Sie heute sind, mitsamt Ihren Erfahrungen, Ihren Eigenschaften und Ihrer ganz persönlichen Haltung zu den unterschiedlichen Lebensbereichen, anerkennen. Ich möchte dies auch als primäre Bedingung betiteln, die essenziell ist, um in der Außenwelt einen Status der Anerkennung zu erreichen. Ganz so blöd bin ich dann doch nicht. Wer ernsthaft ein Interesse daran hegt, dass seine Arbeit in diesem kurzen Leben und über dessen Grenzen hinaus Früchte trägt, ist auf die Anerkennung da draußen angewiesen. Doch zuerst müssen Sie sich selbst respektieren. Manch einer möchte mir an dieser Stelle unterstellen, dass das leichter gesagt als getan ist, und da stimme ich herzlich gerne zu:

Es ist die Natur der Dinge, dass Reden leichter fällt als Tun. Es ist eine Entwicklung, die Sie, falls nicht schon geschehen, heute beginnen können. Bleiben Sie am Ball, machen Sie weiter, trotzen Sie der auftretenden Ablehnung durch andere, und mit der Zeit wächst Ihre Selbstsicherheit. Es geht in erster Linie nie um uns selbst, wenn wir uns auf die großen und kleinen Bühnen wagen und uns freiwillig potenziellen Angriffen aussetzen: Es geht um das, was Sie sagen wollen und müssen, bevor Ihre Reise auf diesem wunderbaren Planeten morgen schon wieder vorbei sein könnte. Ihre Mission sollte größer sein, als Sie es sind, und nur wenn sie das ist, können Sie auch weiterhin auf die Bühnen gehen und in einem Gefühl absoluter Freiheit schwelgen und sprechen.

Ein Speaker, der begriffen hat, dass er nur der Überbringer einer wichtigen Botschaft ist, ist ein Speaker, der immer gehört wird. Immer!

Die Bereitschaft, ALL-IN zu gehen

Von dem Moment an, in dem Sie eine Bühne betreten, spielt es für einen entscheidenden Fakt keine Rolle mehr, welche Inhalte, Storys und Learnings Sie der Zuhörerschaft mitteilen wollen: In ausnahmslos jedem Fall bieten Sie eine enorme Angriffsfläche für all jene, die darauf aus sind und es nicht lassen können oder wollen. Sie machen sich mit dem gewagten Schritt auf die Bühne verwundbar – ich hoffe, das ist Ihnen bereits bewusst? Sollten Sie damit erhebliche Schwierigkeiten haben, schlage ich Ihnen zwei Optionen vor: Entweder Sie treten nicht mehr auf oder Sie arbeiten daran, zu akzeptieren, dass Bühnenperformance, Angriffsfläche und Verwundbarkeit Hand in Hand gehen. Vergessen Sie bitte nicht, dass Ihre Botschaft in der Welt aber nur gehört werden kann, wenn Sie weiterhin zu und vor anderen sprechen.

Die Medaille, die Sie als Speaker oder Coach um den Hals tragen, hat also immer zwei Seiten. Die eine existiert nicht ohne die andere: Dort, wo Sie möglicherweise auf Kritik und Ablehnung treffen, könnten Sie zeitgleich den größten Zuspruch erhalten. Sie wissen es vor Ihrem Auftritt nicht, sondern erst, wenn Sie fertig sind. Und an dieser Stelle möchte ich Ihnen eine Frage stellen:

Wenn Sie sich einem Publikum offenbaren und verwundbar zeigen, indem Sie auftreten und vor diesen Menschen sprechen, warum dann nicht richtig? Warum wägen Sie vorab die Vor- und Nachteile Ihres Themas ab? Warum versuchen Sie, Dutzende Seiten Text auswendig zu lernen, weil Ihnen die Botschaft vielleicht nicht gänzlich zusagt? Ich bin überzeugt und habe es am eigenen Leib erfahren, dass Herzensthemen nie auswendig gelernt werden müssen und die Worte problemlos in unserem Gedächtnis hängen bleiben.

Nach wie vor ertappe ich uns alle zu oft dabei, den anderen gefallen zu wollen. Wir können jedoch Anerkennung erlangen, ohne unserem Publikum zu gefallen. Oder hegen Sie für jeden Menschen, dessen Persönlichkeit und Werke Sie respektieren, eine weitreichende Sympathie? Nicht immer ist dies der Fall, richtig? Ich hoffe, Sie verstehen damit, was ich zum Ausdruck bringen möchte: Es ist nicht zwangsläufig entscheidend für unseren Erfolg, gemocht zu werden. Seit wann müssen Speaker und Coaches »everybody's darling« sein? Sie und ich haben eine Aufgabe zu erfüllen, die wohl nicht immer ruhmreich sein wird. Also warum dann nicht einfach alles, was Sie in sich tragen, was Sie sagen wollen, was Sie wirklich bewegt, auf der Bühne zeigen? Setzen Sie alles auf eine Karte!

Die Ruhe vor dem Sturm

Sollten Sie sich vorgenommen haben, Speaker, Coach oder Redner zu werden, dann kann es sein, dass die Szene, die ich jetzt beschreiben werde, noch unbekannt für Sie ist. Besitzen Sie hingegen einiges an Erfahrung zum Thema Bühnen-Performance und als Speaker, dann haben Sie so etwas sicherlich schon einmal gesehen. Kurz vor einem Auftritt werden Sie die Akteure nur selten gedankenverloren hinter der Bühne finden. Von Partystimmung oder störendem Lärm ganz zu schweigen. Jeder, der die Bühne betreten wird, muss hochkonzentriert sein in diesen Augenblicken vorher, die alles entscheidend für die Qualität der Performance sein können. Einen Zustand absoluter Fokussierung erreichen Sie, indem Sie zur Ruhe kommen. Dieser Moment ist fast schon magisch, wenn Sie hinter die Kulissen einer Bühne schauen.

Obwohl niemand viel zu sagen vermag, werden Sie die anschwellende Energie von allen Seiten spüren.

Damit Sie vor Ihrem Auftritt zur Ruhe kommen können, sind Ihrerseits einige Bedingungen zu erfüllen. So nützt es nichts, wenn Sie komplett unvorbereitet zu Ihrem Auftritt erscheinen. Ihnen wird die Sicherheit fehlen. Von daher tun Sie sich selbst einen großen Gefallen, wenn Sie sich vor Ihrem Auftritt ausreichend Zeit einräumen, um zu üben, zu üben und noch mal zu üben. Das steigert Ihre Selbstsicherheit und unterstützt Sie dabei, die Baustellen und Etappen Ihrer Keynote oder Ihres Vortrags, an denen es hakt, auszuklammern und/oder zu verbessern.

Eine hochwertige Performance hinterlässt langfristigen Eindruck und erfordert eine disziplinierte Vorgehensweise. Zugegeben: Mein Auftritt bei GEDANKENtanken verlangte mir einiges an Geduld ab. Gemeinsam mit den anderen Speakern war ich pünktlich zur vereinbarten Uhrzeit da und musste dennoch sehr lange warten, da ich als Vorletzte im Ablaufplan am Abend vorgesehen war. Die ersten Auftritte meiner Kolleg*innen habe ich mir angesehen und sehr genossen, jedoch plane ich vor meinen Auftritten mindestens eine Stunde ein, in der absolute Ruhe herrscht, da jede Ablenkung ein immenser Störfaktor für die Konzentration darstellen kann.

Unmittelbar vor einem Auftritt nimmt der Geräuschpegel hinter einer Bühne nicht unbedingt zu, aber dort sind viele Menschen in Aktion. Kennen Sie das Bild eines Akteurs, der fleißig vor der Show Hanteln stemmt, Liegestützen macht, das Springseil aus der Tasche holt und fünf Minuten konzentriert Sprünge übt oder die simplen, effektiven Hampelmänner?

In welchem emotionalen Zustand wollen Sie sich beim Betreten der Bühne befinden? Um diesen herzustellen, reicht Sitzen nicht aus, da Sie sich dabei in einem niedrigen Energielevel befinden. Bei Ihrem Auftritt ist Energie von zentraler Bedeutung, wenn Sie ein guter Kommunikator sein und eine Verbindung zu Ihrem Publikum herstellen wollen. Den idealen Gefühlszustand müssen Sie gar nicht erst dem Zufall überlassen, weil er durch Bewegung beeinflussbar ist. Der Auftritt soll Ihnen Spaß machen, doch erst, wenn Ihnen Ihre Mission geglückt ist, empfinden Sie pure Freude und Zufriedenheit.

Im Englischen sagt man: »Emotion comes from motion« oder aber auch »Motion creates emotion«. Dieses Zitat stammt von meinem Mentor, dem US-amerikanischen Redner und Motivationscoach Anthony Robbins, der bereits früh erkannte, dass Bewegung das Fundament für ein hohes Energielevel ist.[7] Es gibt nur wenig Seminare, Kongresse oder Redner-Events, auf denen die körperliche Aktivität des Publikums und der Teilnehmer*innen ignoriert wird. Abgesehen davon, dass Ihre Konzentrationsfähigkeit nach sportlicher Betätigung steigt, nutzen Sie jedes Mal, sobald Sie sich körperlich anstrengen, einen natürlichen Energy Booster. Dieser hilft Ihnen dabei, auch schwierige Aufgaben kontinuierlich zu meistern. Ein positiver Nebeneffekt ist im Übrigen, dass Sie deutlich besser aussehen. Wie rapide Ihre Ausstrahlungskraft durch körperliche Aktivität zunimmt, können Sie gerne testen. Auf das Ergebnis bin ich gespannt. Berichten Sie mir bitte!

Zu guter Letzt kann es sinnvoll sein, Ihre Redegeschwindigkeit zu drosseln: Wenn Sie dazu neigen, beim Sprechen die Geschwindigkeit eines Fließbandes zu haben, ohne Punkt und Komma, dann riskieren Sie häufiger Fehler. Probieren Sie vorher aus, mit welcher Sprechgeschwindigkeit Sie sich wohlfühlen, und trainieren Sie das, damit Ihr Augenmerk während Ihrer Performance weniger auf Ihrem Sprechtempo liegen muss, weil es mittlerweile automatisch funktioniert. Abgesehen davon wollen Sie von Ihrem Publikum nicht nur gehört, sondern auch verstanden werden. Hierfür ist ein angenehmes Sprechtempo unerlässlich.

Ein Detail von meinem eigenen Auftritt bei GEDANKENtanken möchte ich noch schnell mit Ihnen teilen: Bevor ich die Bühne betrat, herrschte im Backstage-Bereich große Anspannung. Einen ähnlichen Auftritt hatte es bei GEDANKENtanken noch nicht gegeben. Dementsprechend waren wir alle sehr aufgeregt und zugleich froh, dass jemand es wagte, dieses Thema auf der Volksbühne zu präsentieren. Jetzt fällt mir ein, dass ich Ihnen das Thema meiner Keynote bislang vorenthalten habe: Meine Keynote trug den Titel »Wir brauchen dich!« und ich erzählte meine persönliche Geschichte, wie es mir trotz aller Widrigkeiten in einer Parallelgesellschaft gelungen war, zu einer emanzipierten Frau heranzuwachsen. Ganz ohne Weggefährten und Mutmacher wäre mir dies wahrscheinlich nicht gelungen, weshalb ich an jeden Einzelnen appelliert habe, Verantwortung für sich und für andere zu übernehmen.

Nachdem ich den runden blauen Teppich auf der Bühne verließ und die Stimmungskanone Dr. Stefan Frädrich mir vor der Anmoderation des letzten Redners ein fröhliches High Five gab, um mich zu verabschieden, verschwand ich hinter dem schwarzen Vorhang und spürte plötzlich jede Menge Schulterklopfen. Im Nachhinein berichteten mir viele Zuschauer*innen, dass sie meine Rede sehr mutig fanden. Es mussten dann doch einige Wochen vergehen, bis ich begriff, dass meine Kolleg*innen vor meinem Auftritt aufgeregter waren als ich selbst. Bei diesem Thema habe ich wohl das große Glück gehabt, für uns alle sprechen zu dürfen. Das entlockte mir ein Lächeln und doch wusste ich, dass ich die Rede nur in dieser Form präsentieren konnte, weil die Vorbereitungsphase und die letzten Minuten vor dem Auftritt gut strukturiert und geplant waren, und das wünsche ich Ihnen bei Ihrer Performance auch. Zufälle gibt es nicht, nur fehlende Planung. Und am Ende war doch das Wichtigste, dass zwei meiner guten Freunde und meine Familie extra angereist waren, um mich in meinem Vorhaben zu unterstützen. Bei dieser Erinnerung geht mir das Herz auf.

Keynote-Speaking ist die bessere Politik

Was ist eigentlich die Aufgabe von Politiker*innen? Abgesehen von dem Einheimsen saftiger Diäten, die dem einen oder anderen ein Dorn im Auge sind? Sie erkennen es möglicherweise nicht direkt, doch Keynote-Speaker, Coaches und Politiker verfügen über viele Gemeinsamkeiten. Die Politik selbst setzt die Rahmenbedingungen, an denen wir unser Leben ausrichten müssen. Dies hat zum Ziel, auf möglichst vielen Ebenen faire und gerechte Bedingungen zu schaffen und die Solidargemeinschaft innerhalb der Landesgrenzen zu stärken. Das erwarten wir zumindest … Wenn also etwas in Ihrem Leben nicht so funktioniert, dann können Sie selbstverständlich der Politik die Schuld dafür in die Schuhe schieben und sich selbst den Stempel des Opfers aufdrücken. Stattdessen können Sie aber auch eigenverantwortlich den Fokus auf die Dinge richten, die Sie beeinflussen können, fernab von politischen Entscheidungen.

Ein Politiker wird mit den Stimmen des Volkes gewählt, soll die Bedürfnisse und Wünsche seiner Wählerschaft repräsentieren und ergebnisorientiert in den politischen Diskurs einbringen, sprich: Seine Aufgabe besteht darin, sein Wirken der Verbesserung der Lebensumstände der Bürger*innen zu widmen.[8] Da auch ein Politiker nur ein Mensch ist, der früher oder später an die Grenzen seiner Fähigkeiten stößt, sind wir alle dazu angehalten, uns selbst auf die Suche nach den besten Lösungen für uns zu begeben. Hier kommen mittlerweile immer häufiger Speaker, Coaches und Redner ins Spiel.

Der Hunger der Weltgemeinschaft nach persönlicher Entwicklung nimmt rasend zu, so ist es nicht verwunderlich, dass sich die Politik nicht die Probleme, Wünsche, Ziele und allerlei Bedürfnisse von Millionen Menschen auf die Fahnen schreiben kann. Als Speaker und Coach gelingt es uns, mit kleineren Menschengruppen zusammenzuarbeiten oder vor einem überschaubaren Publikum aufzutreten. Unser Erfolg lebt von Ihrem ganz persönlichen Erfolg. Eine meiner großen

Freuden bei dieser Arbeit, obgleich ich dies nicht so nennen will, ist die Nähe zu den Menschen.

Durch die Tätigkeit der Keynote-Speaker und Coaches wird dem Publikum und Seminar-Teilnehmer*innen nicht nur ein Mentor an die Seite gestellt, sondern auch hilfreiche Tools, um die anvisierten Lebensziele und -planungen selbst in die Hand zu nehmen, ohne mit dem Finger auf die Politiker-Riege zu zeigen. Ohnehin können wir die Regierungen nicht für alle Ergebnisse in unserem Lebenslauf verantwortlich machen. Ich habe es bislang noch viel zu selten gehört, aber ich könnte mir vorstellen, dass die Politiker irgendwo in naher Zukunft erkennen werden, welche Hilfe wir ihnen sind, da die Zahl der Menschen, die mit der Politik unzufrieden ist, in den letzten Jahren deutlich gestiegen ist. Zuletzt hat die Corona-Politik vieler Staaten die Menschen beinahe in den Wahnsinn getrieben und auch hier haben wir wieder einmal gesehen, wie wichtig und wertvoll Speaker und Coaches sind.

Warum der Schlüssel zu Ihrem Glück in Ihren Händen liegt

Die inflationäre Verwendung des Substantivs »Verantwortung» sollte doch darauf zurückzuführen sein, dass jeder die Bedeutung kennt oder zumindest erklären und verstehen kann, welches Verhalten mit Verantwortung assoziiert wird. Mit Verantwortung bezeichnen wir die Übernahme einer Verpflichtung, um ein Vorhaben maßgeblich positiv zu gestalten und im besten Fall Schaden abzuwehren. Wir Deutschen lieben die Sicherheit, die uns die Möglichkeit nimmt, eigenverantwortlich an unseren Fähigkeiten, Träumen, Ideen, an unserem Lebenswerk zu basteln, denn dann können wir uns zurücklehnen und nichts tun. Trotzdem wird es Ihnen einigermaßen gut gehen. Wenn Ihnen »gut« ausreicht, dann habe ich volles Verständnis dafür, doch Sie lesen diese Zeilen nicht, um sich zurückzulehnen und nichts zu tun. Sie wollen etwas verändern, sonst würden wir beide, Sie und ich, uns nicht in diesem Buch begegnen.

Eigenverantwortung macht Sie zu einem Gestalter, ich möchte fast schon sagen zu einem Künstler, da Sie mit einer Ladung Eigenverantwortung Neues in Ihrem Leben kreieren können. Im Falle eines Scheiterns lenken wir gerne unbewusst von uns ab und schenken unsere ganze Aufmerksamkeit unserer Opferrolle. Das Seminar verkauft sich nicht gut? Wir machen verschiedene Umstände dafür verantwortlich. Unsere Keynote wurde nach einer intensiven gemeinsamen Zusammenarbeit mit einem Coach komplett verändert und auf den Kopf gestellt, sodass sie uns nicht mehr gefällt? Da fühlt es sich doch besser an, nach gehaltener Rede den Coach für unseren Misserfolg verantwortlich zu machen. Ihnen gelingt es nicht, die gewünschten zehn Kilo abzunehmen, und schwups werden die Kochkünste Ihrer Mutter oder der Partner hierfür zur Verantwortung gezogen.

Leider wird diese Rechnung nicht aufgehen, denn schließlich haben Sie selbst sich am Ende für Ihre Inhalte, Ihre Message, Ihre Performance, das Gesagte entschieden. Niemand führt den Löffel mit köstlichem Essen zu Ihrem Mund außer Sie selbst. In Ihrem Umfeld wird es immer Mitmenschen geben, die Sie beeinflussen oder gar den Wunsch hegen, Sie zu kontrollieren, allerdings entscheiden Sie am Ende, wem Sie die Zügel zu Ihrem Leben in die Hand drücken möchten. Ich an Ihrer Stelle würde sorgfältig darauf achten, die Zügel für mein Leben nicht aus meinen Händen zu geben.

Es gibt Speaker, Coaches und Trainer, bei denen die Menge jubelt, und dennoch sind die Redner*innen im Anschluss unzufrieden und unglücklich.

Auf der Suche nach der Ursache wurde ich fündig: Ihre Performance entsprach einfach nicht dem, was sie sich vorgestellt hatten. Das Gesetz der Visualisierung ist ein wertvolles Werkzeug, dessen Kraft ich niemals unterschätzen möchte. Sie sollten es bei der Verwirklichung Ihrer Ziele stets in Kombination mit drei Buchstaben einsetzen: T-U-N. Ein kurzes Wort mit immenser Wirkung, sobald Sie es in Ihrer Planung berücksichtigen. Wenn Sie also eine Vorstellung von Ihrem Auftritt haben und diese Vorstellung immer wieder vor Ihrem geistigen Auge abspulen, dann probieren Sie es so lange aus, bis Ihre Performance mit Ihrer Vision übereinstimmt. Dies gelingt Ihnen mitunter nicht beim ersten Versuch. Die Anzahl Ihrer Versuche wird ausschlaggebend dafür sein, wie nah Sie der Vorstellung in Ihrem Kopf kommen, denn Sie müssen dafür etwas tun.

Der Feigling mag den Mutigen nicht – und wer sind Sie ab heute?

Zugegeben, der Titel für dieses Kapitel ist ein wenig überspitzt, da auch ein Feigling von einem Mutigen inspiriert werden kann. Die geläufige Meinung zu mutigen Menschen beinhaltet fast immer die Aussage, dass sie keine Angst verspüren. Gerne betiteln wir die Mutigen als furchtlos, wobei die Wahrheit vermutlich anders aussieht. Worin aber unterscheiden sich Feiglinge und Mutige nun gravierend?

Wüsste der Feigling, dass das geplante Vorhaben perfekt gelingen würde, wäre er von nun an mutig. Auch Perfektion blockiert uns auf der Leiter des Erfolgs. Der nie loslegende Mensch ist in diesem Zusammenhang der allseits bekannte Perfektionist und Feigling. Ein Feigling ist also ein Mensch, welcher von seiner Angst gelenkt wird. Diese Angst hält das Steuer seiner Aktionen fest umklammert und bestimmt die Richtung. Tag für Tag. Woche für Woche. Jahr für Jahr. Der Feigling zeigt sich risikoscheu und aktionsarm. Das Vertrauen in sich selbst und die Möglichkeit seines Erfolgs sind minimal ausgeprägt, wohingegen seine Zweifel und Unsicherheiten meilenweit reichen. Ein feiger Mensch kann eines Tages auch mutig werden, es handelt sich hierbei schließlich nicht um eine unheilbare Krankheit. Vielleicht hilft es dem feigen Menschen auch, zu lernen, die Meinung anderer Menschen nicht mehr zu überschätzen und sich parallel hierzu zu unterschätzen? Drehen Sie den Spieß doch einfach um! Solange Sie feige sind, reagieren Sie nur. Entscheidungen zu treffen ist etwas für die Mutigen unter uns.

Was macht denn nun der Mutige anders als der Feigling? Ein mutiger Mensch ist niemals angstfrei, ganz im Gegenteil. Die Angst ist allgegenwärtig und dennoch ist die Bereitschaft beim Mutigen da, seinen Zielen entgegenzusteuern. Der Mutige weiß um das bestehende Risiko und tut es trotzdem. Der Mutige kennt auf seinem Weg nicht alle Gefahren und Probleme. Nicht einmal den Weg selbst kennt er vollständig. Und dennoch begibt er sich aus seiner Sicherheitszone heraus und hinein ins Abenteuer.

Ich weiß nicht, wie es bei Ihnen ist, doch wenn ich heute mit dem Auto in eine meiner liebsten Städte, Paris, fahren würde, bräuchte ich ein Navigationssystem. Und selbst mit dem Navigationssystem sehe ich immer nur einen Teil der Fahrtstrecke bis zu meinem Ziel. Abschnitt für Abschnitt. Ich kenne niemals den gesamten Weg und dennoch fahre ich los, weil mich die Hoffnung und die Überzeugung leiten, dass ich ankommen werde.

Sie sind eine Entscheidung davon entfernt, die Kurve vom Feigling zum Mutigen zu kriegen. Auf jede Ihrer Entscheidungen sollte eine Aktivität folgen. Handeln Sie unbedingt gemäß Ihrer Entscheidung, da Ihre Entscheidung sonst nichts war als eine leere Hülse, die zudem Ihr Selbstvertrauen schwächt. Egal, wie leise Sie sich eine Entscheidung zuflüstern: Ihr Unterbewusstsein empfängt das Flüstern immer und speichert stets ab, ob Sie die notwendige Handlung umgesetzt haben oder nicht. Der Selbstbetrug ist der gefährlichste Betrug, seien Sie also achtsam und treffen Sie wohlüberlegte und zügige Entscheidungen. Verlieren Sie nicht viel Zeit und setzen Sie es in die Tat um.

Es mag Ihnen vielleicht nicht auf Anhieb alles wie in Ihrer Vorstellung gelingen, doch mit jeder weiteren Handlung entwickeln Sie irgendwann eine Gewohnheit – und Selbstvertrauen noch dazu. Besser, Sie probieren es, als sich selbst zu sabotieren und hinter Ihren Möglichkeiten zurückzufallen.

Wir brauchen Sie unbedingt so, wie Sie sind!

Die größten Redner*innen in der Geschichte der Menschheit haben fast immer etwas mit Politik zu tun gehabt. Denken wir da an Jesus Christus, Mahatma Gandhi, Martin Luther King jr., Barack Obama und seine bezaubernde Frau Michelle Obama, Steve Jobs und Anthony Robbins, einen Winston Churchill, Greta Thunberg, Nelson Mandela oder Talk-Legende Oprah Winfrey, dann verbindet sie alle ein zentrales Element: Ihre Botschaften gehen über sie hinaus. Während der eine unbeugsam zu seinen Überzeugungen stehend ans Kreuz geschlagen wurde, wurde ein anderer von ihnen erschossen, der nächste für Jahrzehnte wie ein Terrorist in eine Gefängniszelle auf Robben Island vor der Küste Kapstadts weggesperrt, um Jahre später feierlich entlassen und wie ein Held auf der ganzen Welt gefeiert zu werden, um nur einige Beispiele zu nennen.[9]

Als Nelson Mandela seinen Kampf zur Beendigung des Apartheid-Regimes in Südafrika begann, war er überzeugt, willensstark, diszipliniert, kämpferisch und unbeugsam. Von der Beliebtheit, die er heute auf dem gesamten Globus genießt, war damals noch wenig zu sehen. Mandela verschrieb sein Leben der Befreiung des afrikanischen Volkes und dem Ende des Rassenkonfliktes. Dies kostete ihn 27 Jahre Gefängnis.[10] Wissen Sie, Mandela hätte all das nicht tun müssen: Er hätte ein ruhiges, gemütliches Leben mit seiner Familie führen und diese Aufgabe ignorieren können, aber er war besessen davon, sein Leben einzusetzen, um die Welt besser zu gestalten, als sie es zu dem Zeitpunkt war. Als moralische Instanz ist Nelson Mandela heute ein großes Vorbild. Sein Handeln fand nicht nur in Südafrika Zuspruch, Mandela veränderte die Welt und schenkte unterdrückten Menschen überall Mut. Sein herausragendes Lebenswerk war nur möglich, weil er sich voll und ganz dieser Aufgabe verschrieben hatte.

Gott bewahre, dass Ihnen ein ähnliches Schicksal widerfährt, jedoch können wir Speaker doch allemal aus diesen Biografien lernen: Wir werden erfolgreich sein mit dem, was wir tun, wenn wir uns einem höheren Ziel verpflichten. Und ob Sie es beabsichtigen oder nicht: Dadurch werden Sie Ihre Mitmenschen unweigerlich dazu bringen, Sie zu respektieren.

Zum jetzigen Zeitpunkt sind Sie so, wie Sie sind, gut genug. Sie können Ihre Fähigkeiten gewiss verbessern, und sicherlich werden Sie sich weiterentwickeln und damit einhergehend auch Ihre Meinungen ändern. Dennoch sollten Sie aufhören, zu warten, bis Sie glauben, gut genug für etwas zu sein. Wenn Sie den Menschen etwas mitteilen wollen, dann ist jetzt der richtige Zeitpunkt. Beginnen Sie heute, dann könnten Sie morgen schon besser sein. Beginnen Sie allerdings erst morgen, verbessern Sie sich langsamer, während das Leben weiter voranschreitet. Und wir alle wissen doch, dass ein vergangener Tag nicht zurückkommen wird. Jemand wird vergeblich darauf warten, Ihnen zuzuhören, auch wenn Sie das jetzt noch nicht glauben wollen.

Mit diesem weitverbreiteten Minderwertigkeitskomplex blockieren Sie zum einen Ihre eigene Größe und des Weiteren sind Sie überaus egoistisch. Während Sie sich damit beschäftigen, dass Ihnen die Kompetenzen fehlen, und Sie im Selbstmitleid baden, wartet jemand sehnlichst darauf, Ihre Botschaft zu empfangen. Das kann doch nicht gerecht sein in einer Welt, in der wir einander brauchen, und zwar mehr denn je! Ein Bedürfnis, das uns alle vereint, ist das Bedürfnis, gebraucht zu werden. Wenn Sie dieses Bedürfnis befriedigen wollen, müssen Sie Ihre jetzigen Fähigkeiten einsetzen und Ihre Botschaft in die Welt hinaustragen. Vielleicht sagen Sie heute: Morgen werde ich so weit sein, doch morgen antworten Sie möglicherweise, dass sie doch noch lieber einen Tag warten wollen. Bevor Sie sich versehen, befinden Sie sich in einer nie endenden Spirale, aus der Sie nicht mehr ausbrechen können.

Ob Sie mittels der angewendeten Strategie nun ein erfüllteres und glücklicheres Leben führen werden, ist eine Frage, die Sie sich selbst stellen und beantworten sollten. Das möchte ich für Sie nur ungern übernehmen.

Irgendwann können Sie gewiss Hallen füllen, doch Ihr Anspruch sollte heute sein, ein Menschenleben außer Ihrem eigenen zu bereichern – und das können Sie am besten, indem Sie aufhören, sich kleiner zu machen, als Sie sind, und heute mit dem beginnen, womit Sie exzellent werden wollen. Ihre Bühnenpräsenz und Performance unterliegt wie alles im Leben einer Entwicklung. Ihnen darf nur nicht die Bereitschaft fehlen, anzufangen und sich kontinuierlich zu verbessern. Beharrlichkeit ist an dieser Stelle ein passendes Wort, doch zuerst erfordert es den Mut, einen ersten Schritt zu wagen. Auf Ihrem ganz eigenen Weg, wo immer Sie sich gerade befinden, wünsche ich Ihnen von Herzen lehrreiche Erfahrungen und den größten Erfolg. Es war mir eine Freude, Sie als Leser kennengelernt zu haben.

Alles Gute!

ÜBER ANYA DELEN

Anya Delen hat an der Universität Trier und der RWTH Aachen Rechtswissenschaften, Politikwissenschaften und Soziologie studiert. Nach ihrer Spezialisierung in der Friedens- und Konfliktforschung fokussierte sie sich auf das Individuum als Akteur, da sie überzeugt ist, dass der Prozess zum Weltfrieden eng mit der Zufriedenheit und dem Glück des Einzelnen in seinem Leben verbunden ist. Als Politikwissenschaftlerin, Rednerin und Persönlichkeitstrainerin fokussiert sie sich darauf, Menschen dabei zu helfen, Blockaden zu lösen und Lebensziele zu erreichen. Sie gilt als Expertin dafür, wie man Verantwortung für sich und andere mit Leichtigkeit übernehmen kann und allen Widrigkeiten zum Trotz zum Gestalter seines Lebens wird.

Anya Delen über Simon Hofer

Wenn Sie einen Raum mit einem Dutzend Menschen betreten, in dem es turbulent zugeht, fällt es schwer, in diesem Chaos zurechtzukommen. Simon Hofer gelingt es selbst in den schwierigsten Situationen, eine tiefe Ruhe auszustrahlen, und er verfügt über die Bereitschaft, Wege zu betreten, vor denen sich so manch einer ängstigt. Dass er hierbei schnell Gefolgschaft findet, passiert nicht selten. Was Simon in Angriff nimmt, kann nur gut werden! Diesen Eindruck vermittelt nun mal ein Mensch, der Gelegenheiten beim Schopf packt und handelt, statt zu reden. Abgesehen davon ist er ein sensationeller Kommunikator.

Als geborener Leader ermutigt er Jung und Alt und vermittelt seinem Publikum das Gefühl, etwas ganz Besonderes zu sein. Er hat die außerordentliche Gabe, seine Mitmenschen zu begeistern und zu inspirieren – mit einem Hauch Humor, Ehrlichkeit und Offenheit. Dabei wählt er stets die richtigen Worte und ruht sich nie auf bisherigen Erfolgen aus. Seine Lebenserfahrung ist essenzieller Bestandteil seiner Arbeit als Speaker und Coach, und er ist sich nie zu schade, persönliche Beispiele von Gelingen und Misslingen, Glück, Trauer, Selbstliebe und Selbstzweifel einzubringen. Selbst der Höhenunterschied bei seinen Auftritten zwischen dem Publikum im Saal und Simon oben auf der Bühne kann nicht verhindern, dass er für die Zuschauer nahbar und vertrauenswürdig wirkt. Ich höre ihm einfach verdammt gerne zu, denn ich weiß: Was er sagt, hat Hand und Fuß. Obgleich er belesen und einer der gefragtesten Keynote-Speaker für Neurowissenschaften ist, lebt und arbeitet er nach dem Motto, dem Stillstand keine Chance zu geben. Simon steht für kontinuierlichen Wandel und ist ein Mentor, wenn es darum geht, endlich sein Traumleben zu leben, statt gelebt zu werden. Simon habe ich als einen Mann mit Blick für die Menschen, denen er begegnet, kennengelernt, der jederzeit bereit ist, seine Fähigkeiten einzusetzen, um das Leben möglichst vieler Menschen zu verbessern. Auf weiteres Gelingen und danke, dass es dich gibt!

Kapitel 2

SIMON HOFER

ERFOLG IST KOPFSACHE

Am Tag der Deutschen Einheit

Es war am 3. Oktober 2019, dem Tag der Deutschen Einheit, und ich betrat frühmorgens die ehrwürdige Volksbühne in Köln. Der bekannte und geschätzte Volksschauspieler Willy Millowitsch hatte dieses Theater lange Zeit besessen und dort auf der Bühne gestanden. Der Name wird nur den älteren Lesern etwas sagen, aber der Mann war damals ein Star und seine schauspielerischen Leistungen sind längst in den Geschichtsbüchern für die Ewigkeit verankert. Heute nun sollte ich auf dieser Bühne stehen, Gott sei Dank nicht als Schauspieler, sondern als Keynote-Speaker, denn ich als Schauspieler, das hätte ich der Legende Millowitsch nicht antun wollen. Als Keynote-Speaker und als Experte für Neurowissenschaften wollte ich die Menschen mit meiner Botschaft überzeugen, dass Erfolg im Kopf beginnt, genauer gesagt in unserem Denken. Und obwohl wir jeden Tag rund 60 000 Gedanken haben, wissen wir doch recht wenig über unser Denken. Das war meine Mission für heute.

Ich ging die Eingangshalle entlang, bog dann nach links ab und stieg die leere Treppe mit den roten Teppichen des Theaters hoch. Ich entdeckte im Foyer der ersten Etage ein wunderbares Bufett, mit Kaffee und verschiedenen Kuchen. Da ich kein Frühstück gehabt hatte, genehmigte ich mir einen Kaffee und ein Stück Kuchen, und schaute mich um. Zu meiner Rechten saß eine junge Frau in einem Rollstuhl. Sie kam mir bekannt vor, aber ich wusste nicht, woher, also ging ich zu ihr und stellte mich vor. Ach so, ja genau, Kristina Vogel, die mehrfache Bahnrad-Weltmeisterin. Kristina hatte 2018 im Alter von nur 28 Jahren einen schrecklichen Fahrradunfall und saß seither im Rollstuhl. Ich weiß nicht, ob es die Motivation durch zwei Olympiasiege oder die Energie aufgrund von elf Weltmeistertiteln war, die dieser Frau so viel positive Lebenskraft verliehen, aber sie wollte heute, nur gut ein Jahr nach ihrem Unfall, auf die Bühne rollen, den Menschen ihre Geschichte erzählen und ihnen Hoffnung machen.[11] Respekt. Es stellte sich heraus, dass sie die Eröffnungsrednerin war und ich der Schlussredner. Ihr Begleiter, ein Mann um die 50 Jahre, brachte sich in das Gespräch ein und meinte, dass der erste und der letzte Redner die wichtigsten seien. Ich nahm dieses

Kompliment dankend an und schlagartig wurde mir wieder bewusst, warum ich heute hier war.

Meine Rede, meine Keynote, wie man in der Branche sagt. Heute würde sich herausstellen, ob das, was ich mir im Kopf vorstellte, und die Realität Gemeinsamkeiten aufwiesen. Es war nicht so, dass ich Angst davor hatte, vor Menschen zu sprechen, das hatte ich schon getan, nein, ich liebte es sogar. Die Frage lautete: Hörte das Publikum genauso gerne zu, wie ich es liebte, zu ihm zu sprechen? Und war ich in der Lage, vor so vielen Menschen abzuliefern? Ich stand hier heute nicht nur auf der Bühne der Schauspiellegende Willy Millowitsch. Ich stand hier heute auf der Bühne neben einem großen blauen G, und dieses G hatte es in sich. Es war zu einem Synonym für Keynote-Speaker geworden, denn es war das Markenzeichen von GEDANKENtanken, dem deutschsprachigen Rednerformat schlechthin. Spätestens seit im April 2019 kein Geringerer als Barack Obama auf der Bühne von GEDANKENtanken neben dem großen G gestanden hatte, waren das G und GEDANKENtanken auch außerhalb der Speaker-Szene ein Begriff geworden.[12] Jeder, der die einmalige Gelegenheit hat, auf der Bühne neben dem großen G zu sprechen, weiß, dass dies auch die große Chance beinhaltet, sich in der Szene einen Namen zu machen. Und genau das beabsichtigte ich zu tun, denn bisher kannte mich niemand. Ich war neu in der Szene, obwohl ich nicht mehr zu den Jungen gehörte, und das machte es sicher nicht einfacher, sich in meinem Alter zu etablieren.

Für mich ging es also um sehr viel an diesem Tag, am Tag der Deutschen Einheit, und ich war entschlossen, abzuliefern und zu zeigen, dass die Schweiz nicht nur Uhren und Schokolade produzieren kann, sondern auch Keynote-Speaker. Ich plauderte noch ein wenig mit Kristina und ihrem Begleiter, der sich als ihr Chauffeur entpuppte, und verabschiedete mich dann. Wir wünschten uns gegenseitig viel Glück und ich ging nach draußen, denn ich wollte sehen, ob meine Frau schon eingetroffen war, nachdem sie zuvor im Hotel gemütlich gefrühstückt hatte. Ich stand vor der Volksbühne und schaute auf die Uhr. Es dauerte nicht mehr lange und Dr. Stefan Frädrich, der Gründer von GEDANKENtanken, würde den ersten Speaker und somit also Kristina Vogel ankündigen. Meine Frau war wie immer zuverlässig unpünktlich und schaffte es doch, wie immer kurz vor Beginn aufzutauchen. Da wir Redner mit unserer Begleitung vom Balkon aus, also praktisch im VIP-Bereich, die Reden verfolgen durften, machten wir uns auf den Weg ganz nach oben und setzten uns hin. Kurz darauf betrat Stefan Frädrich die Bühne und erläuterte das heutige Programm. Das Publikum reagierte noch ziemlich verhalten, als Stefan fragte, ob es Bock auf den ersten Redner habe. Also griff er tief seine große Kiste an Erfahrungen als Speaker und Moderator und innerhalb von zwei Minuten hatte er das Publikum so angeheizt, dass alle jubelten und applaudierten, als stünde das Champions-League-Finale bevor. *Not bad,* Stefan!

Kristina rollte auf die Bühne, strahlte und erzählte ihre spannende und emotionale Geschichte. Das Publikum liebte sie. Ich wusste, dass es noch Stunden dauern würde, bis ich als letzter von acht Rednern mit meinem Auftritt an der Reihe sein würde, und in diesen 18 Minuten, die jeder Redner hatte, performen musste. Ich versuchte, mich innerlich zu beruhigen, aber es ging für mich an jenem Tag um viel. Ich war ein kompletter Quereinsteiger, hatte nicht wie die meisten vorher als Coach oder Trainer gearbeitet, ich kam aus einer völlig anderen Branche und die ganze Speaker-Welt war für mich noch immer neu. Doch ich spürte schon damals, dass ich diese Welt mochte, nein, ich liebte sie. In meinem Jahr der Ausbildung zum Keynote-Speaker hatte ich so viele positive Menschen getroffen wie zuvor in 20 Jahren nicht. Das hatte natürlich auch damit zu tun, dass ich vorher rund 15 Jahre in der Sicherheitsbranche tätig gewesen war. Als Planer und später CEO einer Firma, die elektronische Sicherheitssysteme wie Video- und Alarm- oder Zutrittsanlagen plant und verkauft, ist man stets bemüht, dafür zu sorgen, dass die »bösen Menschen« es nicht schaffen, anderen etwas wegzunehmen oder Schlechtes anzutun. Man ist also von morgens bis abends damit beschäftigt, sich mit »bösen Menschen« zu beschäftigen, versucht herauszufinden, wie sie denken und was sie antreibt. Wie sehr das auf die eigene Wahrnehmung und das eigene Weltbild abfärbt, wurde mir erst jetzt Stück für Stück klar. Durch meine Ausbildung bei GEDANKENtanken lernte ich eine für mich komplett neue Welt, ein völlig neues Umfeld kennen. Ich hatte nie zuvor eine Firma erlebt, bei der ich so vielen positiv denkenden, freundlichen und netten Menschen begegnete wie bei GEDANKENtanken. Ich stellte jedoch bald fest, dass auch diese Einstellung nicht davor schützt, Fehler zu machen und das schnell wachsende Start-up GEDANKENtanken vergaß, mich bei einem wichtigen Workshop zur Vorbereitung meiner Keynote anzumelden. Bei diesem Workshop sollte ich zusammen mit anderen von Frank Asmus und Christian Gaertner in die Geheimnisse und Techniken des Keynote-Speaking eingewiesen werden, und ausgerechnet für diesen wichtigen Workshop ging meine

Anmeldung unter. Eigentlich hätte das für mich bedeutet, dass mein Auftritt an jenem 3. Oktober nicht wie geplant stattfinden würde. Da dieser Tag aber nun gekommen war und ich auftreten würde, vermuten Sie ganz richtig, dass wir eine Lösung gefunden haben.

Als ich von dem Fehler erfuhr und man mir mitteilte, dass sich damit alles um etwa ein halbes Jahr verschieben würde, verlangte ich ein Gespräch mit meinem Relations-Manager von GEDANKENtanken. Ich bereitete mich detailliert auf das Gespräch vor und legte mir meine Argumente zurecht. Ich wusste, was ich wollte, und ich würde es bekommen, koste es, was es wolle. Ich hatte in meinem Leben schon ganz andere Prüfungen zu meistern gehabt, und dies war einfach nur eine weitere. Der Relations-Manager rief mich wie vereinbart an und ich schilderte ihm die Situation. Er entschuldigte sich kurz für das Versäumnis und erklärte mir die Alternative, die ich ja schon kannte, eben alles um ein halbes Jahr zu verschieben. Jetzt war es Zeit für meine Argumente und ich machte deutlich, dass ich das nicht akzeptieren, sondern wie geplant auftreten würde, auch wenn ich diesen Vorbereitungsworkshop nicht absolvieren konnte. Ich schloss mit den Worten, dass ich alles andere nicht akzeptieren würde, denn ich wollte ihm die Lösung des Problems aufdrücken, schließlich war es auch von seiner Seite verursacht worden. Trotzdem erwartete ich eine Art Kompromiss, doch den gab es nicht. Er teilte mir mit, dass er mich verstehe und alles versuchen würde, um die Verantwortlichen davon zu überzeugen, mich auch ohne diesen Workshop auf die Bühne gehen zu lassen. Und genau das tat er, denn wenige Tage später bestätigte er mir, dass mein Auftritt wie geplant stattfinden würde, unter einer Bedingung: Ich musste bei der Generalprobe rund drei Wochen vor dem Auftritt gut abschneiden. Nun lag es in meinen Händen und ich beschäftigte mich intensiv mit der Entwicklung meiner ersten Keynote.

So stand ich also an diesem 3. Oktober 2019 hinter der Bühne – genauer gesagt im Keller bei den Garderoben und wartete darauf, dass ich in die Maske konnte, um ein bisschen Puder und Schminke aufgetragen zu bekommen. Da mir noch ein Moment Zeit blieb, ging ich ein letztes Mal ganz nach oben auf den Balkon zu meiner Frau, meinem größten Fan. »Ich werde ganz fest klatschen und rufen und filmen und dir die Daumen drücken«, rief sie mir hinterher und strahlte mich an. Ihr strahlendes Lachen beruhigte mich und ich ging wieder zu den Garderoben, wo man nun bereits auf mich wartete. Während mir eine junge Frau mit einem

Pinsel im Gesicht herumwedelte, befestigte ein Techniker die Batterie für das Mikrofon an meinem Hosenbund. Es wurde nun definitiv ernst und in wenigen Minuten würde sich entscheiden, ob mein Plan aufging oder die Skeptiker recht behalten sollten.

Stefan Frädrich kam auf mich zu und wollte noch ein paar Infos über mich, die er in der Anmoderation verwenden würde. Also setzten wir uns auf die alten Stühle in der Garderobe der Volksbühne, des ehemaligen Willy-Millowitsch-Theaters. Während er mir Fragen stellte, tauchte ich Schritt für Schritt in eine Art Tunnel ein, versuchte, alles um mich herum auszublenden und mich auf das zu konzentrieren, was ich gleich erzählen wollte. Trotzdem fiel es mir leicht, Stefans Fragen zu beantworten. »Wie wird man denn erfolgreich?« , fragte er mich, und ich antwortete fast automatisch: »Indem man weiß, wie Menschen funktionieren.« »Und wie findet man das heraus?« , fragte Stefan weiter. »Indem man sich mit der Neurowissenschaft beschäftigt« , antwortete ich und erklärte, dass ich mich in den letzten Jahren intensiv damit beschäftigt hätte und nicht nur Tausende Seiten darüber gelesen, sondern auch an der Uni in Freiburg Vorlesungen besucht hätte beziehungsweise immer noch besuchen würde. Nach ein paar Minuten stand er auf, sagte, dass er nun genug wisse und wir loslegen sollten. Wir verließen die Garderobe, stiegen die schmale, alte Treppe hoch. Hier hinter der Bühne war das Licht gedimmt und alle flüsterten nur oder verständigten sich mit Handzeichen. Oben angekommen, trennten mich nur noch ein paar Schritte von der großen Bühne und als Gatekeeper wartete Jingsi von GEDANKENtanken auf mich. Ich kannte sie schon von der Generalprobe, sie hatte mir noch ein paar gute Tipps gegeben. Jingsi trug ein Headset und schien mit allen wichtigen Menschen hier im Theater verbunden zu sein. Wenn man sie so beobachtete, mit ihrem Headset, ihrem Notizblock und dem Stift, hatte man das Gefühl, es ist Jingsi, die diese Show leitet. Sie zeigte mit dem Finger auf jemanden, lächelte dabei, und der Betreffende tat sofort irgendetwas. Jetzt lachte sie mich an und fragte: »Bist du bereit?« Ich nickte nur. Ich war bereit, wollte jetzt da raus und einfach nur noch meine Keynote halten. Stefan stand auf der Bühne und moderierte mich an, ich hatte keine Ahnung, was er da erzählte, und es war mir auch egal, ich wusste, was immer er in diesen 60 Sekunden sagt, noch wichtiger wird sein, was ich in den folgenden 18 Minuten sage und wie ich es sagen würde.

Jingsi zeigte nun auf mich, was so viel hieß wie *Los, raus auf die Bühne!,* und genau das tat ich. Plötzlich stand ich im hellen Scheinwerferlicht, vor mir mehr als

400 Menschen, die applaudierten, und ich konnte viele von ihnen gut erkennen. In den ersten paar Reihen konnte ich sogar die erwartungsvollen Augen der Menschen ausmachen. Vielleicht hätte ich doch besser zuhören sollen, was Stefan dem Publikum erzählte, denn es schien mir so, als hätte er ihnen ein großes Geheimnis versprochen, dass ich nun enthüllen sollte. Ein kleines bisschen Nervosität war schon da, ich wertete das aber als eine gute Sache, denn ich wollte ja konzentriert bleiben und nicht meinen Text vergessen. Der Applaus verstummte und ich wusste, jetzt geht es los, Volksbühne Köln, neben mir das große G auf der Bühne. Der bekannte und beliebte Stefan Frädrich hatte in seiner Anmoderation große Erwartungen geweckt, es war Tag der Deutschen Einheit und ich musste hier als Schweizer bestehen. Mir schoss durch den Kopf, dass wir Schweizer nicht mal EU-Mitglied sind, aber ich entschied sofort, dass dieser Gedanke nun wirklich nicht hierhergehörte, holte tief Luft und begann mit den Worten: »Hallo zusammen, ich habe da eine Sache, die geht mir langsam so ein bisschen auf den Keks ...« Rund 25 Sekunden später lächelten schon die ersten Menschen und nach 45 Sekunden musste ich, zugegebenermaßen etwas überrascht, kurz Pause machen, denn das Publikum wollte zum ersten Mal klatschen.

Gut 18 Minuten später schloss ich mit den Worten »Vielen Dank!« und das Publikum applaudierte und applaudierte. Ich stand da und bedanke mich immer wieder, bis Stefan Frädrich irgendwann meinen Namen rief: »Siiiiiiiiimon Hoooofer!« Das war wie ein Weckruf aus meinem Tunnel heraus und ich verließ die Bühne. Am Ausgang stand Stefan, klatschte mit mir ab und sagte: »Super gemacht!« . Auch Jingsi und Aki kamen zu mir und sagten, dass es großartig gelaufen sei. Ich selbst hatte keine Ahnung, ob es gut oder schlecht gewesen war. Und Stefan Frädrich würde vermutlich niemanden abklatschen, der echt mies gewesen war, aber so richtig einschätzen konnte ich sein Urteil auch nicht. Ich war als letzter Redner an der Reihe gewesen und wollte nur noch zu meiner Frau. Zuvor mussten wir aber alle noch einmal auf die Bühne, für ein Gruppenbild und den Preis. Ach ja, genau, es gab einen Preis, den das Publikum vergab. Dieser Preis, von dem alle im Vorfeld sagten, den gewinnst du sowieso. Wir gingen also alle wieder die Bühne und ich gewann den Preis nicht. Später erfuhr ich dann, dass ich ganz knapp dahinter auf dem zweiten Platz gelandet war, den ersten Preis gewann eine Frau, die eine sehr emotionale Geschichte erzählt hatte, und ich konnte nachvollziehen, warum sie den Preis bekam.

Mir war dieser Preis ehrlich gesagt auch relativ egal, denn ich wartete nur auf eines, auf die Veröffentlichung meiner Keynote auf dem Kanal von GEDANKENtanken, denn erst da würde sich entscheiden, ob mir viele Menschen gern zuhören würden oder ich meine Reden besser vor dem Spiegel halten sollte.

Als wir uns am nächsten Morgen auf die Heimfahrt machten, fühlte ich mich ziemlich leer. Daher war es mir recht, dass meine Frau am Steuer saß und ich ausnahmsweise Beifahrer sein durfte. Alles in allem wusste ich nicht, wie ich meinen Auftritt einschätzen sollte. Natürlich sagten alle, großartig, super, sehr gut, aber was sollten sie denn sonst sagen, all diese netten, freundlichen, positiven Menschen, die ich so schätzen gelernt hatte. Meine Laune war nicht die beste und meine Frau schlug vor, dass ich auf ihrem Handy nachschauen solle, sie habe ein paar Minuten Video aufgenommen. Ich suchte das Video und konnte zum ersten Male hören, was Stefan über mich gesagt hatte. Er sprach von Energie, von großer Motivation und von einem Geheimnis für Erfolg, das ich kennen und heute Abend preisgeben würde. Ach so, deshalb haben mich alle so angesehen. Ich konnte etwa drei Minuten meiner Rede anschauen, dann brach das Video ab. Das Publikum hatte ein paar Mal gelacht und geklatscht, daran erinnerte ich mich auch. Dann entdeckte ich, dass meine Frau noch ein zweites Video aufgenommen hatte. Ja, sie habe am Schluss nochmals gefilmt, sagte sie. Und tatsächlich, sie hatte die letzte Minute ebenfalls aufgezeichnet. Ich fand den Schluss nicht so gut, wie ich es vorgesehen hatte, aber akzeptabel, die Menschen klatschten jedenfalls ziemlich frenetisch. Ich wollte schon zurück auf die Fotos klicken, als ich plötzlich etwas im Video entdeckte. Was war das denn, nein, das konnte doch nicht möglich sein! Ich hatte das gestern Abend nicht registriert, aber tatsächlich, die Menschen haben nicht nur applaudiert, sie sind aufgestanden, sie verabschiedeten mich mit Standing Ovations …

Ich war platt und musste mir das Video gleich noch einmal anschauen. Tatsächlich, sie stehen auf, sie stehen alle auf. »Hm, so schlecht kann das nicht gewesen sein« , sagte ich zu meiner Frau. »Das habe ich dir doch die ganze Zeit gesagt« , erwiderte sie. »Und warum hast du mir nicht gesagt, dass ich Standing Ovations bekommen habe?« , fragte ich. »Oh« , entgegnete sie, »ich wusste nicht, dass ich mit Stevie Wonder verheiratet bin, und ging davon aus, dass du es auch gesehen hast, schließlich standest du ja oben auf der Bühne, und wenn man es genau nimmt, sind sie wegen dir aufgestanden.« Sie lächelte mich kurz an und blickte dann wieder auf die Straße. Ich saß einfach nur da und versuchte immer noch, das alles irgendwie einzuordnen.

Eine Redneragentur muss her

Es war inzwischen Dezember geworden und ich sollte an jenem Tag mein fertiges Video von GEDANKENtanken erhalten. Ich war bestens vorbereitet. Das Video würde nicht nur auf meinem Youtube-Kanal veröffentlicht, sondern auch an die zwei großen Redneragenturen geschickt werden, die in Europa den Markt beherrschten. Ich wollte unbedingt bei einer der beiden Agenturen unter Vertrag genommen werden, denn laut meinen Recherchen musste man bei einer der beiden Top-Agenturen gelistet sein, wollte man an die spannenden und gut bezahlten Rednerjobs herankommen. Ich schickte also meine Bewerbung und meine Videos an diese beiden Agenturen und hoffte, dass man sich bald melden würde. Aber ich konnte noch so oft in meinen E-Mail-Account schauen, es kam keine Antwort. Ich überlegte hin und her, was ich tun könnte, während ich an der Fertigstellung meines ersten Buches arbeitete, das im Herbst 2020 erscheinen sollte. Mir war klar, dass es nur einen Versuch gibt, hier zu punkten. Entweder, eine der beiden Redneragenturen nimmt mich an oder mein Weg als Quereinsteiger wird sehr viel schwieriger. Mein Buch trug den Titel *Die 95/5 Formel: Warum viele wenig und wenige alles haben.* Es enthielt meine Erfahrungen aus rund 25 Jahren, in denen ich mir Gedanken gemacht, viele Dinge ausprobiert hatte und dabei einmal um die Welt gereist war. Zugegeben, als Schweizer sind auch Deutschland und Italien, wo ich gearbeitet habe, schon weit weg, aber meine Jahre in den USA – erst in New York, danach in Miami, hatten mich nicht nur geprägt, ich hatte auch viel gelernt. Wie viel, das wurde mir erst so richtig klar, als ich das Buch schrieb. Ich war gerade dabei, Kapitel 5 zu überarbeiten, und las, was ich bisher geschrieben hatte. Es ging in diesem Kapitel um den Moment, in dem ich begriffen hatte, dass der Erfolg oder Misserfolg eines Konzepts, Businessplans oder Projekts auch bei noch so guter Planung letztendlich immer von den Menschen abhängt, die das Ganze umsetzen und ausführen. Die Person, die hier über Erfolg oder Misserfolg entscheiden würde, war ich. Also beschloss ich spontan, mich direkt und persönlich an die beiden Agenturen zu wenden. Ich rief bei der einen Agentur an, stellte mich vor und sagte, dass ich vor ein paar Tagen meine Unterlagen übermittelt hätte. Man entschuldigte sich bei mir, dass ich noch nichts gehört hätte, und versprach mir den Rückruf eines Verantwortlichen innerhalb von 24 Stunden. Na also, das war doch schon mal was.

Ich suchte gerade die nächste Nummer heraus, als ich von der Agentur, die eigentlich mein heimlicher Favorit war, eine E-Mail erhielt. Ich werde den Inhalt nie vergessen:

Lieber Simon,
danke für Deine E-Mail. Wir haben uns ja in Köln kennengelernt.
Wir sind momentan »im Gulasch« mit dem Alpensymposium nächste Woche und den ganzen Kick-offs weltweit.
Gerne tauschen wir uns aus, ich habe meine Kollegin in cc gesetzt.
Bin interessiert, müssen es aber zeitlich noch hinkriegen für ein Treffen.
Meine Kollegin koordiniert das.
Beste Grüße,
Oliver
Oliver Stoldt
CEO, Premium Speakers

Ich las die E-Mail ein zweites Mal und verstand immer noch nur Bahnhof. Der CEO und Inhaber von Premium Speakers kannte mich, duzte mich und behauptete sogar, wir würden uns kennen. Ich war mir ziemlich sicher, dass ich mich erinnern würde, wenn ich den Inhaber meiner favorisierten Redneragentur getroffen hätte. Ich schrieb zurück und erwähnte, dass ich mich im Moment nicht erinnern könne, ihn persönlich getroffen zu haben. Alles, was zurückkam, war ein »☺«. Ich lehnte mich im Stuhl zurück und ging die Optionen durch.

Ich leide schon an Demenz? Nein, check.

Ich hatte Oliver Stoldt bei einem Event getroffen und war so betrunken gewesen, dass ich mich nicht mehr erinnern kann? Nein, check.

Jemand spielt mir einen Streich und will mich ein bisschen veralbern? Nein, check.

Okay, noch mal von vorn, was hat er genau gesagt? Wir kennen uns aus Köln, also, wen habe ich da kennengelernt? Puh, das waren viele Menschen …

Als Experte für Neurowissenschaften wusste ich, dass keine Antwort kommen würde, wenn ich mich und damit mein Gehirn unter Druck setzte. Also beschloss ich, die Frage an mein Unterbewusstsein weiterzugeben und zu warten, bis es antwortet.

Ich beschäftigte mich mit anderen Dingen und es dauerte nur ein paar Stunden, da fiel mir etwas ein. Dieser Chauffeur von Kristina Vogel, der Bahnradfahrerin im Rollstuhl, der wusste ziemlich viel über die Speaker-Branche, insbesondere für einen Chauffeur! Ich ging auf die Website von Premium Speakers und gab den Namen Kristina Vogel ein. Tatsächlich, sie war bei Premium Speakers und somit bei Oliver Stoldt unter Vertrag und schon schoss mir der Gedanke durch den Kopf, dass der Chauffeur vielleicht ein bisschen mehr war als das, wofür er sich ausgegeben hatte – und ich hatte recht. Ich schrieb ihm zurück, er lachte und schickte mir eine Einladung für den 20. Januar 2020 zum internationalen Alpensymposium in Interlaken, das seit bald 20 Jahren von ihm in Interlaken veranstaltet wurde. Ich ging zu dem Symposium, wir unterhielten uns, ich merkte gleich, dass er ein super Typ ist. Kurze Zeit später durfte ich einen Vertrag mit meiner favorisierten Redneragentur Premium Speakers unterzeichnen.

Mr. Kommunikation

Kurz nach meinem Auftritt in Köln auf der GEDANKENtanken Bühne sollte ich im Volkshaus in Zürich auf der Bühne stehen dürfen. Eine bekannte Moderatorin, die Speaker und Moderatorinnen und Moderatoren ausbildet, hatte mich angefragt, ob ich in ihrer Show als Gastredner auftreten möchte, was ich natürlich gerne annahm. Also würde ich schon bald meine nächste große Keynote halten. Ich freute mich sehr darauf, denn in der Zwischenzeit hatte ich als Keynote-Speaker viel gelernt.

Ich hatte jemanden kennengelernt, den man schlicht als Koryphäe auf dem Gebiet der Kommunikation und Keynote-Entwicklung bezeichnen darf. Ich hatte das Vergnügen, Frank Asmus zu treffen. Obwohl Frank Asmus als Headcoach damals die Ausbildung der GEDANKENtanken-THE-KEY-Teilnehmer leitete, lernte ich Frank nicht dort kennen, da ja meine Anmeldung zu dem Workshop mit ihm bei GEDANKENtanken untergegangen war. Ich traf Frank Asmus bei einer

Veranstaltung von Hermann Scherer, bei dem Frank uns alle den ganzen Vormittag über in die Geheimnisse einer großartigen Keynote eingeweiht hatte. Nun war Mittagspause und ich ging wie alle der etwa 200 Teilnehmer in den großen Saal des angrenzenden Restaurants. Mit meinem vom Bufett gefüllten Teller in der Hand schaute ich mich nach einem Sitzplatz um und entdeckte ganz am Rande des Restaurants hinter einer großen Pflanze Frank Asmus allein an einem kleinen Tisch. Unsere Blicke trafen sich kurz und er winkte mir spontan zu und zeigte auf den freien Platz an seinem Tisch. Es folgte ein wunderbares Gespräch mit einem großartigen Menschen, von dem ich in der Zukunft noch so manches lernen sollte.

Ein paar Wochen später trafen wir uns dann wieder, diesmal beim offiziellen Workshop von GEDANKENtanken, den ich nun nachholte, obwohl ich meine Keynote schon gehalten hatte. Es war ein Novum in der Geschichte von THE KEY, dem Ausbildungsprogramm von GEDANKENtanken, dass ein Teilnehmer erst nach seiner Keynote den Workshop zur Keynote-Entwicklung absolvierte. Einige fanden das etwas seltsam, doch für mich passte es irgendwie zu meinem Leben.

Frank und ich verstanden uns auf Anhieb super und er konnte sich erstaunlich gut an Details unseres Gesprächs beim Mittagessen erinnern, obwohl das schon Wochen zurücklag. Die folgenden Tage, die wir mit Frank Asmus und seinem Co-Trainer Christian Gaertner verbrachten, waren für mich die lehrreichsten in meiner bisherigen Laufbahn als Keynote-Speaker. Frank Asmus zeigte mir auf, dass ich ab und zu auf der Bühne als Keynote-Speaker in den Trainermodus verfiel, und er war es auch, der für mich verständliche Abgrenzungen zwischen Keynote-Speaker, Trainer und Coach aufzeigte. Seine Fähigkeiten, Menschen an ihr wahres Potenzial zu führen, sind beeindruckend, und wer Frank Asmus kennenlernt, weiß, warum er von der Wirtschaftselite seit Jahren als Kommunikationsprofi gebucht wird. Seine Referenzliste beginnt bei A wie Apple und endet bei Z wie Zalando und die Chance ist groß, dass jedes Ihnen bekannte große Unternehmen mit einem Buchstaben dazwischen Frank Asmus auch schon gebucht hat.[13] Ich habe in dieser Szene niemanden getroffen, der nicht in den höchsten Tönen von Frank Asmus spricht, und das ist für einen Menschen, der so erfolgreich ist wie er, außergewöhnlich. Doch das wohl Beste an Frank Asmus ist nicht seine unglaubliche Fachkompetenz, sondern die Tatsache, dass er einer der positivsten und freundlichsten Menschen ist, die ich je getroffen habe. Seine Offenheit, seine Klarheit und sein

Gespür für Menschen sind herausragende Fähigkeiten und dennoch hat all das, in Kombination mit seinen fachlichen Qualitäten, keine Spuren bezüglich seines Egos hinterlassen, wie man das sonst von erfolgreichen Menschen kennt. Ich bin stolz darauf, dass ich Frank Asmus heute als Freund bezeichnen darf.

Es gab noch eine weitere Person, die mich bei diesem Workshop positiv überraschte, und das war Christian Gaertner, der zusammen mit Frank Asmus diesen Workshop leitete. Christian hat ein sehr gutes Gespür für Menschen und für das, was sie bewegt. Mit großer Subtilität geht er auf die Menschen ein und versucht, das aus ihnen herauszuholen, was ich als Essenz bezeichnen würde.

Christian ist einer der Headcoaches der Tobias Beck Academy und nach diesem Workshop war mir klar, warum Toby so sehr auf Christian schwört!

Volkshaus Zürich

Kurz nach dem Workshop mit Frank und Christian stand nun die bereits erwähnte Keynote im Volkshaus in Zürich auf dem Programm. Ich konnte mich dank der Inputs von Frank und Christian gut vorbereiten und entschied, eine neue Keynote zu entwickeln, da ich nicht dasselbe nochmal erzählen wollte.

Da die Keynote in Zürich stattfand, konnten auch einige meiner Freunde anreisen und sich davon überzeugen, dass ich mit meiner neuen Tätigkeit eins geworden war.

Der Auftritt verlief sehr gut und ich entdeckte im Publikum sogar ein paar Tränen, als ich die Geschichte über die Obdachlose Mary beendet hatte. Das Publikum war begeistert, das zeigten mir auch die Reaktionen der vielen Menschen, die nach meinem Auftritt auf mich zukamen.

Ich konnte spüren, dass mich der Workshop und besonders die Arbeit mit Frank Asmus einen großen Schritt nach vorne gebracht hatten. Doch plötzlich beschlich mich ein ungutes Gefühl ich fragte mich, ob mein so wichtiger Auftritt bei GEDANKENtanken nicht deutlich besser gewesen wäre, wenn ich den Workshop mit Frank im Vorfeld absolviert hätte. Ich begann mich zu fragen, wie gut das Video auf dem Youtube-Kanal von GEDANKENtanken ankommen würde. Was, wenn es keiner sehen wollte? Also begann ich mich mit den veröffentlichten Videos zu beschäftigen, denn die Anzahl der Aufrufe sind natürlich eine Art Gradmesser für die Beliebtheit eines Redners. Ich stellte fest, dass die meisten KEY-Teilnehmer nach ein paar Monaten zwischen 15 000 und 60 000 Aufrufe ihrer Videos hatten. Jene, die im sechsstelligen Bereich, also über 100 000 Aufrufe, hatten, waren durchwegs bekannte Redner, wie Stefan Frädrich, Tobias Beck, Bernhard Lange oder solche, deren Videos schon seit vielen Jahren online waren. Ich machte mir nun Gedanken darüber, was ich tun würde, wenn mein Video nicht gut ankäme, nicht so viele Aufrufe bekäme? Ich ärgerte mich ein bisschen darüber, dass ich an dem Workshop mit Frank erst nach meiner Keynote teilgenommen hatte, doch ich begann gar nicht erst damit, die Schuld bei GEDANKENtanken zu suchen, denn ich hatte in den letzten Jahren gelernt, dass die Verantwortung für mein Leben immer bei mir liegt, und ich wusste, dass es mir nicht helfen würde, diese Verantwortung jetzt abzugeben. Stattdessen tat ich etwas anderes. Ich speicherte das Video von meinem Auftritt bei GEDANKENtanken folgendermaßen ab: Auftritt 1 GEDANKENtanken Okt_2019. Spontan nahm ich mir vor, irgendwann noch einmal auf der GEDANKENtanken-Bühne zu stehen. Ich wusste zwar nicht, wann, wie und wieso, aber ich nahm es mir einfach mal vor.

Kaum wurde ich im Februar 2020 in meiner neuen Redneragentur vorgestellt, kamen schon die ersten Anfragen für den Sommer. Auch über meine Website und andere Kanäle bekam ich Anfragen für sehr gut bezahlte Auftritte und freute mich natürlich sehr. Premium Speakers bot mir sogar an, mich auch bei den Premium-Trainern aufzunehmen, was für einen Keynote-Speaker eine perfekte Ergänzung ist, denn damit füllt man in der Regel die Wochentage, während Speakings eher Donnerstag bis Samstag stattfinden. Ebenfalls im Februar 2020 unterzeichnete ich einen weiteren für mich wichtigen Vertrag als einer der neuen Headcoaches bei GEDANKENtanken für die Bereiche Positionierung und Keynote-Entwicklung. Ich betrachtete das als eine große Ehre und freute mich darauf, das Gelernte weitergeben zu können.

Ich kann mich noch gut erinnern, dass ich in meinem frisch angemieteten Büro saß und mich darüber freute, wie gut alles lief. Waren meine Erwartungen auch hoch gewesen, so schien es doch, als würden sie nicht nur erfüllt, sondern die Chancen standen gut, dass ich sie übertreffen konnte. Da ich praktisch jede Woche ein neues Buch lese, viele Podcasts höre und mich auch an der Uni in Freiburg (Neurowissenschaften) eingeschrieben hatte, verbrachte ich noch weniger Zeit als sonst damit, mich um aktuelle Geschehnisse zu kümmern. Und so bekam ich auch anfänglich nicht viel mit von diesem Virus, das in Wuhan entdeckt worden war. Und überhaupt, Wuhan, das klang doch ziemlich weit weg.

Corona, der Gamechanger

Doch es vergingen nur ein paar Wochen und das Virus hatte sich rund um die Welt einen Namen gemacht. Radio, TV, Zeitungen und das Internet berichteten nur noch von diesem Virus und schon bald kamen der erste Lockdown und die ersten Stornierungen von Redneraufträgen. Auch geplante Seminare musste ich absagen, teilweise hatten die Teilnehmer das Geld schon überwiesen, und es stellte sich die Frage, wie lange uns diese Geschichte noch beschäftigen würde.

Um ehrlich zu sein, war ich während des ersten Lockdowns anfangs – sorry wegen des Ausdrucks – angepisst. Es lief alles so gut für mich und dann kommt dieses Virus und macht alles zunichte. Aufgrund meiner Erfahrung war mir schnell klar, dass ich mich umstellen musste, aber ich wollte nicht. Alles in mir sträubte sich, zu gut hatte sich alles angefühlt. Ich hatte gerade erst meinen ersten Autorenvertrag bei der Münchner Verlagsgruppe unterschrieben und mein Manuskript eingereicht, das als Buch im Redline Verlag erscheinen sollte. Ich hatte bereits mehr als ein Dutzend gut bezahlte Aufträge als Keynote-Speaker und Trainer unter Dach und Fach und mein Video würde in Kürze auf dem Kanal von GEDANKENtanken live gehen. Es fiel mir sehr schwer, zu akzeptieren, dass das alles nun nicht wie geplant ablaufen würde. Kurz darauf erhielt ich einen Anruf von meiner Buchagentin: »Herr Hofer, nur zur Info, die großen Verlage streichen eine ganze Reihe Neuerscheinungen. Aufgrund der neusten Entwicklungen, insbesondere auch wegen der wirtschaftlichen Unsicherheiten. Ich weiß nicht, ob Sie davon betroffen sind, aber wir müssen damit rechnen.« Ein weiterer Dämpfer, und ich wurde so langsam nervös, obwohl ich mir keine finanziellen Sorgen machen musste. Es ging mir auch nicht primär um das Finanzielle, sondern um etwas ganz anderes.

Ich hatte bisher in meinem Leben einige Dinge gemacht und vieles gesehen. Aufgewachsen in der Schweiz, lebte und arbeitete ich danach unter anderem in Deutschland und Italien, bevor ich für mehrere Jahre in die USA auswanderte. Dort lebte ich zuerst in New York, danach in Miami. Zurück in der Schweiz gründete ich mit einem Freund ein Start-up, das wir sechs Jahre später an einen internationalen Konzern verkauften, in dem ich zuletzt auch noch als Managing Director tätig war. Bei allem, was ich in meiner bisherigen 25-jährigen Berufskarriere getan hatte, vermisste ich stets etwas. Ich wusste nie, was es war, bis ich auf einer Bühne stand und andere an meinem Wissen teilhaben ließ. Plötzlich fühlte ich mich zu Hause, ich fühlte mich endlich angekommen und am richtigen Platz, alles ergab einen Sinn. Und nun, da ich beide Düsentriebwerke meiner Maschine gestartet hatte und gerade dabei war, abzuheben, kam irgendein Virus aus China daher und drohte, alles zunichtezumachen.

Es war inzwischen April und mein Video sollte am 20. auf dem Youtube-Kanal von GEDANKENtanken live gehen. Ich hatte soeben eine Meditation beendet, als ich sah, dass ich einen Anruf vom Programmleiter des Redline Verlags verpasst hatte. Ich erinnerte mich sofort an das, was mir die Buchagentin gesagt hatte, und vermutete, dass man mir nun mitteilten würde, mein Buch sei vorläufig gestrichen.

Ich weiß nicht, ob es die Nachwirkung der Meditation war, aber in dem Moment kam mir meine vor ein paar Jahren etablierte 10-Minuten-Regel in den Sinn. Ich hatte mich seit Jahren mit der Neurowissenschaft auseinandergesetzt und war immer wieder fasziniert vom dem, was ich lernte. Ich begann mehr und mehr zu verstehen, wie wir als Menschen funktionieren, und dieses Verständnis half mir in allen Lebenssituationen, ob im beruflichen oder privaten Alltag. Ich stellte fest, dass unser Denken der Ursprung von allen Resultaten in unserem Leben war. Das Problem ist, wir sind uns unserer rund 60 000 Gedanken jeden Tag nur selten bewusst, und so passiert da oben in unserer Schaltzentrale des Lebens, unserem Gehirn, so viel, von dem wir keine Ahnung haben, auf das wir keinen Einfluss haben, und doch fragen wir uns am Ende immer, warum unser Leben nicht so verläuft, wie wir es gerne hätten. Also hatte ich angefangen, Strategien für mein Denken zu entwickeln. Strategien, die mir erlaubten, dort hinzugelangen, wo ich hinwollte. Daher fasziniert mich die Neurowissenschaft bis zum heutigen Tag. Ich habe auf keinem Gebiet so viel über mich und andere Menschen gelernt wie in der Welt der Neurowissenschaften und aus diesen Erkenntnissen ist auch meine 10-Minuten-Regel entstanden. Diese besagt, dass es okay ist, sich über etwas zehn Minuten lang aufzuregen, danach ist Schluss. Wenn man ein Problem hat und man weiß, man kann es irgendwie lösen, dann macht es keinen Sinn, sich lange darüber aufzuregen. Andererseits, wenn man ein Problem hat, von dem man im

Moment nicht weiß, wie man es lösen soll, macht es auch keinen Sinn, sich darüber lange aufzuregen. Diese Erkenntnis schoss mir in dem Moment durch den Kopf und ich lachte über mich selbst, denn ich machte mir Sorgen darüber, was der Verlag sagen könnte, bevor ich überhaupt wusste, um was es ging!

Das ist ein weitverbreitetes Problem. Dr. Joe Dispenza, der sich seit bald 30 Jahren mit Neurowissenschaft beschäftigt, hat herausgefunden, dass rund 98 Prozent aller Probleme, mit denen wir uns täglich belasten, nie eintreten. 98 Prozent, das ist ganz schön viel Stress, den wir uns machen wegen Dingen, die nie passieren, und ich hatte mich soeben dabei ertappt, es selbst auch zu tun, und wollte das schleunigst beenden. Also rief ich beim Verlag an, um mit dem Programmleiter zu sprechen. Er bedankte sich für den Rückruf und sagte dann: »Wegen Ihres Buches, Herr Hofer, das im Herbst erscheinen sollte, nun, wir haben es uns anders überlegt. Es passt vom Inhalt her sehr gut in die aktuell schwierige Zeit, Sie geben ja viele gute Tipps, wie man mit Problemen im Leben umgehen kann, daher werden wir es auf den Mai vorziehen!»

Ich war überglücklich und froh und gleichzeitig ein bisschen peinlich berührt. Da sagt mir der Programmleiter des Redline Verlags, das Buch bietet so viel Mehrwert, dass man es in einer Krisensituation wie jetzt vorzieht, und ich sitze hier und hadere mit dem Virus, wo ich doch eigentlich wissen müsste, wie man mit solchen Krisen umgeht. An dieser Stelle Dank an Michael Wurster, dem Programmleiter des Redline Verlags, der mich in jenem Moment daran erinnert hat, wer ich bin, was ich will und was ich dafür zu tun bereit bin. Ich beschloss, meinen Blick abzuwenden von dem, was im Moment nicht möglich war, und ihn auf das zu lenken, was möglich war.

Er war da, der Tag, an dem mein Video bei GEDANKENtanken live ging. Meine Stimmung hatte sich trotz der weiterhin durch Corona getrübten Aussichten komplett gewandelt. Ich blickte optimistisch und zuversichtlich in die Zukunft und freute mich auf die Veröffentlichung meines Videos. Auch wenn ich persönlich damit nicht zufrieden war, so attestierten mir weiterhin alle, dass es eine großartige Keynote sei. Ich blieb kritisch, aber ich stufe meine Leistungen immer sehr kritisch ein, wie gut diese auch sein mögen.

Ich wusste, dass die Kolleg*innen, deren Videos vor meinem veröffentlicht wurden, im ersten Monat etwa 10000 bis 20000 Aufrufe ihrer Videos verzeichnen konnten, und daran orientierte ich mich. Als ich nach einem Tag bei GEDANKENtanken auf dem Youtube-Kanal mein Video suchte, las ich, veröffentlicht vor einem Tag, 17515 Aufrufe. Wie bitte, über 17000 am ersten Tag? Wie kann das denn sein? Ich klickte auf das Video, als ob ich es noch nie gesehen hätte, und schaute mir die ganzen 18 Minuten an. Das war jetzt seltsam, denn so schlecht fand ich es gar nicht mehr! Als das Video nach nur fünf Tagen über 30000-mal angeklickt worden war und 95 Prozent der Kommentare sehr positiv waren, verspürte ich ein bisschen Stolz. Schon seltsam, wie stark die öffentliche Meinung die eigene beeinflussen kann. Dass mein Video dann schon bald weit über die 100000er-Grenze hinausschießen sollte, wusste ich damals noch nicht – und auch nicht, welche Folgen das haben sollte.

Es dauerte jedenfalls nicht lange und mein Bild erschien zusammen mit dem bekannten Hermann Scherer auf einem Flyer, da wir beide für den großen Onlinekongress *Gemeinsam stark aus der Krise* gebucht waren. Dieser Kongress sollte den Menschen da draußen, die durch die von Corona und der Politik verursachte Situation Angst hatten, teilweise sogar Existenzängste, Mut machen.

Ich sprach aus der Sicht eines Experten für Neurowissenschaften darüber, wie Angst entsteht und was wir dagegen tun können, und freute mich über das tolle Feedback der fast 1000 Teilnehmer im Chat. Und ganz ehrlich, ich freute mich auch darüber, als Neuling auf demselben Flyer zu sein wie ein Hermann Scherer und andere Größen der Branche.

Es war inzwischen Mai geworden und Zeit für mein lang ersehntes Buch. *Die 95/5-Formel: Warum viele wenig und wenige alles haben.* Ich hatte mich wirklich abgerackert für dieses Buch, und wer noch nie ein Buch geschrieben hat, der weiß nicht, wie viel Zeit, Nerven und Energieaufwand das kostet. Nachdem ich mein fertiges Manuskript abgegeben hatte, bekam ich von der Lektorin eine Liste mit Quellenangaben, die noch fehlten. Diese Recherchen kosteten mich nochmals rund 25 Stunden, und als ich alles fertig hatte, sagte ich mir, das war's, ein Buch reicht, ein weiteres Mal tue ich mir die ganze Arbeit nicht an. Nun war es also so weit, ich hielt mein erstes eigenes Buch in Händen und es fühlte sich großartig an. Kurz darauf war es auch auf Amazon verfügbar. Ich hoffte nun, dass Buchhaus, der mit Abstand größte Buchhändler der Schweiz, mein Buch in seinen Filialen anbieten würde, denn es gibt nichts Schöneres für einen Autor, als sein Buch in einer Auslage zu sehen. Tatsächlich, schon kurze Zeit später berichteten mir Freunde, das Buch liege in Buchhandlungen aus. Ich wollte mich ein paar Tage später selbst davon überzeugen und ging an einem Samstag in die größte Buchhandlung der Zentralschweiz, die Buchhandlung Stocker in Luzern, in welcher ich auch sonst immer meine Bücher kaufte. Ich betrat das Geschäft und wollte mich wie immer direkt in den zweiten Stock begeben, da auf dieser Etage die Wirtschaftsbücher auslagen. Aber, was war denn das, das war doch mein Buch, das ich da im Augenwinkel gesehen hatte. Ich drehte mich um und tatsächlich, da lagen sie, ein ganzer Haufen meiner Bücher lag da auf dem Promo-Tisch. Darüber prangte ein Schild auf einem Sockel, auf dem stand: Simon Hofer über das große Potenzial, das in unserem Gehirn und somit in uns allen steckt: *Die 95/5-Formel.* Ich konnte es kaum glauben und bedankte mich beim Geschäftsführer im Laden, der sich freute, mich zu sehen, und mir erzählte, das Buch verkaufe sich sehr gut und sie würden gerne ein Interview mit mir machen.

Kurze Zeit später fand ich mein Buch auf der Bestsellerliste in der Rubrik Wirtschaftsbücher auf Platz 17 und freute mich wie ein kleines Kind darüber. Hätte man mir damals gesagt, dass ich noch bis auf Platz 2 vorstoßen würde, so hätte ich es wohl nicht geglaubt, aber im August und September 2020 war ich zwei Monate dort vertreten.

Es war definitiv zurück, das Gefühl, das Richtige zu tun, zu Hause zu sein mit dem, was ich tat, und so kam es, dass ich bereits im Juni eine Idee hatte. Kurz nachdem mein Buch erschienen war, wurde ich von vielen gefragt, wie ich das denn genau gemacht hätte, denn wie erwähnt, wer sich damit beschäftigt, ein Buch zu schreiben, der findet schnell heraus, dass es gar nicht so einfach ist!

So kam es, dass ich kurzerhand ein Buchcoaching ins Leben rief und begann, den Menschen zu zeigen, wie man eine Kapitel- und Inhaltsstruktur baute, was gutes Storytelling ausmacht oder wie man ein professionelles Quellenverzeichnis erstellt, sodass man nicht nach dem Schreiben unzählige Stunden mit Recherchieren verbringen muss.

Was als spontane Idee geboren wurde, entwickelte sich rasend schnell und schon bald füllten meine Businesscoachings, die Coachings für GEDANKENtanken und die Buchcoachings meine Tage komplett aus. Ich brauchte Unterstützung und fand einen weiteren Buchexperten für das Buchcoaching. Seither ist das Suchen von zusätzlichen Coaches zu einer unserer Hauptbeschäftigungen geworden. Und wie das so ist, wenn eine Unternehmung wächst, benötigt man auch Unterstützung in der Administration, im Marketing und im Verkauf, und ehe man es sich versieht, sind da immer mehr neue Leute um einen herum. Doch im Gegensatz zu früher, wo zusätzliche Leute für mich immer auch zusätzlichen Stress bedeuteten, waren die Menschen, die in mein Leben traten, praktisch durchwegs eine Bereicherung, einige von ihnen sind inzwischen sogar zu echten Freunden geworden und was gibt es Schöneres, als mit Menschen zu arbeiten, die man mag und denen man vertraut!

Die neue Welt

Ich fühlte mich richtig wohl in meiner neuen Welt und das zeigte sich offensichtlich auch in dem, was ich tat. Der Zuspruch und Respekt für meine Arbeit waren von allen Seiten groß.

Ich bekam auch sehr viele Anfragen für Interviews und Podcasts. Nahm ich zu Beginn noch alle dankend an, so musste ich wohl oder übel ab einem bestimmten Punkt selektiver vorgehen, da der Zeitaufwand überhandnahm und ich trotz des Erfolgs nicht noch einmal zu einem Workaholic werden wollte. Diese Zeiten hatte ich hinter mir. Das war allerdings auch ein großer Verdienst meiner Frau, die immer wieder dafür sorgte, dass wir uns entsprechende Auszeiten nahmen. 2019 war mein bisheriges Urlaubsrekordjahr gewesen, ich verbrachte insgesamt elf Wochen im Urlaub. Es war Anfang September und wir verbrachten herrliche Tage auf der Insel Rhodos, als mich ein Anruf von GEDANKENtanken erreichte, das inzwischen Greator hieß. »Simon», sagte Thomas von Greator, »wie du weißt, werden wir am 10. Oktober 2020 eine GEDANKENtanken-Rednernacht veranstalten. Wir erfüllen alle Auflagen des Gesundheitsamtes und ziehen das durch. Sag mal, hättest du Lust, noch einmal bei uns auf der Bühne zu stehen? Deine letzte Keynote hat ja mit inzwischen über 150 000 Aufrufen sehr große Zustimmung erhalten.»

Ich konnte es nicht glauben, aus dem Nichts erreichte mich diese Anfrage. Schlagartig erinnerte ich mich daran, wie ich im Jahr zuvor meine Keynote auf dem Server unter Auftritt 1 abgespeichert hatte, und nun wusste ich, es würde einen Auftritt 2 geben.

Noch im Urlaub drehten sich meine Gedanken bereits um den Auftritt in ein paar Wochen. Hatte ich zuerst noch die Idee, meine damals gehaltene Keynote etwas abzuwandeln, damit ich auf dem Kanal von Greator (ehemals GEDAN-

KENtanken) nicht beide Male dasselbe erzählen würde, entschloss ich mich spontan, eine komplett neue Keynote aufzubauen. Ich beabsichtigte auch, die Keynote mehr auf mein inzwischen klarer definiertes Zielpublikum auszurichten. Auch wenn mich das vielleicht ein paar Aufrufe auf Youtube kosten konnte, wusste ich nun, in welchen Kundenbereich ich vorstoßen und an wen ich mich dafür wenden musste.

In unserer Branche ist es üblich, nicht nur einen, sondern mehrere Mentoren zu haben. Das ergibt durchaus Sinn. Wenn man jung ist und etwas erreichen möchte, hilft es enorm, wenn man dabei von Menschen unterstützt wird, die schon dort angekommen sind, wo man selbst hinmöchte. Da ich selbst eher spät in meinem Leben in diese Branche kam und bereits viel Lebenserfahrung gesammelt hatte, war es für mich schwer, einen Mentor zu finden. Überhaupt fiel mir das in meinem Leben immer schwer. Das erkannte ich erst, als ich in einem Interview einmal danach gefragt wurde, wer denn meine Mentoren in meinem Leben gewesen seien. Im ersten Moment konnte ich diese Frage gar nicht beantworten, doch nachdem ich darüber nachdachte, wurde mir klar, dass ich in meinem Leben stark von meiner Mutter und meinem Großvater geprägt worden war. Beide sind zwar viel zu früh aus meinem Leben gegangen, doch ich merkte plötzlich, wie viel ich von diesen Menschen übernommen hatte.

Meine Mutter war eine starke Frau, die sich immer für andere einsetzte. Egal, ob es in ihrer Jugend um das Stimmrecht für die Frauen ging oder um bessere Löhne für Kleinverdiener, sie setzte sich ein und half, wo sie Bedarf sah. Trotzdem schaffte sie es, sich eine erfolgreiche Berufskarriere aufzubauen. Sie beherrschte fünf Sprachen in Wort und Schrift und verfügte besonders für damalige Verhältnisse über eine erstklassige Ausbildung, die sie sich jedoch hart erkämpfen musste. In der damaligen Zeit (1950er- und 1960er-Jahre) war es für eine Frau nicht vorgesehen, dass sie eine Ausbildung machen und einen Beruf erlernen sollte, denn sie würde ja eh heiraten und dann würde der Ehemann für das Einkommen sorgen. Nun, für meine Mutter war das nie logisch und auch keine Option.[14]

Mein Großvater war Zahnarzt und arbeitete bis zu seinem 50. Lebensjahr für einen Patron, der ihm immer versprochen hatte, dass er seinen Betrieb übernehmen könnte, wenn er dereinst in Pension gehen würde. Als es dann so weit war, verkaufte der Patron sein Geschäft und mein Großvater musste sich mit über 50 Jahren eine neue Anstellung suchen. Er fasste den Entschluss, sich selbstständig zu machen. Damals, in den 1960er-Jahren, war das in seinem Alter eine völlig verrückte Idee. Doch er ließ sich nicht abhalten und eröffnete in seinem Heimatort ein zahntechnisches Labor, das schnell einen ausgezeichneten Ruf genoss und die Menschen kamen von überallher, um sich von ihm behandeln zu lassen. Kurz, mein Großvater wurde innerhalb kurzer Zeit sehr erfolgreich, was es ihm ermöglichte, nicht nur für sich selbst und seine Familie ein gutes Leben zu gewährleisten, sondern auch anderen zu helfen.

Jetzt verstehen Sie, woher meine Mutter ihre Neigung hatte, anderen zu helfen, und von wem ich diese geerbt habe!

Allerdings muss ich hier ergänzen, dass ich viele Jahre brauchte, bis ich in der Lage war, anderen nachhaltig helfen zu können. Den Wunsch dazu verspürte ich schon früh, aber in meinen jungen Jahren versuchte ich auf dem Weg zu Erfolg und Glück oft, Abkürzungen zu nehmen, und ich denke, viele von uns wissen, dass diese Abkürzungen in der Regel nicht wirklich zum Ziel führen. So war das auch bei mir und anstatt mir einzugestehen, dass es so nicht funktioniert, habe ich immer angestrengter nach Abkürzungen gesucht, die dann doch nicht funktionierten.

Schließlich, im fortgeschrittenen Alter von 40 Jahren, war ich allein, erfolglos und hatte 45 Kilo Übergewicht. Ich blickte zurück auf mein Leben, das zugegebenermaßen interessante und aufregende Momente beinhaltete. Es gab sogar Zeiten, da war ich ganz oben, allerdings immer nur kurz. Und wenn man sich etwas erkämpft hat und es dann kurz darauf wieder verliert, ist das besonders hart. Anscheinend gibt es auch eine Art Naturgesetz, dass man umso tiefer fällt, je schneller man aufgestiegen ist.

Es kommt auch der Punkt, an dem man zu glauben beginnt, dass man es einfach nicht draufhat, nicht gut genug ist für die Ansprüche, die man hat. Wenn man dann noch in das passende Umfeld kommt, gibt irgendwann selbst der stärkste Kämpfer auf, und das wäre auch mir beinahe passiert. Wahrscheinlich hätte ich aufgegeben, wenn ich nicht 2012 diese eine Frau kennengelernt hätte. Sie ist heute meine Frau und mein wichtigster Bezugspunkt im Leben. Allerdings war auch das, wie so vieles in meinem Leben, keine einfache Sache, sondern ein langer und schwieriger Weg. Als ich dann fünf Jahre nach unserem ersten Treffen endlich um ihre Hand anhielt, konnte ich das mit gutem Gewissen tun, weil ich mein Leben endlich im Griff hatte. Ich hatte diesmal keine Abkürzung genommen, sondern bin den harten und beschwerlichen Weg gegangen – und was soll ich sagen, es war jede Sekunde, jede Stunde, jeden Tag und jedes Jahr wert! Zum einen, weil ich in meiner Frau einen Menschen gefunden habe, den ich mir nicht mal in meinen Träumen so vorstellen konnte, stark und selbstbewusst, intelligent und smart und trotzdem noch immer durch und durch eine Frau. Eine Kombination, die mich seit dem ersten Tag fasziniert hat und es heute noch tut, und das Beste, ihren Humor, habe ich noch nicht einmal erwähnt.

Doch warum erzähle ich Ihnen das alles? Ich bin mir sicher, dass Sie beim Lesen meiner Zeilen ab und zu gedacht haben, ich würde etwas dick auftragen, dass mir alles ziemlich leichtfallen würde und sich alles wie von selbst so ergibt, wie ich es aktuell gebrauchen kann. Nun, das ist jedenfalls mein Eindruck, wenn ich diese Zeilen lese, und ein guter Freund, der beim Lesen denselben Eindruck hatte, versicherte mir gleichzeitig, dass alles der Wahrheit entspricht.

Worauf ich hier hinausmöchte, ist, dass es nicht immer so war. Ich wollte Ihnen aufzeigen, dass ich ein eher bescheidenes Leben geführt habe, als ich versuchte, Abkürzungen zu benutzen. Erst, als ich bereit war, den harten und beschwerlichen Weg zu gehen, hat sich mein Leben grundlegend verändert und verbessert.

Das zweite, das ich dadurch aufzeigen möchte, ist, dass man herausfinden sollte, was man im Leben wirklich machen will, denn dann wird alles sehr viel leichter.

Wobei, es wird nicht wirklich leichter, es fühlt sich einfach leichter an, weil wir stärker geworden sind, wenn wir den beschwerlichen Weg einmal gegangen sind.

Nachdem ich vor rund zehn Jahren meine heutige Frau zum ersten Male getroffen hatte, verspürte ich den Drang, mein Leben von Grund auf zu verändern. Auf meiner Suche nach dem großen Geheimnis, denn damals glaubte ich noch, dass es eines gebe, fiel mir das Buch von Joseph Murphy, *Die Macht des Unterbewusstseins* in die Hände, das meine Sicht auf das Leben nachhaltig verändern sollte. Es war Murphy, der mein Interesse an der Neurowissenschaft weckte, was dazu führte, dass ich mich nun seit bald zehn Jahren intensiv damit beschäftige und nach wie vor davon fasziniert bin. Die Erkenntnisse, die ich dabei gewonnen habe, teile ich in meinen Keynotes, Trainings und in meinen Büchern mit allen, die interessiert sind, ihr Leben zu verbessern. Denn ich bin zutiefst davon überzeugt, dass uns diese Kenntnisse helfen, ein besseres, erfolgreicheres und glücklicheres Leben zu führen!

Bereits die Grundkenntnisse über unser Gehirn helfen uns, Menschen – und zwar nicht nur die anderen, sondern auch uns selbst – besser zu verstehen. Und das ist eine wunderbare Grundlage für ein glückliches und erfolgreiches Leben.

Auf genau diesen Prinzipien wollte ich auch die Keynote für meinen zweiten Auftritt bei GEDANKENtanken (Greator) aufbauen und Sie erinnern sich, ich habe über Mentoren gesprochen und wie schwer es für mich war, einen solchen zu finden. Ganz besonders, nachdem ich einmal den beschwerlichen Weg gegangen und damit sehr erfolgreich war, hatte ich mich schnell daran gewöhnt, selbst die Rolle des Mentors innezuhaben. Ich bin auch überzeugt, dass ein Mentor immer jemand mit einem *Proof of Concept* sein muss, also jemand, der bewiesen hat, dass das, was er tut, erfolgreich funktioniert, und deshalb scheiden für mich schon mal viele Menschen aus. Es gibt jedoch in unserer Branche ein paar Menschen, die ich gerne als Mentor bezeichnen würde. An einen ganz bestimmten wandte ich mich auch, um meine zweite Keynote für GEDANKENtanken zu besprechen. Es handelt sich um keinen Geringeren als Frank Asmus.

Es war dann auch Frank Asmus, der den Begriff *Motivational Content Speaker* für mich prägte, nachdem er meine zweite Keynote für GEDANKENtanken gehört hatte.

Da ich einen langen und beschwerlichen Weg hinter mir habe, auf dem ich vieles gesehen und erlebt habe, fällt es mir schwer, auf den Rat anderer Menschen zu hören. Ich habe auch ein Problem damit, wie einfach es sich manche in unserer Branche machen, um anderen einen Weg zu Erfolg und Glück zu verkaufen. Darüber habe ich auch in meiner ersten Keynote bei GEDANKENtanken gesprochen. Genauer gesagt darüber, dass mir diese Motivationszitate auf allen Social-Media-Kanälen auf den Keks gehen. Es ist sinnlos, sich einfach Zitate reinzuziehen, ohne zu wissen, wer die Quellen, also die Menschen waren, die das gesagt haben, und in welchem Kontext sie das gesagt haben. Dazu kommt, dass die meisten Menschen selbst nicht mal wissen, wer sie sind oder was sie wollen, geschweige denn wissen, wozu sie bereit sind, um das alles zu erreichen. Da hilft das Nachplappern von Motivationszitaten auch nicht viel. Trotzdem wird auf dieser banalen Schiene in unserer Branche viel Geld verdient und das stört mich. Anderen Menschen für viel Geld unrealistische Träume zu verkaufen ist nicht cool und ein absolutes No-Go!

Damit man in einen Markt eindringen und in dem Markt überhaupt etwas erreichen kann, benötigt man eine klare Positionierung und die fehlt vielen. Ich war unter anderem für Greator (ehemals GEDANKENtanken), als Coach in der Ausbildung tätig und erlebte dort immer wieder, wie wichtig es ist, mit den Menschen auf genau diesen Punkt einzugehen. Es ist gefährlich, aus meiner Sicht sogar verwerflich, Menschen in ihren Träumen einfach nur zu bestärken, ohne diese gemeinsam zu hinterfragen. Nach 25 Jahren im Business, viele davon international, entwickelt man ein Gefühl dafür, was im Markt funktionieren kann und was nicht. Besonders im Bereich dessen, was nicht funktioniert, war ich lange ein Experte. Ich habe es aber geschafft, die Seiten zu wechseln, und daher kenne ich inzwischen beides sehr gut. Natürlich ist niemand unfehlbar und auch wir in unseren Funktionen als Coach übersehen mal etwas, egal wie sehr wir uns um Objektivität bemühen. Ob allerdings ein 23-Jähriger, der sich vor Kurzem von seiner ersten Freundin getrennt hat, wirklich das Zeug hat, um als Beziehungsexperte aufzutreten, darf doch zumindest bezweifelt werden! Und ich behaupte mal, dass hier auch die besten Motivationszitate nicht helfen werden.

Dann gibt es noch jene, die schon lange in der Branche sind und immer wieder dieselbe Geschichte erzählen. Die sind aus meiner Sicht auch nicht viel besser.

Und, das will ich unbedingt erwähnen, dann gibt es natürlich auch die, welche die Szene enorm bereichern, weil das, was sie sagen, auf viel Erfahrung, Know-how und der Trial-and-Error-Methode, also dem Ausprobieren basiert. Für die habe ich den höchsten Respekt und genau bei denen will ich mich einreihen.

Das ist zugegebenermaßen nicht ganz einfach, aber wir sind uns wohl einig, dass es nie einfach ist, selbst wenn es so aussieht.

2021 werde ich zwei neue Bücher auf den Markt bringen. Ein eigenes und eines als Herausgeber, welches Sie gerade lesen und das ich mit meinen geschätzten Rednerkolleg*innen erstellt habe. Zudem arbeite ich an einem Projekt mit einem TV-Promi, von dem ich hier leider noch nichts verraten darf. Gleichzeitig stellt unsere neue Firma Swiss Academy, die Redner ausbildet, Medientrainings anbietet und Speakern hilft, auf die Bühnen zu kommen, zwei neue Ausbildungsformate vor. Eines als 100-prozentiges Onlineformat, das andere ist ein Hybridformat, bei dem wir uns auch vor Ort treffen. Dazu kommt noch, dass ich die große Ehre hatte, 2021 für einen der weltweit größten Pharmakonzerne E-Learnings aufzunehmen und diese mit einer großen Keynote im größten europäischen Innovationscenter vorstellen durfte. Mehr als 4500 Menschen hatten sich zu diesem Event angemeldet und die Begeisterung danach war so groß, dass ich auf eine Fortsetzung der Zusammenarbeit zählen darf.

Im Januar 2021 erschien mein zweites Video auf dem Greator-Kanal und wieder schossen die Aufrufe durch die Decke; nach der ersten Woche hatten sich bereits über 30 000 Menschen das Video angeschaut. Offensichtlich habe ich mit meinem Thema, der Macht unseres Denkens und dem Umgang mit Niederlagen, bei vielen Menschen einen Nerv getroffen. 2021 wird also viel los sein und Sie merken schon, wir sind wieder dabei, ein bisschen dick aufzutragen, nur, was soll ich sagen, es ist das, was wir tun. Ich muss an dieser Stelle auch darauf hinweisen, dass ich keine One-Man-Show bin, sondern äußerst kreative, zuverlässige und positive Menschen um mich habe, mit denen ich das alles verwirklichen darf, denn allein wäre das unmöglich.

Im Rampenlicht

Wenn ich in meiner Lieblingsfunktion als Keynote-Speaker, als Experte für Neurowissenschaften, unterwegs bin und mit viel Leidenschaft den Menschen aufzeige, dass wir allein durch ein verändertes Denken unser Leben komplett verändern können, dann kommt an einem bestimmten Punkt oft dieselbe Frage.

Wie hast du es geschafft, so schnell ein erfolgreicher Keynote-Speaker zu werden?

Nun, ich gehe davon aus, einer der Gründe, warum Sie dieses Buch gekauft haben, ist genau diese Frage. Sie haben es sicher schon bemerkt, ich spreche die Dinge gerne direkt, offen und ehrlich an.

Ich weiß, dass viele Menschen davon träumen, als Keynote-Speaker auf der Bühne zu stehen, oder einfach ein guter Redner werden wollen, um andere zu überzeugen. Ich erlebe es immer wieder, dass viele Menschen Keynote-Speaking wie einen Beruf ansehen, den man erlernen kann, und das ist auch richtig, denn ich bin überzeugt, jeder kann das lernen. Doch neben dem Lernen benötigt man für diesen »Beruf« eine ganz besondere Zutat, nämlich »ein Warum, das *Why*«, von dem so viele sprechen, ist hier von ganz zentraler Bedeutung. Sein *Why* im Leben zu finden, ist nicht ganz einfach, ich denke, da sind wir uns alle einig. Ich selbst habe Jahrzehnte dafür gebraucht, mein echtes *Why* zu finden, daher weiß ich, wovon ich spreche.

Es funktioniert auch nicht so, dass man sich eines Tages sagt, so, jetzt suche ich mal nach meinem *Why* im Leben, und wenn ich es dann gefunden habe, wird alles gut. Nein, die Suche ist vielmehr ein Prozess und basiert schlussendlich auf Dingen, die man sich mit der Trial-and-Error-Methode angeeignet oder ausprobiert hat.[15]

Ich habe an einem bestimmten Punkt in meinem Leben festgestellt, dass ich mit dem, was ich sage, offenbar andere Menschen erreiche, sie inspiriere und es schaffe, der Auslöser für Veränderungen zu sein! Ich erhalte immer wieder Nachrichten von mir fremden Menschen, die mir die unglaublichsten Dinge erzählen. Wenn ein gestandener Geschäftsmann mir eine Sprachnachricht auf Instagram hinterlässt und mir erzählt, dass er sich meinen Podcast bei Greator dreimal hintereinander angehört hat und dann seinen Wagen am Straßenrand parkieren musste, weil er Tränen in den Augen hatte und nicht mehr fahren konnte, bin ich einfach nur zutiefst dankbar. Wenn ich dann höre, wie seine Stimme in der Nachricht wegbricht, als er mir erzählt, er werde jetzt diesen wichtigen Schritt in seinem Leben endlich machen, und er mir ein paar Stunden später eine weitere Sprachnachricht hinterlässt, diesmal mit fester Stimme, und sich bedankt, dann weiß ich, dass ich mit dem, was ich sage, etwas bewirke.

Wenn mir ein 79-jähriger Mann schreibt, der von einer Rente von gut 500 Euro im Monat lebt, dass er, nachdem er mein Buch gelesen habe, neue Hoffnung schöpfe und nun den Mut gefasst habe, sein Leben trotz seiner 79 Jahre und wenig Hoffnung auf Erfolg noch einmal zu verändern, dann bin ich nicht nur sprachlos, sondern derjenige, der nun Tränen in den Augen hat.

Ich habe inzwischen Dutzende solcher Nachrichten und E-Mails erhalten, und ich habe jede einzelne persönlich beantwortet, auch wenn es manchmal nicht einfach war, denn ich konnte mit jedem dieser Menschen mitfühlen, da ich aus eigener Erfahrung weiß, wie es sich anfühlt, wenn man keine Hoffnung mehr hat.

Also, warum tue ich das, was ich tue, warum will ich auf die großen Bühnen und dort sprechen? Manche sind der Meinung, es handle sich um eine Art von Geltungsdrang, andere sagen sogar, ich würde das nur wegen des Geldes machen. Und auch, wenn in beiden Aussagen bestimmt ein Körnchen Wahrheit steckt, so haben beide völlig unrecht. Natürlich verdiene ich als erfolgreicher Keynote-Speaker sehr gut und bin überzeugt, niemand glaubt einem Keynote-Speaker, der sagt, er stehe nicht gerne vor Menschen auf der Bühne. Jeder, der sich freiwillig auf Bühnen stellt und zu anderen spricht, steht auch gern im Rampenlicht. Doch mein Grund, mein *Why*, ist ein anderer. Ich habe schlicht und einfach festgestellt, dass ich, meine Botschaft, für den einen oder anderen im Leben einen Unterschied bewirken kann. Für einige Menschen kann es sogar der Gamechanger zu einem glücklicheren Leben sein. Können Sie sich vorstellen, wie gut sich das anfühlt? Wie dankbar ich diesen Menschen dafür bin, dass sie mir dieses Gefühl vermitteln? Das gibt meinem Leben, das sich so lange so sinnlos anfühlte, plötzlich einen gewaltigen Sinn und gleichzeitig ergibt das, was ich tue und sage, für andere Menschen einen Sinn.

Also habe ich es mir zur Aufgabe gemacht, zu meiner Mission, möglichst vielen Menschen aufzuzeigen, dass viel mehr in ihnen steckt, als sie glauben. Ich bin fest davon überzeugt, dass 95 Prozent der Menschen weit unter ihrem Potenzial leben. Schließlich habe ich das viele Jahrzehnte auch getan, bis ich verstand, dass ich so viel mehr kann, wenn ich nur bereit bin, mein Denken zu hinterfragen, anzupassen und zu lernen. Als ich das tat, fühlte sich das so gut an wie ein neues Leben und genau dieses Gefühl will ich in anderen Menschen wecken! Glaube an dich, verändere dein Denken und die Welt um dich herum verändert sich.

Ich habe das vor Kurzem jemandem erzählt, der schaute mich daraufhin an und meinte: »Naja, das ist ja alles schön und gut, aber die Welt veränderst du damit nicht. Wenn du ein paar Menschen hilfst, macht das keinen wirklich großen Unterschied.« Das kann man natürlich so sehen, wenn man will, doch dann liegt man schlicht und einfach komplett falsch!

Sehen Sie, wenn ich einer geschiedenen Frau mit meinem Buch (*Die 95/5-Formel*) Mut machen konnte, ihr Leben in den Griff zu bekommen, und sie sich danach wieder ihrem Mann und ihren Kindern angenähert hat, sodass heute wieder alle miteinander sprechen, nachdem zuvor drei Jahre lang Funkstille herrschte, habe ich damit die gesamte Welt verändert, denn für diese Frau und ihre Familie ist ihre Welt die gesamte Welt. Genauso wie für Sie und mich unsere Welt die gesamte Welt ist, zumindest die wichtigste, und genau darum geht es mir.

Ich habe die große Ehre, dass ich über die Macht der Gedanken sprechen darf in meinen Büchern oder in meinen Keynotes. Und das bewegt Menschen, inspiriert sie und macht ihnen Mut, Dinge zu verändern. Sie verstehen also, je größer die Bühne, desto größer die Chance, dass ich jemanden erreiche, der meine Worte gerade verdammt gut gebrauchen kann.

Also, zurück zur Frage, wie ich mich so schnell in der Welt der Keynote-Speaker etablieren konnte. Die Antwort lautet: Weil ich ein *Why* habe, ein sehr starkes *Why,* und weil ich liebe, was ich tue. Und wenn man liebt, was man tut, ist die Chance sehr groß, dass man seine Sache gut macht.

Und genau das wünsche ich Ihnen liebe Leserin, lieber Leser, auch!

ÜBER SIMON HOFER

Als Unternehmer und Keynote Speaker leitet **Simon Hofer** die Speaker Academy, ein Unternehmen der Swiss Academy AG. Er ist mehrfacher Gewinner des Excellence Speaker Awards und stand sowohl bei GEDANKENtanken als auch bei GREATOR erfolgreich auf der Bühne. Sein Debüt-Buch *Die 95/5 Formel, warum viele wenig und wenige alles haben* schaffte es bereits in die Bestseller-Liste der Wirtschaftsbücher. Als Experte für Neurowissenschaften ist Simon nicht nur auf der Bühne, sondern auch in Radio und TV ein gefragter Interviewgast.

Simon Hofer über Robert Steffen

Wenn Sie ein Haus bauen wollen, dann wenden Sie sich an einen Architekten, logisch. Wenn Sie eine perfekte Rede brauchen, auch, logisch, oder? Wenn Ihnen das nicht logisch erscheint, dann nur deshalb, weil Sie Robert Steffen, den Wortarchitekten, nicht kennen. Sein Motto lautet: Werte – Worte – Wirkung.

Robert baut mit Worten Geschichten, so wie Architekten Gebäude errichten. Seine Worte sind dabei so gewählt, dass sie maximale Wirkung erzielen und den Zuhörer erreichen.

Seine Herangehensweise an alle Aufgaben ist immer dieselbe: Was kann ich tun, um den anderen maximal zu unterstützen? Was kann ich tun, damit der andere seine maximale Kraft entfalten kann? Das sind nicht nur edle Gedanken, sondern im Fall von Robert sind sie auch aus einer tiefen Überzeugung gewachsen. Sein Tun und sein Handeln sind stets darauf ausgerichtet, andere bestmöglich zu unterstützen. Doch Robert weiß auch, dass man anderen nur echte Hilfe anbieten kann, wenn man selbst weiß, wovon man spricht, wenn man das, was man empfiehlt, selbst kennt, erfahren und gefühlt hat. Daher steht er auch immer wieder mal auf der Bühne, um zu fühlen, zu spüren und vor allem auch, um zu lernen und das Gelernte weiterzugeben.

Und damit ergibt alles einen Sinn. Robert drückt seine Werte mit seinen Worten aus und diese erzeugen eine magische Wirkung.

Kapitel 3

ROBERT STEFFEN

DIE MACHT DER WORTE – TEIL 1

November 2018

GEDANKENtanken hatte es geschafft. Die Lanxess-Arena war ausverkauft. Nur die Crème de la Crème an Speakern und Trainern durfte hier auftreten. Seit Monaten lief die Werbung auf allen Kanälen. Das größte Speaker-Event, das es bis dato gegeben hat. Über 20 000 Menschen kamen zusammen, um sich zu Themen der Persönlichkeitsentwicklung und ihrem Mindset inspirieren zu lassen.

Da ich aus Köln komme und Konzerte eine meiner Leidenschaften sind, kenne ich die Lanxess-Arena sehr gut. Für mich ist der Anblick einer vollen Arena, die sich verzaubern lässt, nichts Neues. Und mal Hand aufs Herz: Wenn Alicia Keys ihre Balladen trällert oder Kings Of Leon ihren rockigen Sound durch die Halle fegen lassen, kann das nur ein unvergesslicher Abend werden.

Aber ein reines Speaking-Event in so einer Größenordnung? Das war etwas Einzigartiges. Ich kannte Keynotes von TEDx oder von den vielen Apple-Produkt-Präsentationen. Aber Coaches und Trainer, die auf die Bühne gehen und als Speaker auftreten – das war relativ neu für mich. Durch meine Recherche im Vorfeld wurde mir klar, dass es da anscheinend eine ganze Branche mit unterschiedlichen Schwerpunkten und Ausprägungen gibt. Auch Namen wie Tobias Beck oder Stefan Frädrich fielen mir auf, aber ich konnte alles noch gar nicht zuordnen. Auch welche Rolle GEDANKENtanken in dieser Branche spielte, konnte ich nicht wirklich einordnen.

Aber ich wusste zwei Dinge: Mein Herz schlägt seit meiner Kindheit für die Kunst des Public Speaking. Ich war einfach nur froh, dass diese Kunst endlich eine große Bühne bekommen würde. Und ich wollte dabei sein und sehen, wie meine Leidenschaft einen ganzen Abend lang zelebriert wurde.

Dann ging das Licht aus und als Erstes kam Alexander Müller, der Geschäftsführer von GEDANKENtanken, auf die Bühne. Er begann, über eines meiner Lieblingsthemen zu sprechen: Unternehmenskultur. Weitere Speaker wie Bodo Schäfer erzählten von Enten und Adlern und veranschaulichten, was es mit dem Enten- und dem Adler-Mindset auf sich hat. Zlatko Sterzelbach fuhr auf einem Rennrad und sprach über gesunde Ernährung, und am Ende zündete Tobi Beck mit einer Geschichte über seinen Zivildienst ein Feuerwerk an Emotionen.

Ich studierte zu dieser Zeit Wirtschaftspsychologie mit Schwerpunkt Change Management und Führungspsychologie und erfüllte mir parallel dazu einen Traum, indem ich für mein Lieblingsunternehmen arbeitete: Seit zweieinhalb Jahren stand ich für Apple im Flagship Store in Köln auf der Verkaufsfläche und beriet die Kunden. Ich wollte alles zum Thema Unternehmenskultur und Führungskommunikation lernen, und wo geht das besser als vom Erbe Steve Jobs'?

Karrieretechnisch gab es für mich damals genau zwei Möglichkeiten: Entweder mache ich Karriere bei Apple oder ich werde Unternehmensberater. Selbstständigkeit kam für mich nicht infrage. Ich hätte überhaupt nicht gewusst, in welchem Bereich.

Hätte mir jemand an diesem Abend im Herbst 2018 gesagt: Robert, du wirst dich in genau einem Jahr als Coach, Trainer und Berater selbstständig machen;

- in deinem ersten Jahr in dieser Branche wirst du die große Ehre haben, bei Alexander Christiani, einem der besten deutschsprachigen Speaker und Trainer, *dem* Storytelling-Papst[16], als Headcoach Hunderte Unternehmer darin zu unterstützen, ihre einzigartige Dienstleistung und Produkte so zu kommunizieren, dass ihre Kunden einfach aus purem Eigennutz zu Fans werden;
- zweitens wirst du für GEDANKENtanken (heute Greator) Experten zu Speakern ausbilden und sie bei ihrer Positionierung, Keynote-Entwicklung und Bühnen-Performance unterstützen;
- drittens werden Experten auf ihrem Gebiet, Unternehmer im Mittelstand und CEOs von Konzernen dich buchen und du darfst sie auf ihre wichtigen Auftritte vorbereiten;
- viertens wird im ersten Jahr deiner Selbstständigkeit Greator bei dir anfragen, ob du als Experte für Kommunikation von deinem Lieblingsthema auf der Bühne erzählen möchtest;
- und fünftens wirst du im ersten Jahr deiner Selbstständigkeit als Coach direkt einen sechsstelligen Umsatz machen,

... dann hätte ich die Person liebevoll umarmt, ihr auf die Schulter geklopft und geantwortet, dass ich ihren Humor sehr mag.

Ich konnte es mir nicht vorstellen, aber genau das und sogar noch vieles mehr ist in meinem ersten Jahr in dieser Branche passiert. Das Jahr 2020, welches für viele persönlich und wirtschaftlich eines der härtesten Jahre bis dato war, wurde für mich das Jahr zum Durchbruch in meine Bestimmung.

Das Warten hatte sich gelohnt. Viele Jahre habe ich an dem Fundament gearbeitet und mich auf die Möglichkeit vorbereitet, das zu tun, was meinen Fähigkeiten und meiner Persönlichkeit zu 100 Prozent entspricht. Spannende Karrieren wurden abgelehnt, Geld in Weiterbildung wurde investiert und immer wieder wurde die quälende Frage gestellt: Wann und wo werde ich meine berufliche Heimat finden?

Zugegeben, so wie sich alles entwickelt hat, wurden meine kühnsten Träume übertroffen. Tief in mir hatte ich immer gehofft, mich nicht selbstständig machen zu müssen, sondern in einem gemachten Nest einen Traumjob zu haben. Heute kann ich mir ein Angestelltenverhältnis nicht mehr vorstellen. Mit der richtigen Vorbereitung und den passenden Umgebungen ist alles möglich. Mit 21 Jahren bin ich losgezogen, auf der Suche nach einem Ort, an den ich gut mit meinen Fähigkeiten und Leidenschaften passe. Auf diesem Weg gab es wenige, aber dafür umso stärkere Mentoren, die an mich und meine Reise geglaubt haben.

Jetzt, nachdem ich angekommen bin, sehe ich es als meine Pflicht, mich umzudrehen und andere Reisenden zu ermutigen, nicht aufzugeben.

Das ist auch der einzige Grund, warum ich mich entschlossen habe, an diesem Buchprojekt teilzunehmen. Ich möchte dich ermutigen auf deinem Weg zu deinem persönlichen Erfolg.

In den nächsten Zeilen werde ich auf der einen Seite meine persönliche Reise beschreiben und meine acht Prinzipien auf dem Weg zum Erfolg herauskristallisieren.

Im zweiten Teil beschreibe ich den Weg auf die große Greator-Bühne und gebe dir meine wertvollsten Tipps als Kommunikationstrainer für die Vorbereitung deiner nächsten Keynote.

»Glück ist dort, wo Vorbereitung auf Möglichkeit trifft.«[17]

Denzel Washington

Für mich ist Denzel Washington eine große Inspiration. Ich liebe seine Filme, und seine Reden lassen darauf schließen, dass er einen starken Charakter hat und eine tolle Persönlichkeit ist. Dieses Zitat von ihm begleitet mich schon länger. Ich weiß nicht, wie es dir geht, aber ich glaube nicht so recht an Glück. Deswegen habe ich das Zitat für mich persönlich etwas angepasst und sage:

Erfolg ist dort, wo Vorbereitung auf Möglichkeiten trifft!

Qualität darf reifen

Bist du ein Genießer? In meinem Freundeskreis habe ich zwei. Völlig egal, ob es um Wein, Rum oder Käse geht. Alles darf ruhig ein paar Jahre länger gereift sein, damit sich der einzigartige Geschmack auf der Zunge entlädt. Und gerade bei Käse gibt es ja wilde Auswüchse.

Qualität braucht ihre Zeit. Desto länger es gereift ist, umso wertvoller wird das Produkt. Dann verkauft es sich sehr erfolgreich auf dem Markt. Stolz steht das Alter auf dem Etikett und der Preis orientiert sich an diesem.

Was würde passieren, wenn wir dieses Prinzip auf die Definition von Erfolg übertragen?

Wir leben in einer Zeit von Instant. Instant-Nudeln, Instagram-Insta-Storys und Instant-Kaffee. Wir sind es absolut gewohnt, auf nichts mehr warten zu müssen und zu wollen. Alles darf jetzt und sofort passieren. Früher wurden noch ganze Musikalben produziert, die das Herz und die Entwicklung des Künstlers in neun bis elf Liedern zum Ausdruck brachten. Heute gibt es meist nur noch Singles, die bewusst kurz gehalten werden, damit sie bei Spotify schnell in die Endlosschleife kommen und dadurch häufiger geklickt werden.

»Es geht nur noch um viele quantitative Gesellenstücke und nicht mehr um wenige qualitative Meisterwerke.«

Der Wortarchitekt

Auch in der Coaching-Szene gibt es den Trend, dass wir in drei Tagen ein Buch schreiben, man in zwei Tagen zum Coach wird und überspitzt gesagt in einem Tag zum Speaker. Und doch wissen wir alle:

Wenn wir wirklich guten Whisky haben wollen, dann ist der Jahrgang und die damit verbundene Lagerzeit entscheidend. Weisheit hat nicht unbedingt etwas mit Alter zu tun, sondern mit Reife und Erfahrung.

Sind es nicht gerade Erfahrungen, die oft schmerzvollen Momente, in denen wir erst wirklich innehalten, reflektieren und neue Erkenntnisse schöpfen? Wir alle genießen natürlich die Sonnentage des Lebens, aber die bringen selten unsere Persönlichkeit wirklich voran. Ravio Entertainment, die Erfinder von Angry Birds zum Beispiel, hatten 51 Rückschläge, sprich, 51 schlechte Spiele, bis sie den Durchbruch geschafft und Angry Birds gelauncht hatten. Kobe Bryant, der viel zu früh gestorben ist, war berühmt dafür, dass er vor jedem Training immer mindestens zwei Stunden früher da war und trainiert hat.

Oft wird Erfolg wie Feuerwerkskörper verkauft: Hauptsache, schnell in die Luft mit einem lauten digitalen oder analogen Knall, sodass man ganz viel Licht und Krawall macht und gesehen wird. Direkt danach erlischt das Feuer und die Suche nach der nächsten Rakete geht los. Dann wird diese kurz in den Himmel gejagt, wo sie aufleuchtet und dann ebenfalls herunterfällt.

Ich bin noch ganz neu in der Trainer-Speaker-Coaching-Branche. Aber die Entscheidung, wie ich Erfolg für mich definiere, habe ich recht früh getroffen:

> Erfolg ist wie ein Lagerfeuer. Es darf ruhig etwas langsamer gehen. Behutsam pustet man es an, umsorgt es und legt Schritt für Schritt größere Holzscheite hinzu. So entwickelt sich ein wärmendes, wenn auch kein lautes Feuer, das ohne großes Getöse langfristig für sich und die eigene Zielgruppe brennt.

Verstehe deine Geschichte!

Diesen Tipp habe ich von meinem Opa gelernt. Er war Pastor und ein leidenschaftlicher Storyteller. Er liebte Geschichten und er liebte es, auf der Bühne zu stehen, seine altvertrauten Werte aus der Bibel mit Alltagssituationen verschmelzen zu lassen und den Zuhörern auf diese Weise nahezubringen. Mein Opa war ein sehr disziplinierter Mann. Ich kann mich noch erinnern, dass ich als Kind öfter beobachten konnte, wie er sich auf jede Predigt vorbereitet hat. Da mein Vater sich gut mit

Technik auskannte, kam Opa ab und zu vorbei, stellte sich vor die alte Videokamera und sprach seine gesamte Rede. Dann musste mein Vater ihm die Aufzeichnung auf dem großen Fernseher abspielen. Wir reden über Zeiten, in denen man Videokassetten noch mit dem Stift aufgedreht hat! Und dann hat mein Opa sich Gestik, Mimik und Inhalt, alles in einer Gesamtkomposition, angeschaut.

Doch nicht nur seine Rhetorik und seine Wirkung waren ihm wichtig. Vor allem an seinem Inhalt hat er täglich gearbeitet. Ich kann mich noch gut an seine riesigen Schränke voller Bücher erinnern, die wiederum alle voller Post-its steckten, die die guten Geschichten markierten. Opa hat mir immer gesagt: »Robert, wenn du Menschen wirklich begeistern und fesseln möchtest, wenn du ihnen hochkomplexe Zusammenhänge leicht zugänglich vermitteln möchtest, dann erzähle eine Geschichte. Mach es genau wie Jesus, der hochkomplexe Gedanken so erzählt hat, dass er mit einer Rede den einfachen Hirten und den obersten Gelehrten im Volk ansprach und beide die Botschaft klar und deutlich verstanden haben.« Das ist übrigens ein sehr wichtiges Merkmal für eine gute Geschichte oder Rede.

Wittgenstein sagte dazu auch schon:

> »Was sich überhaupt sagen lässt, lässt sich klar sagen; und wovon man nicht reden kann, darüber muss man schweigen.«[18]

Mein Opa hat alle Geschichten gesammelt, die er nur finden konnte, aus jedem Kalenderblatt, jeder Zeitung, in jedem Buch. 752 Geschichten, und dann hat er sie verschlagwortet – heute würden wir dazu sagen: Hashtags gesetzt –, nach Themen geordnet und zu einem Buch zusammengefasst. Mein Opa war marketingtechnisch nicht sehr fit, deswegen hat er dieses Buch einfach nur »Arbeitsheft« genannt. Dieses »Arbeitsheft« hat er dann an alle seine Pastorenkollegen verschenkt mit der großen Bitte: »Erzählt mehr Geschichten!«

Mein Opa ist sicherlich einer der Hauptgründe, warum ich mit 16 Jahren das erste Mal vor 300 Menschen gesprochen habe. Ich kann mich noch sehr gut daran erinnern, wie ich bis 3:00 Uhr morgens an meiner Rede feilte und dann nervösangespannt in 600 Augen geblickt und meinen Mund geöffnet habe.

Dieses Gefühl, auf der Bühne zu stehen und meine Gedanken zu einem Thema, mein Wissen, meine Leidenschaft mit anderen zu teilen, zu sehen, wie der Funke überspringt, wie man das Publikum in dem einen Augenblick zum Nachdenken und im nächsten zum Schmunzeln bringt, das hat mich schon mit 16 Jahren absolut fasziniert und begeistert.

Aber viel wichtiger als das Weitergeben der eigenen Worte und Gedanken ist es, ein Gespür dafür zu entwickeln, welche Atmosphäre im Raum herrscht. Sein Publikum zu lesen, auf es eingehen zu können, das ist die hohe Kunst des Speaking.

Mich hat es schon immer gereizt, mit Worten eine bestimmte Atmosphäre zu kreieren. Ich kann mich an ein sehr schmerzhaftes Erlebnis erinnern, als ich 14 Jahre war. Ich wurde damals zu einer Geburtstagsfeier eingeladen mit den Worten: »Robert, ich will dich gerne bei meinem Geburtstag dabeihaben, weil wir jemanden brauchen, der Stimmung macht.« Ich dachte, ich werde eingeladen, weil ich ein Freund war, aber für diese Person war ich ein Stimmungsgarant. Nur auf eine vorteilhafte Fähigkeit reduziert und nicht als Ganzes gesehen zu werden, tat sehr weh.

Deine größte Stärke ist oft auch deine größte Schwäche!

Es war ein etwas längerer und schmerzvoller Weg, diese feinen Antennen zu trainieren, Erfahrungen mit ihnen zu machen und sie zu hochsensiblen Werkzeugen zu entwickeln.

Wenn ich mit angehenden Speakern über ihre Positionierung nachdenke, ist das mit einer der wichtigsten Aspekte: ganz tief in die Geschichte der Einzelnen einzutauchen. Unsere Vergangenheit, vor allem unsere Erlebnisse im Alter von 5 bis 15 Jahren, sind der Antrieb für viele unserer Entscheidungen, Werte und Vorlieben, die wir später ausleben. Oft unterstütze ich Experten bei der Findung ihres Themas und erlebe dabei, dass plötzlich die Augen zu leuchten beginnen, wenn wir nach längerem Abwägen und Überlegen ihr Thema gefunden haben. Und nicht selten sagen sie dann: »Ich erinnere mich, dass ich als Kind oder Jugendlicher auch schon einmal dieses Thema hatte.«

Wenn du jetzt gerne ein bisschen in dich hineinfühlen und erspüren möchtest, was so ein Thema für dich sein könnte, als Redner vielleicht auf einer Bühne oder auf einer Hochzeit oder einem größeren Geburtstag, dann denk doch mal zurück an die eine oder andere Geschichte aus deinen Kindertagen oder deiner Jugendzeit. In meinen Coachings lasse ich meine Teilnehmer immer fünf positive Ereignisse sammeln und fünf herausfordernde, die ihr Leben maßgeblich geprägt haben. Und in den meisten Fällen ergeben diese Geschichten einen roten Faden, der bis in die

Gegenwart führt und damit auch sehr viel Halt gibt für das, was in der Zukunft noch kommen kann.

> *»Ich bin so froh, dass sich durch mein Leben ein flexibler roter Faden zieht. Und nicht ein langweiliges und unflexibles Lineal.«*
>
> *Der Wortarchitekt*

Warum ist es wichtig, auch gerade in die herausfordernden Geschichten seines Lebens zu schauen? Im Schmerz liegt oft eine große Kraft. Die Energie, die wir aufgrund von Frust, Wut, Leid und Scham spüren, ist emotional fest verankert. Prägende Entscheidungen, die wir in solchen Situationen getroffen haben, lagern sehr tief in unserem Unterbewusstsein.

Ein guter Bekannter von mir hilft Menschen, ihre Drogensucht zu überwinden. Seine Leidenschaft für diese gebrochenen Menschen schöpft er aus der Erfahrung seiner eigenen Geschichte, weil er selbst durch starke Drogenabhängigkeit familiär und finanziell alles verloren hat und genau nachempfinden kann, wie es den Drogenabhängigen geht. Ein Kunde von mir setzt sich heute für finanzielle Freiheit ein, weil er als Kind in Armut aufgewachsen ist und sich damals geschworen hat, seine Familie nie in eine solche Situation zu bringen. So coacht er heute andere Menschen im Bereich Finanzen, Investment und Immobilien.

Aber nicht nur die schmerzvollen Geschichten weisen uns den Weg zu unserer Bestimmung. Sich auch die Situationen, in denen wir mit unseren Stärken oft unbewusst agieren, vor Augen zu führen und hier einen Zusammenhang zu erkennen, ist sehr nützlich.

Als ich mich dann mal ein paar ruhige Stunden hingesetzt und nach wirklichen Schlüsselmomenten und Situationen gesucht habe, erkannte ich meinen roten Faden: Bei allem, was ich bisher getan habe, ging es darum, klar zu kommunizieren und mit Worten eine Atmosphäre zu entwickeln, in der andere Menschen ermutigt werden. Als ich die Sozialprojekte betreute, war es mir immer sehr wichtig, dass es Momente gab, in denen wir miteinander geredet und reflektiert haben und zu neuen Erkenntnissen gekommen sind. In der Realschule mussten wir als Abschlussprüfung einen Vortrag halten und ich sprach über meinen großen Helden Kolumbus. Mich beeindruckt bis heute dieser Seemann mit seinem unbeugsamen Willen, die Welt zu erkunden, sich gegen alle gängigen Meinungen der

Könige und der katholischen Kirche zu stellen und seinem Herzensprojekt zu folgen. Schon mit 16 Jahren wollte ich meiner Klasse diesen Gedanken als Inspiration dalassen. Nach dem Vortrag kamen der Prüfer und der Schulleiter zu mir und sagten, das sei der beste Vortrag der gesamten Schule gewesen.

Und dann sind mir noch ganz viele ähnliche Geschichten eingefallen. Zum Beispiel habe ich auf einmal verstanden, dass ich in dem Café für Kinder mit Migrationshintergrund, welches ich drei Jahre mitbetreuen und leiten durfte, immer mit Worten eine Atmosphäre der Ermutigung, der Reflexion und Weiterentwicklung aufbauen wollte.

Auf meiner Weltreise habe ich mit Backpackern oft darüber gesprochen, was sie wirklich antreibt. An unzähligen Lagerfeuern ertappte ich mich immer wieder dabei, dass ich lieber mit wenigen Interessierten gute Gespräche über den Sinn des Lebens führte, als mit dem großen Rest eine Party nach der anderen zu feiern.

Im Alter zwischen 28 und 32 Jahren war ich freier Trauredner. Und wieder war es so, dass ich gerne voller Leidenschaft genau die passenden Worte für die entsprechende Atmosphäre gefunden habe. Die freudige Erwartung des Paares, die Freude der Gäste und die Atmosphäre der größten Entscheidung im Leben eines Menschen in wenigen Worten auf den Punkt zu bringen: Darin fühle ich mich sehr wohl.

Bei Apple musste ich einmal einen Vortrag über die neuen Funktionen des iPads halten. Danach kam mein Store-Leiter zu mir und sagte: »Robert, das war der beste Vortrag, den ich je bei Apple gehört habe.«

Es lohnt sich, seine Geschichte zu verstehen! Je klarer du sie für dich herausarbeitest, desto besser erkennst du deine Kernkompetenzen und deine Einzigartigkeit. Schreibe auf, was andere Menschen schon immer Positives über dich gesagt haben, und nimm es an. Damit gehst du einen Riesenschritt weiter in Richtung eigene Positionierung.

Wenn du gerade an einem Scheidepunkt in deinem Leben stehst, dreh dich doch einmal um und verbinde die Punkte in deiner Geschichte. Sie können zu deinem Kompass für die Zukunft werden!

»Verstehen kann man das Leben rückwärts, leben muss man es aber vorwärts.«[19]

Sören Kierkegaard

Entdecke dein *Why*! Aber wie?

Die Entscheidung, mein Leben dem Thema Kommunikation zu widmen, habe ich mit 14 Jahren getroffen. Ich erinnere mich noch bestens an die Situation. Mein guter Freund und ich wohnten mit unseren Familien in einem Doppelhaus und wir haben uns prima verstanden. Wir sind zusammen aufgewachsen, in die gleiche Schule gegangen – wenn auch in Parallelklassen, weil unsere Eltern Angst hatten, dass wir uns ablenken würden. Unsere Freizeit haben wir fast immer miteinander verbracht. Bei den vielen gemeinsamen Interessen und Leidenschaften gab es aber einen großen Unterschied zwischen uns: Er ist sehr introvertiert und ich ein wenig extrovertiert. Wir haben uns beinahe täglich bei ihm oder mir getroffen, doch an diesem einen Tag war alles anders. Ich hatte beschlossen, diesmal nicht mit Fragen oder einem Thema anzufangen. Ich wollte, dass er das Gespräch beginnt. Deshalb habe ich ihn begrüßt, mich hingesetzt und kein Wort gesagt. Ich wollte abwarten, wann und wie er das Gespräch beginnen würde. Es hat nicht fünf, nicht zehn, sondern ganze 20 Minuten gedauert, bis das passierte. Als ich nach Hause ging und diese Situation noch einmal reflektierte, verspürte ich einen tiefen Schmerz darüber, dass es so viele Menschen gibt, die einen megacoolen Charakter haben, eine große Leidenschaft im Herzen und eine echte Expertise, denen es jedoch schwerfällt, das zu kommunizieren.

Und ich habe mich gefragt: Womit habe ich es verdient, dass es mir so leichtfällt, vor noch so vielen Menschen zu sprechen? Es gibt viele Menschen, die wesentlich mehr wissen als ich, aber sie wird nie jemand hören, weil sie es nicht kommunizieren können.

Da traf ich die Entscheidung, meine Fähigkeiten immer dafür einzusetzen, Menschen dabei zu unterstützen, dass sie offen kommunizieren können.

Bis vor ein paar Jahren, bevor ich mich selbstständig gemacht habe, war mir gar nicht klar, dass ich damals schon die Entscheidung traf, mich beruflich mit Kommunikation zu beschäftigen. Erst durch Reflektieren ist mir diese Situation wieder eingefallen und hat mir gezeigt, dass ich mich eigentlich schon immer mit dem Thema Kommunikation und Rhetorik auseinandergesetzt habe.

Leg dieses Buch doch einmal für 20 Minuten beiseite und schreibe auf, welche Situationen dich emotional bewegt haben und welche Entscheidung du in diesen Situationen getroffen hast. Ziel ist es, herauszufinden, mit welchem Thema oder

Wert du einen Beitrag leisten möchtest und welche Wirkung dieser dann auf das Umfeld haben wird. An dieser Stelle empfehle ich dir neben dem Lesen von diesen Zeilen das Buch *Frag immer erst: warum* von Simon Sinek.

Mein WHY: Ich stelle mir eine Welt vor, in der jeder Mensch die Macht der Worte für sich entdeckt und damit seine Expertise und sein Anliegen klar in die Herzen und Gedanken seiner Zuhörer kommunizieren kann!

Wenn du dein *WHY* gefunden hast, würde ich mich sehr über eine E-Mail von dir freuen. Wenn das für dich eine Herausforderung darstellt, dann bitte auch.

Finde deine Werte!

Ein weiterer Aspekt, warum wir in der Positionierung in die Vergangenheit gehen, besteht darin, dass wir verstehen wollen, welche Werte du entwickelt hast. Unsere Werte bilden sich bei der Entwicklung der Persönlichkeiten und liegen unserem Denken und Handeln zugrunde. Sie bestimmen, wer wir sind!

Mit 16 Jahren durfte ich in einem Theaterstück mitspielen. Es ging um die Theodizee-Frage, also die Frage: Warum lässt Gott Leid zu? Ich durfte den Rechtsanwalt spielen, eine der Hauptrollen in dem Stück. Ich war stolz wie Oskar. Ich war der jüngste Darsteller und mein Staatsanwalt, gespielt von Everybody's Darling, würde richtig zeigen, was ich schauspielerisch und rhetorisch draufhabe. Wir probten wochenlang, hatten viel Spaß zusammen und freuten uns alle sehr auf den Auftritt. Die Vorführung war mit knapp über 200 Menschen megagut besucht. Wir begannen mit dem Verhör, duellierten uns mit den Argumenten rhetorisch und schauspielerisch, und ich merkte Minute für Minute deutlicher, dass das Publikum auf meiner Seite war. Jeder Witz saß, jedes Argument schlug ein. Ich merkte an den Augen des Publikums, dass sie mir aus der Hand fraßen. Das Stück war fast durch, ich musste nur noch mein Schlussplädoyer halten, und als ich die Zuschauer ansah, merkte ich, wie in mir ein unglaublicher Stolz aufstieg. Mein Ego wuchs ins Unermessliche. Ich ging zu meinem Tisch, setzte mich wie in so einer richtig schlechten Anwalts-TV-Serie darauf und wollte lässig meine abschließenden Worte kundtun und damit den Fall für mich entscheiden.

Doch dann kam ein Moment, den ich nicht wieder vergessen will. Ich setzte an und auf einmal bekam ich kein Wort mehr heraus. Ich stammelte, stotterte, was mir noch nie passiert ist. Ich merkte, dass meine Sätze überhaupt keinen Sinn mehr ergaben, setzte noch mal an, aber die Atmosphäre war verloren. Ich schaute hilflos zu den anderen auf der Bühne. Sie senkten den Kopf. Ich drehte den Kopf wieder zu den Zuschauern und blickte in teils große erwartungsvolle, teils fragende Augen.

Ich lief runter von der Bühne und setzte mich hin. Das Gefühl von Scham, Wut und Enttäuschung übermannte mich. Wie konnte das nur passieren? Die Zuhörer nahmen es entspannt auf, klatschen, und anschließend gab es eine Lobeshymne nach der anderen für unseren Auftritt. Aber nach einer persönlichen Reflexion erkannte ich, was das Problem war. Ich! Mein Ego auf der Bühne.

Dein Ego muss sterben, damit dein Spirit leben kann.

Erst viele Jahre später erfuhr ich, dass es einer der wichtigsten Grundsätze für Keynote-Entwicklung ist, sich folgende Frage zu stellen: Hast du die Perspektive des Publikums vor Augen – *What's in it for me*? Was hat das Publikum davon, dass ich da bin?

Ich dachte, ich sei die Botschaft. Mein Talent und meine Performance sind der ausschlaggebende Punkt, der diese ganze Veranstaltung trägt. Aber mein Ego stand der Botschaft des gesamten Stücks im Weg. Es geht nicht um dich, Robert. Es geht um die Botschaft und darum, dass die Zuhörer sie mitnehmen können.

Damals, mit 16 Jahren, habe ich diesen Wert gespürt und erkannt, dass ich auf der Bühne nur ein Mentor bin, ein Diener mit meinem Wissen und meiner Leidenschaft. Im Publikum sitzen meine Helden.

Damals, mit 16 Jahren, habe ich mir versprochen, dass ich meine Gabe und meine Leidenschaft nie dafür einsetzen möchte, mein Ego zu streicheln.

Wer ist der Held im Raum? Die Antwort muss immer klar sein: Deine Zuhörer!

Deshalb reagiere ich wahrscheinlich auch etwas allergisch, wenn ich von vielen angehenden Speakern höre: »Ich brauche den Applaus und die Anerkennung, ich finde das Gefühl, da oben zu stehen, schon geil«, oder: »Ich vermisse das Gefühl, da oben zu stehen und Menschen etwas zu erzählen.« Ja, es ist ein schönes Gefühl, wenn jemand einem zuhört. Versteh mich nicht falsch, ich habe nichts gegen ein gesundes Selbstwertgefühl, ganz im Gegenteil. In unserer Branche sollte man sehr gut wissen, was man kann, und auch klar und deutlich sagen, dass sich die Kunden und die Partner darauf verlassen können. Ich rede eher über die innere Einstellung, die Stimmen im Kopf, wenn keiner zuhört, die Selbstgespräche beim Erstellen der Keynote. Und die ehrliche Frage: Tue ich das alles für mich und mein Ego oder biete ich damit einen echten Mehrwert für meine Zuhörer?

Das ist nur eine Geschichte von vielen, in denen meine Werte geschmiedet wurden.

Welche deiner Geschichten wurden zu einer WERTE-Schmiede und bestimmen bis heute deine Entscheidungen?

Über den Wolken ist grenzenlose Freiheit – aber keine Luft für Umsetzung!

Es ist Mittwoch und ich habe wieder sechs Coaching-Termine. Mit fünf Coachees haben wir bereits gut zusammengearbeitet und ich bereite mich jetzt auf meinen letzten Call vor. Andreas (Name geändert) ist seit 30 Jahren extrem erfolgreich in seinem Job, bei dem er für den Staat eine hohe Verantwortung trägt. Er ist ein geschätzter Kollege und privat vielseitig engagiert. Seine Persönlichkeit beinhaltet viele unterschiedliche Facetten. Über einen herzlichen Humor bis hin zu einem klaren reflektierten Kopf bringt er all seine Gedanken gut rüber. Die große Aufgabe für heute: Positionierung!

Wir hatten schon zwei Einheiten und seine Hausaufgabe bestand darin, sich aus mehreren erarbeiteten Möglichkeiten für eine zu entscheiden.

Wir begrüßen uns und nach wenigen herzlichen Worten stelle ich ihm die Frage, wofür er sich nun entschieden hat. Und wie schon in den letzten zwei Einheiten beginnt er wieder, alle Themen auf den Tisch zu packen, und möchte gerne alles erneut besprechen.

Ich schaue ihn freundlich, aber bestimmt an und frage ihn, ob er mein Feedback zu seinen Gedanken haben will. Er nickt. Ich sage ihm einen Satz und er wird auf einmal ganz still. Er denkt nach, dann nickt er langsam und sagt: »Du hast recht.«

Ich sagte zu ihm: »Dir geht es zu gut! Du hast keinen finanziellen Druck und musst nicht möglichst bald Geld mit deinem Thema verdienen. Auch deinen Auftritt bei Greator kannst du zur Not verschieben. Und jetzt fliegst du in deinem Kopf über die Wolken der Möglichkeiten und genießt die Freiheit. Sich nicht festlegen zu müssen, hat zeitweise seinen Reiz. Aber solange du mit deinem Flieger keinen Themen-Flughafen ansteuerst, wirst du auch nicht in die Umsetzung kommen.« Er schaut mich an und bedankt sich. Das waren klare Worte, aber er brauchte das.

Hier greift die Kraft der Entscheidung. Sich für ein Thema zu entscheiden und es anzufliegen. Natürlich wird das Anfliegen nicht leicht und das eine oder andere Mal werden dir Wolken beim Anfliegen die Sicht vernebeln. Aber das Gefühl, endlich mit seinem Thema festen Boden unter den Rädern zu spüren, ist unbezahlbar. Jetzt erst kannst du deine wertvolle Fracht abladen und mit deinem Thema einen Nutzen bieten.

PS: Und wenn du nach einiger Zeit merkst, dass es doch nicht der richtige Themen-Flughafen war, dann darfst du gerne wieder starten und einen weiteren ansteuern. Aber bitte fliege nicht über den Wolken, bis dir der Sprit, sprich, deine Leidenschaft, ausgeht. Dann stürzt du ab und niemand wird etwas davon haben. Nicht du und auch nicht die vielen Menschen, die auf deine wertvolle Fracht warten.

Suche dir den richtigen Mentor!

Im Februar 2019 startete ich als Angestellter für drei Tage pro Woche bei Alexander Christiani. Ich wusste noch nicht, ob diese Szene wirklich etwas für mich ist, und deshalb wollte ich mir ein halbes Jahr Zeit geben und Schritt für Schritt das Leben eines Coaches kennenlernen.

Für mich persönlich ist Alexander Christiani einer der beeindruckendsten und inspirierendsten Trainer, die ich je im deutschen Markt und darüber hinaus erlebt habe. Ihn als meinen Mentor für Kommunikation und Unternehmertum zu haben, ist ein Geschenk.

Schnell merkte ich, dass Coaching und Training Aufgaben waren, die mich absolut erfüllten. Von meinem Umfeld bekam ich das Feedback, dass sie mich selten so zufrieden und freudestrahlend gesehen haben. Und das spürte ich auch. Mein längst verschüttetes Warum oder *Why*, wie Simon Sinek sagen würde, habe ich wieder ausgegraben. Meine Geschichten über meinen Opa und meine Rhetorikerfahrungen aus meinen Zwanzigern kamen alle wieder hoch und ich konnte sie jetzt einsetzen.

Wenn es um Erfolg in dieser Branche geht, ist das einer der wichtigsten Tipps, die ich jedem mitgeben kann:

Suche dir mindestens einen Mentor!

Das kann ein direkter Mentor sein, der dich aktiv begleitet, oder ein Mentor, der dich eher wie ein Vorbild aus der Ferne prägt.

Vielleicht erinnerst du dich, dass ich weiter oben über dieses Prinzip gesprochen habe. Vorbereitung trifft auf Möglichkeit. In meinen ersten drei Wochen als Angestellter gab es schon die erste Situation, in der es sich bewährt hat, immer vorbereitet zu sein. Direkt am Anfang meiner Tätigkeit für Alexander fragte er mich, ob ich nicht die großen Events mit über 100 Unternehmen moderieren wolle. Das nahm ich dankend an, weil ich seit meinem 16. Lebensjahr schon unzählige Events moderiert hatte. Seitdem moderiere ich alle Events von Alexander.

Eine andere Situation, die für einige Beteiligte nicht so erfreulich war, hat mir wieder gezeigt, wie wichtig es ist, sich gut auf jede mögliche Situation vorzubereiten, die kommen kann. Im Institut haben wir ein Programm, das sich das Blockbuster Stories Skript nennt. Das ist ein achtwöchiger Videokurs mit wöchentlichen Gruppencoachings. In acht Wochen entwickelt jeder Unternehmer Schritt für Schritt sein gesamtes Marketing- und Kommunikationsfundament. Ich habe mir immer wieder die Videos von Alexander und die Inhalte angeschaut, um vorbereitet zu sein, falls ich diesen Kurs einmal übernehmen musste. Aber als es so weit war, haben die zwei Headcoaches damals ganz allein diesen Kurs übernommen. Ich kann mich noch erinnern, es war ein Feiertag, als Constantin, der Sohn von Alexander, mich anrief: »Robert, was hast du heute vor?« Was für eine Frage! Ich antwortete, dass ich für den Tag noch nichts geplant hatte. Er sagte mir, dass einer der Coaches unglücklich gestürzt sei, sich verletzt habe und für den neuen Kurs ausfiel. Er fragte, ob ich bereit sei, in einer Stunde damit anzufangen, einen achtwöchigen Onlinekurs mit 15 bis 20 Unternehmen zu leiten. Auf genau diesen Tag hatte ich mich vorbereitet und trotzdem kam ich jetzt ordentlich ins Schwitzen. Mein erster persönlicher Coachingauftrag. Ich hatte schon unglaublich viele Gruppen in unterschiedlichsten Konstellationen geleitet und auf den unterschiedlichsten Kontinenten mit Gruppen gearbeitet. Aber das hier war noch mal eine ganz andere Herausforderung. Acht Wochen später durfte ich unglaublich tolles Feedback einfahren und die Teilnehmer waren extrem zufrieden mit ihren Ergebnissen. Erfolg ist, wenn Vorbereitung auf Möglichkeit trifft. Ich kann es nicht oft genug sagen ;-)

Too good to be ignored!

Dieser Satz ist von einem Buch-Titel genommen, in dem der Autor beschreibt, dass Leidenschaft zwar nützlich ist, aber auch schnell verbrennen kann. Er zeigt in dem Buch auf, dass es wesentlich sinnvoller ist, seine Fähigkeiten zu kennen und auszubauen. Gerade wenn du eine einzigartige Fertigkeit oder Fähigkeit in ihrer Tiefe beherrschst, bist du so gut darin, dass dich dein Umfeld nicht ignorieren kann. Das ist für mich eines der wichtigsten Prinzipien in dieser Branche. Welche Fähigkeit steckt in dir und in was könntest du so gut werden, dass dein Umfeld nicht anders kann, als dich zum Experten zu erklären? Eine meiner Lieblingsfragen im Coaching dazu lautet:

> Welches Problem müssten deine Freunde haben, damit sie sagen: Jetzt kannst nur noch du uns helfen! Sei gespannt auf die Antworten.

Dieses Prinzip griff im Herbst 2018 auf einem Event von Alexander Christiani und sollte mein Leben für immer verändern.

Schon seit ein paar Jahren kannte ich Raphael Christiani, den Sohn von Alexander. Er lud mich zu ihrem Seminar nach Düsseldorf ein, um dem noch sehr jungen Team ein paar Ideen und Inspirationen aus meiner Arbeit bei Apple weiterzugeben, wie man eine gute Unternehmenskultur entwickeln kann. Als ich da so stand und Alexander erlebte, mit seiner unglaublichen Energie und seinem starken Storytelling, und die Unternehmer alle hellauf begeistert waren, habe ich mir die Frage gestellt: Wäre so ein Job als Trainer und Coach zum Thema Kommunikation nicht auch etwas für mich? Sich den ganzen Tag mit Menschen und ihren Persönlichkeiten und den individuellen Geschichten zu beschäftigen? Aber es war nur ein flüchtiger Gedanke, den ich schnell verdrängte, weil ich mir das einfach nicht vorstellen konnte. In diesen drei Tagen hatten die

Teilnehmer immer wieder die Aufgabe, an ihrer Unternehmer-Geschichte zu arbeiten. Sie mussten, unter Anleitung von Alexander und seinem Team, ihren einzigartigen Nutzen herausarbeiten und so in eine Geschichte packen, dass ihre Kunden klar verstehen, warum ihr jeweiliges Produkt sich im Markt von allen anderen unterscheidet. Für viele keine leichte Aufgabe, und so kam es, dass einer der Unternehmer sich Hilfe suchend umschaute, und als ich da so frei im Raum stand, auf mich zusteuerte. Er hielt mich wohl für einen Coach und begann sofort mit seinen Fragen.

Ich hatte keine Ahnung von Marketinggeschichten, aber ich habe seit über 15 Jahren Storytelling auf und neben der Bühne praktiziert. Und als ich dann meiner Intuition folgte und ihm meine Ideen mitteilte, sah ich auf einmal, dass er schon zwei DIN-A4-Seiten mit Ideen vollgeschrieben hatte und völlig begeistert war, und merkte, dass meine Expertise und meine Intuition voll auf sein Business passten.

Nach den zwei Seiten Notizen schaute er mich an und sagte: »Robert, Alexander hat uns heute ein Mentoring für eine fünfstellige Summe angeboten. Ich kaufe dieses Mentoring nur, wenn du mein Coach wirst.« Ihr könnt euch nicht vorstellen, was da in meinem Kopf losging. Ich war für meine Begriffe gar kein Coach und ich war auch nicht angestellt, freiberuflich oder anderweitig in der Situation, ein Coach zu sein. Meine Identität passte noch nicht zu der Expertise, die ich schon auf den Tisch legen konnte. Als ich ihm sagte, dass ich noch nicht einmal hier arbeiten würde und nur ein Freund der Familie sei, fragte er: »Hast du nicht Lust, für einen Tag zu mir nach Bielefeld zu kommen? Ich gebe dir die Hälfte von dem, was Alexander ansetzt, und du hilfst mir, diese Geschichten zu entwickeln.« Ich habe dankend abgelehnt, weil ich aus Loyalitätsgründen nie solche Deals eingehen würde. Als die Geschäftsführerin und Alexander davon hörten, schauten sie mich an und sagten: »Robert, offiziell bist du noch kein Coach, aber das sollten wir ändern ;-).«

Im Februar 2019 begann ich für das Institut als Coach zu arbeiten.

Du weißt nie, wann der Zeitpunkt kommt und sich aus einer zufälligen Begegnung eine Situation ergibt, die deinen Durchbruch ermöglicht.

Sechs Monate nach meinem Beginn bei Alexander war ziemlich allen schnell klar, dass ich als Coach und Trainer eine Zukunft hatte. Also planten wir, dass ich mich bald selbstständig machen und weiterhin als Headcoach für Alexander und die Unternehmer zu Verfügung stehen würde.

Es war ein besonderes Geschenk, auf diese Weise in die Selbstständigkeit einzusteigen. Mit einem festen Partner, der schon einen großen Kundenstamm besaß, fühlte sich der Schritt etwas sicherer an. Aber die große Überraschung sollte drei Wochen später kommen.

Durch die Zusammenarbeit von Alexander Christiani und GEDANKENtanken hatte ich Julia kennengelernt. Sie ist die Produktmanagerin von THE KEY, dem Programm für die Speaker-Ausbildung bei GEDANKENtanken. Da wir öfters mal E-Mails hin- und herschreiben und telefonieren mussten, um Absprachen zwischen den beiden Häusern zu treffen, haben wir uns sehr schnell gut verstanden. Irgendwann im November trafen wir uns auf einen Kaffee, weil wir nicht weit voneinander wohnten. Wir unterhielten uns darüber, dass einige der Teilnehmer aus dem Ausbildungsprogramm THE KEY bei Alexander Christiani auf ihren 3-Tages-Events waren. Am dritten Tag gab ich immer für alle einen Rhetorik-Workshop und in diesem Rahmen durften auch einige von den Speakern auf der Bühne performen und bekamen von mir konstruktives Feedback. Ich erzählte ihr von den Fortschritten und Herausforderungen, die ich bei den einzelnen Speakern gesehen hatte. Sie hörte aufmerksam zu, stellte Nachfragen und sagte auf einmal: »Robert, weißt du eigentlich, dass wir gerade Rhetoriktrainer für unser neues Ausbildungsprogramm suchen? Es wird ein Onlineprogramm geben, in dem wir neue Trainer in ihrer Positionierung, Keynote-Entwicklung und Bühnenperformance für Liveauftritte unterstützen, mit anschließendem Auftritt auf der Volksbühne. Wir würden uns freuen, wenn du Lust hast, die Speaker und uns dabei zu unterstützen.«

Für mich fühlte sich diese Anfrage wie ein Ritterschlag an. Seit meinem 16. Lebensjahr lebe ich für Public Speaking. Ich habe auf der ganzen Welt Menschen erlebt, die mit ihren Worten und Gedanken das Publikum gefesselt und verändert haben. Knapp ein Dreivierteljahr zuvor durfte ich eine Branche entdecken, in der ich diese Leidenschaft wieder ausleben konnte. Und jetzt fragte mich die größte Marke, die in der DACH-Region für Public Speaking steht, ob ich sie nicht in der Ausbildung von neuen Speakern unterstützen wollte. Ich ließ mir meine Freude nicht anmerken, aber innerlich explodierte ich vor Glück. Ich redete mit Julia noch ein wenig, fragte alles Mögliche über das Speaker-Programm und sagte ihr, dass ich es mir überlegen würde. Ich wollte mich vor ihr zusammenreißen, aber mir war absolut klar, dass dies die Chance war, meine Leidenschaft auszuleben und in der größten Speaker-Schmiede Deutschlands Menschen zu unterstützen. Ein Traum, fast zu schön, um wahr zu sein.

Und so durfte ich genau ein Jahr, nachdem ich GEDANKENtanken in der großen Lanxess-Arena das erste Mal kennengelernt habe, meine wiedergewonnene Leidenschaft und meine seit dem 16. Lebensjahr entwickelte Intuition und Fertigkeit in Public Speaking als Coach selbstständig als freier Trainer und Speaker für ganz viele neue Themen einsetzen. Auf der einen Seite mit Alexander Christiani als Mentor und Storytelling im Business in einem meiner großen Herzensthemen und auf der anderen Seite mit GEDANKENtanken für das Thema Public Speaking, ein anderes großes Herzensthema. Ich darf voller Demut und Dankbarkeit sagen, dass ich kaum jemanden kenne, der als Coach und Trainer das Privileg hatte, direkt mit zwei der stärksten Häuser in dieser Branche so gut vernetzt zu sein.

Erfolg ist, wenn Vorbereitung auf Möglichkeit trifft!

Erfolg ist, wenn du dein Thema so gut beherrschst, dass dich andere nicht ignorieren können!

Bei welchem Thema kommt keiner an dir vorbei?

Sei wie der Bambus!

Zum Schluss des ersten Teils möchte ich dich mit dem Bambus inspirieren. Für mich gibt es keine Pflanze, mit der ich Erfolg besser vergleichen kann.

Der Bambus hat eine unfassbar spannende Wurzeltechnik, mit der er sehr tief und sehr weit in den Boden wächst, bevor er überhaupt in die Höhe geht. Das ist der erste Punkt, der mich so sehr an Bambus fasziniert: **Bevor ich in irgendeiner Art und Weise in ein neues Thema eintauche, überprüfe ich erst, wie weit ich mit meinen Wurzeln bin. Wie weit bin ich mental mit meinen Wurzeln, damit**

ich mich auch halten kann, wenn ich über dem Boden wachsen möchte? Versteh mich bitte nicht falsch: Ich weiß, dass es in dieser Branche ganz oft nötig ist, Neues zu wagen, etwas auszuprobieren und hineinzuwachsen. Und trotzdem ist es ein Riesenunterschied, ob ich auf eine Substanz von Persönlichkeit und Fähigkeiten aufbauen kann oder meine Wurzeln nur sehr flach gesetzt sind und ich bei jedem Wind oder Misserfolg sofort umknicke. Ein zweiter Punkt, der mich am Bambus fasziniert:

Sobald er einmal fest verwurzelt ist, kann er bis zu einem Meter am Tag wachsen! Es gibt Bambusarten, die sogar noch schneller in die Höhe schießen. Zudem werden die Halme durch das Bilden neuer Schichten immer dicker.

Das ist ein weiterer Aspekt, den ich in meinem Leben immer wieder anwende: **Wage dich voller Selbstbewusstsein in neue Aufgaben hinein und vertraue auf dein Fundament! Je weiter du hineinwächst, desto mehr »Schichten« an Expertise und Erfahrung wirst du dazugewinnen!**

DIE MACHT DER WORTE – TEIL 2

Ich bin Coach, ... kein Speaker!

Herbst 2019

Die ersten Coachings machen viel Spaß. So viele spannende Persönlichkeiten, einzigartige Geschichten und große Herausforderungen bei der Positionierung. Manche kommen mit einem ganz klaren Ziel, andere mit Tausenden Möglichkeiten und Ideen. Sie alle durch gezielte Fragen einzufangen, in einen guten Elevator-Pitch zu packen und das Thema zu fixieren, entwickelt sich zu einer meiner Leidenschaften. Die Themenvielfalt ist so bunt wie die Menschen selbst. Allein für Greator habe ich im Jahr 2020 über 300 Stunden an Positionierung, Keynote und Bühnenperformance absolviert. Ich habe mit Polizeihauptkommissaren über ihre schwersten Einsätze gesprochen, mit Minentauchern über das Adrenalin, wenn man in völliger Dunkelheit nach aktiven Minen sucht, mit Ärzten über die großen Herausforderungen beim Thema Fettleibigkeit und mit Esoterikern darüber, wie sie die fünfte Stufe der inneren Zufriedenheit gefunden haben.

Die Bewertungen der Coachees sind sehr gut und auch Greator gibt mir sehr gute Rückmeldungen. Aber eine Frage, die mir Teilnehmer immer wieder stellen, ist: »Robert, warst du auch schon mal auf der großen Greator-Bühne und hast über ein Thema gesprochen?« Nein, habe ich nicht. Und wenn ich in mich hineinfühle, merke ich: Ich möchte auch gar nicht auf dieser großen Bühne sprechen! Aber warum?

Auf so einer großen Bühne aufzutreten, bereitet mir nicht etwa Unbehagen. Seit meinem 16. Geburtstag durfte ich auf unterschiedlichen Events als Moderator oder Redner auftreten. Von Gruppen mit 80 Personen bis zu 800 war mir alles vertraut. Auch in meiner Zeit als Redner für freie Trauungen war ich gut gebucht und bin sogar bis nach Italien und Mexiko gereist, um Paare auf Englisch zu trauen. An der Erfahrung kann es nicht liegen.

Am Thema auch nicht. Über Kommunikation kann ich den ganzen Tag sprechen. Da gibt es noch so viel, was noch nie auf einer Bühne besprochen wurde.

Jetzt saß ich also da mit der Frage: »Robert, willst du nicht mal auf diese Greator-Bühne?« Aber diese Frage geht noch viel tiefer. Will ich überhaupt ein Speaker sein? Nach längerem Nachdenken merke ich tief in mir drin, dass ich voller Überzeugung sagen kann: Nein, das brauche ich nicht. Ich bin viel lieber neben oder hinter der Bühne und unterstütze die angehenden Speaker. Es macht mir so große Freude, wie ein Trainer seinen Jungs und Mädels beim Fußballspiel zuzuschauen, dass ich gar kein Verlangen hatte, aufs Feld zu rennen, sondern mich voll darauf konzentrierte, das Spiel im Blick zu haben und zum Beispiel für eine Keynote-Positionierung die Struktur der Rede und die Bühnenperformance bestmöglich mit meinen Helden vorzubereiten. Coach zu sein erfüllt mich dermaßen, dass ich den Gedanken, noch nebenbei Speaker zu sein, in weite Ferne schob.

Und ich hatte auch einfach so viel zu tun, dass mir für eine eigene Keynote-Vorbereitung gar keine Zeit blieb.

Ich war ausgebucht mit spannenden Projekten und Kunden. Um nur ein paar Highlights zu nennen, für die ich unglaublich dankbar bin: Der Geschäftsführer von über 85 Filialen eines der größten Lebensmittelhändler Deutschlands hat mich angefragt, ob ich das gesamte Team für ihr erstes 100 Prozent digitales Quartalsmeeting trainieren kann. Ich wurde in die Jury für ein Speaker-Casting berufen und hatte meine ersten Projekte mit Prominenten aus TV und Sport.

Bei Greator häuften sich zudem die Buchungen und Alexander Christiani gab mir die Möglichkeit, alle Events zu moderieren und viele Unternehmer aus dem Mittelstand für das Institut mit Coaching zu den Themen Positionierung und Storytelling im Business zu unterstützen.

Jeden Monat hatte ich spannende Anfragen und Coaching-Projekte, sodass ich ans Speaking überhaupt nicht mehr dachte und eigentlich auch sehr froh war, quasi unter dem Radar der Branche zu fliegen.

Der Anruf

Herbst 2020

Ich war gerade bei meinen Eltern, da klingelte das Telefon. Thomas von Greator war am Apparat und ich merkte sofort, dass sein Anruf nicht nur der freundschaftliche »Hi, wie geht's«-Anruf war, sondern dass er einen bestimmten Grund hatte. Er sagte: »Robert, aufgrund von bestimmten Situationen, die gerade aufeinandertreffen, suchen wir noch einen Speaker für unser Speaker-Event in der Volksbühne. Hättest du Lust, als Trainer unseres Hauses mal zu sprechen?«

Auf diese Anfrage war ich nicht vorbereitet. In mir begann ein Kampf.

Auf der einen Seite genoss ich meine aktuelle Situation. Niemand kannte mich, ich flog unter dem Radar, konnte mich völlig entspannt und ohne Druck weiterentwickeln und meine bestmögliche Arbeit abliefern. Ich liebte das Eins-zu-eins- und Kleingruppen-Coaching und hatte das Thema Sichtbarkeit bewusst ausgespart. Ich hatte auch nicht wirklich Zeit dafür.

Auf der anderen Seite begann die größtenteils abgestellte Stimme des Speakers in mir zu rufen. Du warst schon lange nicht mehr auf einer so professionellen Bühne. Hast du überhaupt noch das Zeug dazu? Hast du Angst, dass du nicht liefern kannst? Ist überhaupt der richtige Zeitpunkt? Du bist noch nicht mal ein Jahr in der Branche und versuchst alles, was gerade so um dich herum passiert, einzuordnen. Die Stimmen in meinem Kopf wurden immer lauter. Eine dritte Stimme begann mich zu beschimpfen: »Bist du jetzt völlig von allen guten Geistern verlassen? Jede Menge Menschen würden sich über diesen Anruf freuen und du überlegst noch!«

»Hallo, Robert, bist du noch dran?«, unterbrach Thomas unvermittelt meine Gedanken. Ich bedankte mich für die Anfrage und sagte, dass ich sie unglaublich zu schätzen wisse, aber noch nicht zusagen könnte. Ich musste das erst durchdenken und mit meinem Mentor besprechen.

Mein zweiter Mentor in dieser Branche ist kein Geringerer als Frank Asmus. Ich habe Frank im Herbst 2019 das erste Mal erlebt, als er einen Tag lang bei GEDANKENtanken ein Training zum Thema Keynote-Entwicklung durchführte. Seine Art, zu kommunizieren, seine authentische, ruhige und bestimmte und vor allem klare Kommunikation faszinieren mich. Auch wenn ich vieles von seinen Ausführungen schon kannte, brachte er sie doch auf neue und erfrischende Art.

Ich war fasziniert von der Art, wie er alle Leute in einem Raum anrührt, nicht nur in Gedanken und im Herzen, sondern auch die ganze Persönlichkeit miteinbezieht. Kommunikation ist Persönlichkeitsentwicklung.

Die Bibel sagt sehr treffend:

> »Wes das Herz voll ist, des geht der Mund über.«[20]

In einem klassischen Rhetoriktraining lernst du die Techniken zur richtigen Körperhaltung, Gestik, wie man spricht und Reden strukturiert. Das ist auch alles sehr hilfreich. Wenn du aber ein wirklich guter Kommunikator werden willst und eine kommunikative Persönlichkeit entwickeln möchtest, muss du irgendwann die Tür zu deinem inneren Selbst aufmachen und schauen, was sich da über die Jahre oder Jahrzehnte schon alles angesammelt hat und warum ich aus dem Unterbewusstsein heraus so kommuniziere, wie ich es gerade tue. Ich kann mich zum Beispiel an einen Coachee erinnern, der alle Techniken der Rhetorik bis hin zu Steve Jobs beherrschte. Starke Keynotes, cooles Storytelling, aber in seiner Stimme lag immer unglaublich viel Wut. Als ich ihn darauf ansprach, reagierte er betroffen. Er sagte mir, dass er seit seiner Kindheit immer kämpfen und sich gegen alle durchsetzen musste. Und heute führt er ein Unternehmen und hat immer noch das Gefühl, dass er jede Botschaft in die Menschen hineinprügeln muss. Solche Gespräche gehören für mich zu den schönsten Momenten meiner Arbeit.

Wenn wir anfangen, über das Herz, über den Menschen, über seine Vergangenheit und Prägung zu sprechen, ist unsere Wirkung eng mit unserem inneren Empfinden verbunden. Wer hier Gedankenblockaden auflösen kann, steht auf einmal mit einer ganz anderen Freiheit und einer natürlichen, authentischen Art auf der Bühne. Auf diesem festen Fundament lässt sich dann wesentlich leichter über die Struktur und die Performance der Rede oder Präsentation sprechen.

Aber ich schweife ein wenig ab. Fünf Tage nach dem Anruf von Thomas war unser nächster Coaching-Call mit Frank Asmus. Frank fragte mich: »Wofür brauchst du das?« Und ich sagte: »Ich bin ausgelastet, mir geht's sehr gut, brauchen tue ich das nicht.« Aber ein Gedanke in mir wurde immer lauter. Seit einem Jahr gab es Corona und die Kommunikation zwischen Menschen, in der Politik und von allen Seiten wurde zunehmend schärfer und herausfordernder. Zu sehen, wie Menschen immer respektloser miteinander sprachen, Worte benutzen, um andere zu manipulieren, dass man überhaupt vergessen hat, miteinander zu diskutieren, und stattdessen sofort begann, einander zu diffamieren und zu etikettieren, das machte mir große Sorgen. Und diese innere Stimme sagte: Robert, vielleicht kannst du einen Beitrag dazu leisten, aufzuklären, welche Macht Worte haben und wie sie wirken. Vielleicht kannst du in dieser herausfordernden Zeit auf der Bühne einen Appell starten, dass wir uns dieser Macht bewusst werden und mit Worten eine Atmosphäre kreieren, die aufbaut und Menschen aufblühen lässt und respektvolles Streiten und Diskutieren ermöglicht.

Als ich das Frank erzählte, sagte er: »Okay, das ist doch ein wichtiges Thema, du solltest darüber sprechen.« Die Aufregung stieg. Mein Herz begann zu klopfen.

Das Thema ist jetzt klar, aber die Frage, ob ich meine alte Identität als Speaker wiedererwecken sollte, hatte ich noch nicht geklärt. Sollte ich wirklich auf der großen Bühne meine Rede halten? Werden die 15 Jahre Erfahrung ausreichen, um digital im Netz auf Youtube verewigt zu werden? Weiß ich denn überhaupt genug zu dem Thema »Macht der Worte«? Und kann man mich überhaupt ernst nehmen, wenn ich erst ein Jahr offiziell Coach bin? Die Frage, ob ich über meine Coaching- und Trainer-Tätigkeit auch die Position als Speaker beziehen möchte, werde ich nach dem Auftritt bewerten.

Meine Aufregung war jetzt voll auf Anschlag. Ich habe vier Wochen Zeit, eine Rede zu schreiben, sie auswendig zu lernen und zu üben.

Ich rief Thomas an und sagte zu.

GOOD, GREAT, GREATOR

Der Countdown lief. Der 10.10.2020 war dick im Kalender markiert. An diesem Tag werde ich auf der Bühne stehen und über die Macht der Worte sprechen.

Vor knapp zwei Jahren hatte ich schon mal einen Vortrag zu diesem Thema »Macht der Worte« entwickelt und deshalb holte ich meine alten Notizen aus der Schublade. Als ich dann meine alte Rede durchging, merkte ich, dass der Kern der Aussage noch stimmte, ich aber an Storys und Inhalten so viel dazugewonnen hatte, dass ich eigentlich die ganze Rede noch mal neu schreiben musste.

Meine größte Stärke und gleichzeitig größte Schwäche ist natürlich meine Kreativität. Für mich ist das Schreiben einer Rede ein umfangreicher kreativer Prozess.

Keynotes entwickeln ist wie Kaffee kochen! Das Entwickeln einer Keynote läuft oft sehr ähnlich ab. Du schreibst erst einmal alles, was dir zu dem Thema einfällt, auf ein Blatt Papier, sprich: in einen Kaffeefilter. Dann lässt du deine Gedanken immer wieder über deiner Ideensammlung kreisen. Du nimmst die eine oder andere Geschichte und testest an, ob sie in die gesamte Struktur passt oder nicht. Du lässt Freunde und deinen Partner Feedback über dein Wissen gießen. Und Schritt für Schritt, wenn sich all das über dein Wissen ergießt, kommt am Ende der Espresso, die Essenz aus all deinem Wissen, deinen Erfahrungen und deinen Storys in die Tasse. Mit diesem Espresso beglückst du dann dein Publikum.

Mein Prozess der Keynote-Entwicklung findet nicht am Schreibtisch statt. Ich mache lange Spaziergänge. Bevor ich überhaupt anfange, zu schreiben und nachzudenken, höre ich Musik und stelle mir vor, wer zuhören wird. Was fühlen diese Menschen, wo stehen sie, was ist ihr Vorwissen zu dem Thema, was sind ihre Sorgen und Ängste? Was sind vielleicht Themen, die ich gar nicht ansprechen darf, und wo gibt es Schmerzpunkte, an denen ich den Finger in die Wunde legen kann? Wenn ich das in meinem Kopf erarbeitet und mit meinem Herz erfühlt habe, gehe ich über zum nächsten Schritt.

Ich überlege mir, was die Kernaussage ist, die sich durch die gesamte Keynote ziehen soll, und was meine Zuhörer am Ende wissen, fühlen und tun sollen. Die Ergebnisse schreibe ich auf einen Zettel und pinne diesen gut sichtbar über meinen Schreibtisch. Jeder Gedanke, der jetzt in die Keynote möchte, wird erst mal geprüft, ob er zur Kernaussage und zu meinem Ziel der Rede passt. Wenn ja, wird er aufgeschrieben, wenn nicht, verworfen.

Als Nächstes versuche ich, mein Thema in drei Themenblöcke einzuteilen. Wir Menschen lieben die Zahl 3.

Vater, Sohn, Heiliger Geist.

Bronze, Silber, Gold.

Grün, Gelb, Rot.

Drei Gedanken können wir uns sehr gut merken. Deshalb versuche ich auch, meinen Kerngedanken in drei sinnvolle Themenblöcke zu unterteilen. Die sicherlich einfachste ist: Vergangenheit, Gegenwart, Zukunft.

Diese drei Überschriften helfen mir, meine Inhalte zu strukturieren. Das hat auf der einen Seite den Vorteil, dass ich die Rede wesentlich besser auswendig lernen kann, und auf der anderen Seite können meine Zuhörer der gesamten Rede besser folgen.

Erst wenn die Struktur steht, beginne ich damit, meine Inhalte auszuarbeiten. Dieser Prozess würde einige Bücher oder Coachingstunden füllen.

Deshalb möchte ich dir den wichtigsten meiner Tipps für eine gelungene Keynote mit auf den Weg geben.

Es gibt einen Redenschreiber in den USA, der 100 000 Doller für eine Rede bekommt, die er zum Beispiel für den Präsidenten schreibt. Er hat eine unglaublich charismatische und persönliche Art, zu sprechen. Studenten haben ihn mal gefragt, wie er das macht und ob wir das alle lernen können. Er antwortete darauf etwas, das jeder lernen kann und wodurch er von Anfang an, sobald er in den Raum kommt und die Bühne betritt, von den Zuhörern sofort ins Herz geschlossen wird, noch bevor er ein Wort sagt: »Wenn ich um 18:00 Uhr eine Keynote halten muss, stehe ich morgens um 7:00 Uhr auf und fange an, die Menschen zu lieben.« Das ist etwas, was wir bei der Performance von Keynotes oft unterschätzen: Das innere Gefühl, die innere Haltung, mit der du unterwegs bist, ist entscheidend. Wenn du seit Tagen frustriert bist, wird man diesen Frust in deiner Stimme hören. Wenn du mehrere Tage lang im Urlaub warst, wird man zumindest in den ersten Tagen noch spüren, dass du entspannter bist. Deshalb achte ich vor einer Rede zumindest in der Woche davor auf meine Emotionen. Das, was wir getan haben, werden wir unterbewusst kommunizieren. Deshalb habe ich vier Wochen lang dreimal die Woche einen zweistündigen Spaziergang durch Köln gemacht, dabei meine Lieblingsmusik gehört und mich so für diesen großen Tag aufgeladen.

Wenn aber jemand auf die Idee kommt, einfach nur voller Emotionen auf eine Bühne zu gehen und zu denken, dass sich der Rest dann ergibt, befindet er sich auf sehr dünnem Eis.

Es müssen auch Taten folgen.

Eine Rede wird im Kopf geschrieben und mit dem Herzen gehalten!

Beim Spazierengehen merkte ich, dass diese Rede bis dato die schwerste in ihrer Vorbereitung sein würde.

Das lag sicherlich daran, dass ich wusste, jedes Wort, jeder Schritt, alles, was ich tue, würde für immer im Internet zu finden sein. Greator hat bei Youtube über 600 000 Abonnenten. Meine gesamte Zielgruppe, jeder, der sich für mich interessiert, kann sich in 18 Minuten ein Bild von mir machen. Und egal, wie gut ich bin, egal, wie beliebt als Coach, wenn ich in diesen 18 Minuten nicht liefere, bin ich erst mal geliefert. Natürlich hilft mir meine Erfahrung von über 15 Jahren auf der Bühne; davor hatte ich keine Angst. Allerdings hatte ich den Anspruch, eine Champions-League-Keynote herauszuhauen. Ich wollte nicht nur bestehen, also einfach nur meinen Senf zu dem Thema abgeben, sondern das Beste geben, was ich konnte, für die Zuhörer und für alle, die dieses Video sehen würden.

Die Tage vergingen und ich kam nur mühsam voran. Das Thema war klar und auch mein Ziel für die Keynote. Aber dann stand ich im Nebel der Möglichkeiten.

Ich hatte gefühlt Hunderte Geschichten und ein paar spannende Studien gesammelt, die alle ihren Platz in der Rede verdient hätten. Sollte ich am Ende praktische Tipps für die richtige Kommunikation geben oder werde ich am Ende doch noch lyrisch? Fragen über Fragen.

Zudem machte sich noch ein anderes Phänomen breit. Auf meiner Schulter wurde es langsam richtig eng. Da versammelten sich gedanklich meine Rhetorik- und Kommunikationsvorbilder. Und bei jeder Idee, die ich hatte, schaute ich imaginär nach rechts und links, was denn meine Kritiker dazu sagten. Und natürlich stellte ich mir vor, dass sie von nichts wirklich begeistert waren, was ich in meinem Kopf überlegte und aufs Papier brachte.

Der Druck steigt!

Noch drei Wochen. Leider drei volle Wochen mit Terminen und Coachings, die ich nicht verschieben kann. Deshalb bleiben nur die Abende und das Wochenende, um meinen Gedanken auf dem Papier Ausdruck zu verleihen.

Wie schon erwähnt, gab es bereits eine Keynote von fast 50 Minuten Länge zum Thema »Macht der Worte«. Die Kernaussage war immer noch da, aber alles andere an der Rede musste »kernsaniert« werden. Die Einleitung passte nicht und war viel zu stark mit psychologischen Erkenntnissen gespickt, die alle natürlich sehr interessant sind, aber mehr Zeit zum Erklären brauchen und in 18 Minuten keinen Platz finden.

Constantin Christiani, der Sohn von Alexander, hatte auch seinen Auftritt an diesem Tag. So verabredeten wir uns zu einem gemeinsamen Trainingstag im Kölner Office. Jeder schrieb noch drei Stunden an seiner Rede und dann wollten wir sie einander vortragen und uns gegenseitig mit konstruktiver Kritik unterstützen. Constantin war sich schon sehr sicher, was er sagen wollte, deshalb arbeiteten wir erst mal an seiner Rede.

Als wir dann zu meiner Rede kamen, merkte ich wieder, dass ich einfach nur unzufrieden war. Das Feedback von Constantin war gut. Er sagte: »Die Botschaft steht und deine Geschichten sind echt cool. Jetzt bring das alles zusammen und schleife es so, dass alle Punkte der Rede ineinandergreifen.« Aber ich merkte, dass diese Rede noch nicht das war, was ich abliefern wollte.

Meine Kernaussage bezog sich auf das Thema »Brücken bauen«. Es gibt ein Gebäude, das mich schon immer sehr fasziniert hat. Die Petronas Towers in Kuala Lumpur (Malaysia). Du kannst sie dir so vorstellen wie das alte World Trade Center in NYC, aber mit einer Brücke aus Glas zwischen den Türmen. Wenn du dir die Architektur der Gebäude und der Brücke genauer anschaust, lässt sich daraus sehr viel über gelungene Kommunikation ableiten. Ich liebe dieses Bild, aber kann ich alles, was ich sagen will, an diesem einen Bild aufhängen? Reicht das? Ich war mir nicht sicher.

Es gab noch einen Punkt, der mich nicht gerade beruhigte. In meinem ersten Jahr als Coach entwickelte ich den Namen »Der Wortarchitekt«. Ich liebe es, aus Worten starke Bilder und Stories zu kreieren. Aber der Druck, richtig abzuliefern, war für mich dadurch noch höher.

1. Der Wortarchitekt spricht …
2. über die Macht der Worte,
3. ist Rhetoriktrainer bei Greator und
4. Headcoach für Storytelling bei Alexander Christiani.
5. Das Ergebnis wird für immer im Netz zu finden sein.

Ich weiß nicht, wie es dir gehen würde, aber ich habe jeden Tag diesen Druck verspürt. Von außen war mir nichts anzusehen, aber meiner Frau entging nicht, dass ich immer weniger sprach. Ich steckte in einem Tunnel.

Mein größter Kampf bestand jedoch mit den aufkommenden Selbstzweifeln. Ich begann mich zu fragen, ob ich überhaupt genug wusste, um über so ein Thema auf der Bühne zu sprechen. Hatte ich genug über das Thema gelesen oder würde ich bei meiner Recherche einen wichtigen Aspekt vergessen und dann die nächsten Jahre bereuen, dass ich nicht gründlich genug gewesen war? Sollte ich das Ganze verschieben und mir Zeit kaufen? Fragen über Fragen, die an mir nagten.

Ich kämpfte Wort für Wort, Satz für Satz. Immer wenn ich eine Passage fertig hatte, stellte ich mich hin und übte sie laut. Ich wollte das Echo meiner Worte hören und fühlen, ob sich die Wirkung entfaltet. Erst als ich zu 100 Prozent die Wirkung meiner Worte spürte und selbst eine Gänsehaut bekam, wusste ich, dass diese Passage eine Chance hatte, in die Endfassung zu kommen. Zu meiner Frau sagte ich scherzhaft, dass ich mittlerweile Dehnungsstreifen im Gehirn hätte.

Neben meinem vielen Nachdenken, dem ständigen Üben und Abwägen, den kurzen Selbstgesprächen mit meinem inneren Kritiker breitete sich allmählich in mir eine tiefe Ruhe aus. Natürlich sind die Wochen vor so einem Auftritt angespannt, aber ich spürte, dass dieser Auftritt gelingen würde. Ich musste nur dranbleiben und diese Spannung bis zum Auftritt halten.

Jeder Gedanke, jede Story und Emotion musste ich erst voll und ganz aufnehmen und durchdringen. Es fühlte sich oft an, als würde ich kurz vor dem Durchbrechen einer Schallmauer stehen. Immer weiter dehnt sich alles aus und dann gibt es ein Knall und du wirst schneller. Jede Rede besitzt unzählige solcher Schallmauern, bis du dann deine gewünschte Fluggeschwindigkeit erreicht hast.

Noch zwei Wochen bis zur Rede und mein Text war zu ungefähr 60 Prozent fertig. Ich entwickelte allein fünf verschiedene Einleitungen. Ich schickte sie an Freunde und fragte, was sie davon hielten. Die Antwort war: »Es ist gut, aber du kannst es noch besser.« Also wieder Ideen kreieren und ausprobieren.

Der Countdown läuft!

Nur noch eine Woche. Meine Rede war zu 70 Prozent fertig. So langsam sollte ich anfangen, sie mir einzuprägen. Wie sehr hätte ich mir gewünscht, noch drei Wochen Zeit zu haben. Jetzt, wo die Rede steht, hätte ich gerne noch drei Wochen Zeit, um sie zu polieren. Aber so bin ich nicht. Meine Reden leben. Sie kommen immer frisch aus dem Ofen. Sie schon vor drei Wochen fertig gebacken zu haben und dann für den richtigen Moment einzufrieren, passt nicht zu mir.

In der letzten Woche vor dem Auftritt waren wir noch mit 40 Unternehmern im Phantasia-Land. Nein, nicht zum Spaß, es ging um Storymarketing. Nach einem vollen Tag Coaching setzte ich mich dann in mein Zimmer und begann zu üben. Da ich meine Rede nie auswendig lerne, habe ich alle wichtigen Gedanken und Geschichten auf Karten geschrieben und versuchte, sie mir einzuprägen. Ich merkte, dass ich schon lange keine Keynote mehr geübt hatte. Es fühlte sich alles ein wenig eingerostet an. In einem Hotelzimmer zu stehen und 18 Minuten in den Raum zu reden, fiel mir sehr schwer.

Da ich sehr oft Events moderiere, gehe ich immer mit einem Hauptgedanken und einer Keystory auf die Bühne und der Rest ergibt sich aus der Interaktion mit dem Publikum. Stupides Auswendiglernen von Text gehört nicht zu meinen liebsten Tätigkeiten, aber zum Job eines Speakers.

Auf der anderen Seite freute ich mich aber auch. Welch ein Privileg, welch ein Vertrauen ich von Greator entgegengebracht bekomme! Was für eine einmalige Möglichkeit – noch nicht mal ein Jahr Coach und schon darf ich über meine Leidenschaften und mein Lieblingsthema sprechen. Worte haben so viel Macht über unser Leben. Sie prägen unser Denken und damit auch unser Handeln. Erst wenn wir das verstanden haben, können wir ganz anders mit unseren Mitmenschen sprechen. Und dann können wir auch die kleinen und großen Bühnen erobern.

Der Gedanke, dieses Herzensthema auf die große Greator-Bühne zu bringen, erfüllte mich trotz der mühsamen Vorbereitung mit Stolz.

Dann war Dienstag, noch vier Tage bis zur Rede. Ich bekam einen Anruf von Greator: »Robert, die Inzidenzzahlen steigen, die Besucher werden alle eine Maske tragen müssen.« Das war ein Schock für mich. Bis zu diesem Zeitpunkt gab es keine Maskenpflicht, wenn du im Raum gesessen hast. Nur beim Rein- und Rausgehen musste jeder eine Maske tragen. Jetzt aber sollten alle während der gesamten Veranstaltung eine Maske tragen. Mir schossen unterschiedliche Gedanken durch den Kopf. Ich spreche über die Macht der Worte und die Menschen sitzen mit einer Maske vor mir. Wie wird das in dem Raum sein? Wie kann überhaupt Stimmung aufkommen? Ich kann ja gar nicht sehen, ob sie lächeln oder den Mund verziehen. Alles wichtige Indikatoren, um mit dem Publikum zu kommunizieren. Wird sich der Frust, der sich gerade in der Politik und den unterschiedlichsten Meinungen sammelt, auch spürbar im Raum entladen?

Und dann natürlich das Video. Ich werde für immer ein Video mit Menschen haben, die mit einer Maske auf ihrem Platz sitzen. Möchte ich das? Wie gehe ich damit um?

Constantin und ich überlegten, ob wir keine andere Lösung finden könnten. Es gab Plastikvisiere. Vielleicht könnten wir mehrere Hundert bestellen und sie dem Publikum schenken. In der Gastronomie waren diese Masken weitverbreitet. Aber als wir den Beschluss der Stadt Köln lasen, war uns klar, dass wir mit der Idee nicht durchkommen würden. Wir mussten uns darauf einstellen, dass wir uns im wahrsten Sinne des Wortes auf den Blickkontakt mit dem Publikum konzentrieren mussten. Mehr konnten wir nicht tun.

Mittwoch. Generalprobe. Ich war in den letzten drei Wochen meine Rede im Kopf tausendmal in Einzelteilen durchgegangen, hatte sie aber noch nie am Stück aufgesagt. Ich hatte mich entschieden, das erst an diesem Mittwoch in der Probe zu tun. Wenn ich auf einer Bühne stehe, kann ich meine Energie viel besser abrufen als in meinem Zimmer.

Also stand ich auf der Bühne und sammelte meine Konzentration. Ich schaute mich im Raum um und stellte mir die vielen Zuschauer vor. Das Licht wurde dunkler, die Kameras richteten sich aus und alles wartete darauf, dass ich anfing. Ich atmete tief ein und legte den Kopf in den Nacken, atmete kräftig aus, richtete dann meinen Blick auf das imaginäre Publikum und legte los. Meine Einleitung war noch etwas holprig, aber ich merkte, wie ich Fahrt aufnahm. Jetzt war ich bei meinem Opa. Jetzt kommt der Übergang zu der Geschichte von meinem Arzt. Ich spürte, dass ich immer sicherer wurde. Ich hörte meine Worte im leeren Raum und fühlte, wie sie ineinandergriffen. Generalprobe gut gemeistert. Drei Aussetzer hatte ich, aber sonst schon sehr flüssig. Am meisten freute mich das Feedback, dass meine »I have a Dream«-Passage sehr gut bei den wenigen Zuhörern ankam. Mit diesem Feedback ging ich nach Hause. Meine Rede war zu 80 Prozent fertig, aber ausgerechnet am Ende hatte ich die drei Aussetzer. Da musste ich noch mal ran.

Donnerstag. Heute war mein letzter freier Tag. Am Freitag hatte ich noch ein Event für das Institut für Storymarketing und eine Moderation. Deshalb war heute Zeit für einen sehr wichtigen Termin. Zum Friseur. Mit dem frischen Haarschnitt packte ich meine Sachen und fuhr schon mal nach Düsseldorf ins Hotel. Die Zeit bis zum Abendessen nutzte ich, um immer wieder die Rede durchzugehen, aber die drei Aussetzer von der Generalprobe hatte ich immer noch nicht im Griff. Ich war mit dem letzten Teil einfach nicht zufrieden. Konnte es sein, dass ich 50 Prozent der Rede noch einmal umschreiben musste? 48 Stunden vor dem Auftritt? Aus Erfahrung wusste ich, dass das kein Problem ist. Die neue Version muss sich dann aber perfekt wie ein Tetris zusammensetzen. Dann sind alle Verstopfungen frei und ich bin 100 Prozent im Redefluss. Aber wie ich die Aussetzer lösen werde, hatte ich Donnerstagabend noch nicht im Kopf. Ich ging ins Bett. Morgen ist auch noch ein Tag. Zwar der letzte, aber noch ein ganzer.

Freitag. Ich wache auf und fühle in mich hinein. Ich spüre eine innere Anspannung, aber gleichzeitig auch Zuversicht. Heute ist der Tag, an dem die Rede zu Ende geschmiedet wird. Versteht mich nicht falsch. Die Rede war fertig und gut.

Ich hätte sie auch so lassen können, aber diese drei Stolpersteine wollte ich noch rausnehmen. Mein Ziel war es, ein Denkmal von Rede zu erschaffen und für immer das Thema »Macht der Worte« in den Köpfen der Zuschauer zu manifestieren.

Ich gehe hinunter in unseren Seminarraum. 80 Unternehmer sind bereit für drei Tage Storytelling im Business und ich darf Alexander anmoderieren. Nach meinen Worten übernimmt Alexander und ich ziehe mich in das Nebenzimmer zurück. Im Kopf gehe ich die Rede langsam durch. Die Einleitung steht. Der erste Teil der Botschaft geht auch noch gut. Er könnte noch etwas emotionaler sein, aber das passt. Der zweite Teil zum Thema Feedback sitzt auch gut, aber der dritte Teil macht mir zu schaffen. Wie baue ich die beste Überleitung zur Geschichte von Dr. Martin Luther King, um dann diese mächtigen Worte zu sagen? Ich bin nicht zufrieden. Constantin holt mich zum Mittagessen ab. Immer wieder gehe ich diesen letzten Teil durch. Es passt nicht.

Nach dem Essen und der Gruppenarbeit mit den Unternehmern beschloss ich, wieder einen Spaziergang zu machen. Ich nahm meine Kopfhörer und ging los. Aber dieser Spaziergang war irgendwie anders. Diesmal hatte ich keine elektronische Musik oder irgendeine Lieblingsrockband, sondern hörte mir einfach mal einen Gospelchor an. Ein bisschen christliche Musik würde sicher nicht schaden. Nachdem ich etwa 20 Minuten gegangen war, spürte ich auf einmal, wie sich in meinem Kopf die Reihenfolge der Rede immer mehr verschob und ich plötzlich einen roten Faden klar vor Augen hatte. Ich merkte, wie meine Intuition meine Gedanken leitete. Die Stolpersteine verschwanden und ich sah vor meinem inneren Auge den fertigen letzten Teil. Schnell drehte ich um, ging in mein Zimmer und stellte die Rede fertig.

Jetzt blieben nur noch wenige Abendstunden, um zu üben. Das Team vom Institut wollte noch mal eine Probe durchführen. Constantin, der schon vor Wochen seine Rede auswendig geübt hatte, performte zu 100 Prozent. Dann stellte ich mich hin, lud die Energie aus vier Wochen Vorbereitung auf und hielt die gesamte Rede zum ersten Mal in der Art und Weise, wie ich sie morgen vortragen würde. Die Augen der einzelnen Teammitglieder wurden immer größer. Keiner bewegte sich. Alle starrten mich an und ich merkte: Ich war 110 Prozent im Flow. Dieses Gefühl kenne ich nur zu gut. Und ich freute mich, dass ich endlich alle meine Vorbereitung, meine Energie, meine Geschichten so performen konnte, wie ich es vor dem inneren Auge vor vier Wochen schon gesehen hatte. Als ich fertig war, bekam ich einen fetten Applaus und zustimmendes Nicken. Ich ging in mein Zimmer, schaute in den Spiegel und war bereit, am nächsten Tag die Macht der Worte zu kommunizieren.

10.10.2020

Ich liebe es, so besondere Tage wie Geburtstage und Events zu zelebrieren. Deshalb hatte ich mir am Abend zuvor schon meine Kleidung zurechtgelegt, ein Parfüm, Rasierzeug, alles stand perfekt angeordnet bereit. Ich wusste, welche Lieder ich in der Playlist spielen würde – alles, was mir half, die Energie zu bündeln und auf den entscheidenden Moment zu fokussieren. Nach dem Ritual des Anziehens und Stylens ging ich mit Constantin zum Frühstücken. Vor Auftritten esse ich sehr wenig, damit mein Magen nicht die Energie aus dem Kopf zieht. Deshalb nur ein bisschen Obst und Kaffee.

Von Düsseldorf aus waren es knapp 45 Minuten bis zur Volksbühne – natürlich auch mit der passenden Musik. Angekommen in der Volksbühne merkte ich wieder mal, wie professionell Greator diese Events durchzieht. Alles war da, von den Kameras über das Licht bis zu den Mitarbeitern, die so freundlich waren und alles getan haben, um die Atmosphäre mitzutragen und diesen besonderen Moment mit uns zu zelebrieren. Wir fanden uns auf der Bühne ein und Stefan Frädrich gab uns Instruktionen. Wo sollten wir stehen, wie leuchtet das Licht, wann gehen wir rein, wann gehen wir raus – alles auf lockere, humorvolle und coole Art. Ich war mit Constantin in der Vormittags-Session dran und der vierte Speaker im ersten Block. Also hatte ich noch ein bisschen Luft, bevor ich in die Maske musste. Ich schnappte meine AirPods und machte einen Spaziergang durch das Belgische Viertel. Ich lud mich mit meiner Musik auf und ging die einzelnen Textbausteine der Rede durch. Ich merkte, wie sich mein Herz öffnete, und ich wollte mir jeden einzelnen Zuhörer, der heute kommen würde, vor meinen inneren Augen vorstellen. So konnte ich mich schon Stunden, bevor ich überhaupt irgendjemanden im Raum sehen konnte, mit diesen Personen verbinden und meine Gedanken und den Rhythmus meiner Stimme und Worte in den richtigen Takt bringen, damit sie dann perfekt auf die Herzen und Gedanken meiner Zuhörer synchronisiert sind.

Als ich wieder am Eingang der Volksbühne ankam, wollte ich noch kurz durchatmen, bevor ich wieder reinging. Auf einmal höre ich meinen Namen. Ich drehe mich um und sehe meine zwei besten Freunde neben mir stehen. Die, die mich schon über zehn Jahre kennen und große Fans von Greator sind. Sie schauten mich mit stolzen Augen an und ich musste schlucken. Keiner musste etwas sagen. Alle wussten, was dieser Moment für mich und unsere gemeinsame Reise bedeutete.

Aber die wichtigste Person fehlte noch. Ich schaute auf mein Handy. Ob sie heute pünktlich ist? Auf meinem Display sehe ich die Nachricht, dass sie gerade das Auto parkt. Perfekt. Drei Minuten später steht sie auch schon da und strahlt mich an. Ich bin so dankbar für dieses Geschenk in meinem Leben. Diese wundervolle Frau hat mir gerade in den letzten Wochen meiner Vorbereitung so oft den Rücken freigehalten. Sie beugt sich zu meinem Ohr und sagt mir, dass sie nicht wüsste, wer aufgeregter ist. Sie oder ich. Ich zwinkerte ihr zu und wir gingen in das Gebäude.

Als wir hineingingen, merkte ich, wie mich die Atmosphäre ergriff. Ich musste ein Stück zur Seite gehen, um den Kloß in meinem Hals herunterzuschlucken, der sich dort gebildet hatte. Um Atmosphäre in Worte zu gießen, muss ich sie auch spüren. Und ich fühlte sie. Die vielen Jahre Vorbereitung auf einen Moment hin. Heute war dieser Moment und es wirkte noch ein wenig irreal. Ich erinnerte mich an den Herbst 2018, in dem ich das erste Mal das blaue G gesehen hatte. Damals in der Lanxess-Arena. Ich habe mittlerweile viele Speaker auf dieser Bühne gesehen. Und heute werde ich mich als Experte für mein Thema hier einreihen.

Obwohl ich noch drei Speaker vor mir hatte, sagte ich zu meiner Frau und meinen Freunden, dass ich mich jetzt zurückziehen würde. Jetzt saß ich im Green Room und wartete, bis ich aufgerufen wurde. Immer wieder schaute ich auf meine Notizen auf dem Tisch. Hoffentlich vergesse ich nichts. Auf einmal kam Stefan Frädrich herein, der sich durch ein kurzes Interview mit mir auf seine Anmoderation vorbereiten wollte. Er stellte mir ein paar Fragen und in meiner Aufregung schaffte ich es gerade noch so, die richtigen Antworten zu geben. Ich merkte, ich wollte mich nicht mehr ablenken lassen, sondern, so wie Frank Asmus sagt, in State kommen. Wenn du Menschen bewegen möchtest, musst du in einem perfekten Zustand sein. Wieder schweifte mein Blick auf meine Spickzettel, als würde ich sie immer noch brauchen. Und dann kam der Moment. Ich wurde verkabelt und nach oben geführt. Ich stellte mich hinter die Bühne und hörte meinen Vorredner. Jemand kam zu mir und sagte: »Wenn ich dir auf die Schulter klopfe und Stefan Frädrich deinen Namen nennt, gehst du los und haust sie weg.« Jetzt sah ich Stefan Frädrich und hörte, wie er mich anmoderierte. Ich versuchte, mich an meinen Anfang zu erinnern, und merkte, dass ich nicht mehr wusste, was der dritte Satz war. Eigentlich lerne ich immer meine Einleitung und den Schluss auswendig, aber jetzt hatte ich ihn nicht mehr im Kopf. Ich wackelte dreimal mit meinen Zehen auf und ab und sagte mir: Es wird alles da sein. Ich bin jetzt ganz da. Auf diesen Moment habe ich mich vier Wochen vorbereitet.

Liebe die Menschen. Liebe das Wort. Genieße den Moment.

Ich ging auf die Bühne und schaute in die Gesichter der Menschen, in diesem Fall die Augen. Das Echo der Musik verhallte im Raum und ich begann zu lächeln. Eine kleine Aufregung spürte ich noch, aber sonst war ich 100 Prozent da. Ich öffnete den Mund und die ersten Worte kamen heraus. Und auf einmal war alles wieder da. Das Gefühl, welches ich seit meinem 16. Lebensjahr so gut kannte. Das Gefühl, auf der Bühne mit deinen Worten einen Takt anzugeben. Ich ließ meine Gedanken los und zapfte all die Energie an, die ich in den vergangenen vier Wochen bei den Spaziergängen aufgeladen hatte.

Speaker sind Dirigenten mit Worten!

Worte sind wie Noten, die schon festgelegt auf dem Manuskript stehen. Aber dann kommt es darauf an, live mit seiner Stimme, Gestik und Mimik diese Noten für die Zuhörer in einen Ohrenschmaus zu verwandeln.

Dabei gibt es ein wunderschönes Phänomen. Zu Beginn nimmt der Speaker seine Worte wie Noten auf und trägt seine Wortmelodie vor. Wenn es dem Speaker gelingt, seine Melodie immer weiter im Raum erklingen zu lassen, gibt es den einen wichtigen Moment – den Moment, in dem der Funke der Melodie auf die Zuhörer überspringt und die Zuhörer sich im Takt der Worte bewegen. Das ist die Königsdisziplin im Speaking. Die Zuhörer hängen einem an den Lippen und nehmen mit ihrer gesamten Mimik und Körperhaltung das Gesagte auf. Jede Geschichte wird noch einmal durchlebt, jeder Witz gefeiert und bei jedem Tiefgang halten alle die Luft an.

Jetzt wird der Speaker durch seine Worte zum Dirigenten der Zuhörer.

Das ist die Kunst des Public Speaking.

Mich persönlich hat der Applaus oder das Schulterklopfen noch nie sehr gereizt. Klar genieße ich die Anerkennung. Aber unter all dem positiven Feedback nach einem Speech interessieren mich am meisten die Feedbacks, die mir wirklich klar sagen können, in welcher Weise meine Gedanken und Worte das Denken und

Handeln der Zuhörer positiv beeinflusst haben. Mit einem »Das hast du gut gemacht« oder »Du hast es voll gerockt« gebe ich mich nie zufrieden.

Aus meiner Sicht ist ein Speech dazu da, Herzen und Gedanken zu bewegen. Ich möchte anders aus der Veranstaltung gehen, als ich hereingekommen bin. Ich möchte für die nächsten Tage etwas zum Wiederkäuen haben. Was mich völlig elektrisiert, ist die Stimmung im Raum, und die Kunst, dass sich durch Public Speaking die Atmosphäre im Raum verändern kann. Die Kunst, die richtigen Worte zu finden, um einen Gedanken auf den Punkt genau ins Schwarze zu treffen. Oder im richtigen Augenblick die Pause wirken zu lassen, während die Zuhörer das vorher Gesagte verdauen können.

Wenn ich rede, bin ich auf der einen Seite 100 Prozent im Moment und auf der anderen Seite völlig im Raum. Ich höre nur noch auf meine Emotionen, auf mein Unterbewusstsein, auf meine Gefühle. Sobald du anfängst, nachzudenken, beginnst du zu stottern und umzustellen. Jetzt geht es nur noch darum, das, was du vier bis fünf Wochen lang in dein Unterbewusstsein gespeichert und auswendig gelernt hast, fließen zu lassen. Ein paar Stellen haben mich herausgefordert und ich wusste, dass ich sehr gut aufpassen musste, um die richtigen Worte zu finden, damit ich die, wie ich sie nenne, »Magic Moments« gut auf den Punkt bringe. Ein solcher Moment ist zum Beispiel »I have a dream« von Martin Luther King.

Ich habe eine Technik gewählt, den sogenannten Cliffhanger, bei der ich am Anfang meiner Rede etwas erzähle, was ich am Ende der Rede erschließen möchte. Das ist besonders hilfreich, wenn man Reden schreibt und erzählt, die digital stattfinden, bei denen man immer nur einen Klick weit weg und abgelenkt ist. Am Anfang Spannung aufzubauen, ist hier noch viel wichtiger. Ein zweiter für mich wichtiger Moment war, dass ich den Namen meines Opas sagen wollte, damit er digital verewigt ist. Als ich geprobt habe, habe ich ihn mehrmals vergessen. Doch als ich nun merkte, dass ich das geschafft hatte, spürte ich auch, wie ich mich langsam etwas entspannen konnte. Nach den ersten zwei Minuten fühlte ich mich sicher. Ich fühlte mich im Rhythmus und voller Energie. Und gleichzeitig merkte ich, dass meine Leidenschaft für dieses Thema immer mehr aus meinem Herzen floss. Ich wanderte durch ein paar Geschichten über Kunden, brachte das Beispiel von dem Brunnen in der Kommunikation und merkte, dass dieses Bild beim Publikum besonders gut ankam.

Dann machte ich den Turn und erzählte von meiner Reise durch Australien, als ich nicht arbeiten konnte. Ich habe lange damit gehadert, ob ich diese Geschichte auf der Bühne erzählen sollte, weil sie die große Schwäche meines Lebens offenlegt. Aber ich habe mich in frühen Jahren dazu entschieden, mich als Speaker immer transparent und verletzlich zu zeigen, egal ob mir das einen Vorteil oder Nachteil einbrachte.

Mittlerweile war ich in der Rede bei der Feedback-Kultur. Eine Kultur zu entwickeln mit unseren Worten, in der andere Menschen aufblühen, eine Atmosphäre aufzubauen, die nichts kostet außer ein paar lieben Worten, das wollte ich rüberbringen, und an den Augen meiner Zuhörer merkte ich, dass es ankam.

Während ich redete, entspannte ich mich. Ja, genau. Ich merkte, wie ich auf eine natürliche Art und Weise in Dialog mit dem Publikum trat. Jetzt spürte ich, dass sich der Kampf der letzten Wochen gelohnt hatte.

Je mehr du in der Vorbereitung schwitzt, desto weniger auf der Bühne!

Jetzt kam ich zum großen Finale. Ich habe lange überlegt, ob ich die Stimme von Martin Luther King wirklich imitieren möchte. Aber ich wollte, dass alle diesen Moment spürten. Ich wollte diesen Moment und diese Worte in der Atmosphäre zelebrieren. I have a DREAM!!! Wie würde eine Welt aussehen voller Väter, die so einen Satz aussprechen? Als ich diesen Satz geübt habe, musste ich regelmäßig mit den Tränen kämpfen. Weil ich mir vorstellte, wie viele Männer auf dieser Erde nie so einen Satz zu ihren Kindern und ihren Familien sagen würden. Wenn ich diese Rede noch mal halten würde, würde ich auch noch einfügen: »Wie würde eine Welt aussehen, wenn Frauen sagen würden: I have a dream?« Ich war so im Tunnel, dass ich das einfach vergessen habe.

Am Ende dann mein Gedicht. Als Kind habe ich mal aus Spaß gedichtet und als Teenager Rap-Songs geschrieben. Aber sonst hatte ich mit Reimen eher im Marketing zu tun. In der Vorbereitung zu der Rede kam mir einmal der Satz unter die Feder: »Worte haben Kriege begonnen und Frieden geschaffen.« Das klang ein wenig poetisch, sodass ich an einem Abend das kleine Gedicht geschrieben habe. Jetzt war der Moment, das Finale meiner Rede einzuläuten.

Ich atmete noch einmal ein und aus, setzte an und präsentierte meine wenigen Zeilen. Mit jedem Satz schraubte sich die Atmosphäre im Raum höher. Die Lyrik war wie eine rote Schleife um meinen Vortrag. Ich setzte zur letzten Zeile an. Alles, was wir sagen, sollte mit Liebe ummantelt sein. Fertig! Ich lasse die Pause wirken und trete einen Schritt auf meinen Ausgangspunkt zurück.

Jetzt bricht der Applaus aus und ich merkte, dass nicht nur vier Wochen voller Vorbereitung in diesem Auftritt steckten, sondern über 15 Jahre voller Leidenschaft für das Thema Kommunikation. 15 Jahre Nein sagen zu den unterschiedlichsten Anfragen und Einladungen. 15 Jahre warten auf den Moment, endlich das zu tun, was man wirklich machen möchte. 15 Jahre, in denen ein guter Rum gereift ist. Heute wurde er geöffnet und ich durfte ihn das erste Mal genießen. Und als ich da so stand, spürte ich einen neuen Gedanken. Eine Antwort auf meine Frage, die ich in den letzten Jahren in mir herumgetragen habe: »Bist du ein Speaker«?

Die Antwort: Du bist ein Speaker! Sei ein Speaker! Diene mit deinen Worten den Menschen. Habe keine Angst vor Tiefgang und nutze die Macht der Worte auf den kleinen und großen Bühnen der Welt, um als Mentor für WERTvolle Kommunikation die Welt jedes Einzelnen ein Stück besser zu machen.

Meine Freunde und meine Frau empfingen mich voller Stolz. Wir gingen erst mal an die frische Luft und ich merkte, wie ich langsam wieder bei mir ankam. Wir setzten uns in ein Café und sprachen über die Rede. Wir tauschten uns aus und lachten viel. Es war herrlich. Es war geschafft!

Januar 2021

Knapp drei Monate später wurde meine Rede bei Youtube veröffentlicht. Innerhalb von 24 Stunden schauten sich über 6000 Menschen diese Rede an. Knapp zwei Monate später waren es schon über 25 000 Menschen. Ich bin so dankbar für jede einzelne Nachricht, für Kommentare und Anrufe von Menschen, die ich kenne und liebe, und solche von völlig Unbekannten, die mir geschrieben haben, welchen Einfluss diese Worte auf ihre Lebenssituation genommen haben.

Mein Ziel mit dieser Rede war nicht, in irgendeiner Art und Weise Profit zu schlagen, sie für einen Durchbruch zu nutzen oder damit Riesenaufträge einzufahren. Sie ist für mich eher wie ein Denkmal für eine lange Reise und ein Ankommen bei mir selbst, in meinem Thema, in meiner Identität als Coach, Speaker und Trainer.

Und trotzdem hat diese Reise etwas Neues losgetreten. Wenige Tage später bekam ich eine Buchung als Keynote Speaker für einen weltweiten Konzern.

Wenige Wochen später kam eine Anfrage von TEDx Düsseldorf, ob ich nicht die Speaker betreuen möchte. TEDx ist die weltweit am höchsten angesehene

Plattform für Public Speaking. Auf diese Bühne kann man sich nur bewerben. Ein Teil davon zu sein, ist für mich etwas ganz Großes, denn das ist einer meiner größten Träume. Einmal auf einer TEDx Bühne zu sprechen.

Dank Simon Hofer, dem Herausgeber und Mitautor dieses Buches, bin ich Teil von diesem tollen Buchprojekt und darf ihn in seiner neuen Speaker-Academy als Keynote-Trainer unterstützen.

Und zum Schluss das absolute Highlight: Auf Empfehlung von Simon Hofer bekam ich einen Anruf der renommiertesten Redneragentur in Europa. Deutsche Trainer-Größen wie Rene Borbonus, Sportler wie Dirk Nowitzki und Politiker wie Christian Lindner sind hier gelistet. Nach unserem ersten Gespräch bekam ich die Zusage und darf jetzt auch über Premium Speakers gebucht werden.

Werte – Worte – Wirkung

»Der Unterschied zwischen dem richtigen Wort und dem beinahe richtigen Wort ist so groß wie zwischen einem Glühwürmchen und einem Blitzeinschlag.«[21]

Mark Twain

Worte haben Macht. Für dich persönlich, dein Gegenüber und auf jeder Bühne dieser Welt.

Deshalb, bevor wir unseren Mund öffnen, prüfe alles an diesen drei Kriterien:

- Auf welchem WERTEfundament baust du gerade auf?
- Welche Worte nutzt du, um deine Gedanken und Emotionen zu kommunizieren?
- Und welche Wirkung werde diese haben?

Diese drei Fragen sind mittlerweile das Fundament meiner Arbeit und unglaublich hilfreich auf dem Weg zu einer gelungenen Kommunikation. Denn ...

Worte haben Macht.
Sie haben Kriege begonnen und Frieden geschaffen.
Sie haben Nationen geteilt und manch eine wieder vereint.
Ein gutes Wort zur rechten Zeit spendet Trost, Mut und Geborgenheit.

Aber ein falsches Wort kann tief verletzen, kann sogar die besten Freunde gegeneinanderhetzen.
Deshalb sei dir bewusst der Macht der Worte und nutze sie an den unterschiedlichsten Orten.
Und egal ob groß ob klein,
Möge jedes Wort, welches aus unserem Munde kommt, ummantelt von Liebe sein!

Der Wortarchitekt

Möge die Macht der Worte mit dir sein.

ÜBER ROBERT STEFFEN

Inspiriert von seinem Opa, der Pastor und leidenschaftlicher Storyteller war, stand **Robert Steffen** schon mit 16 Jahren vor 300 Menschen auf der Bühne. Seitdem spricht er vor Publikum in Deutschland und international und begeisterte bei Greator mit seiner Rede über »Die Macht der Worte« die Community.

Heute ist Robert Experte für den Bereich Redeaufbau, Dramaturgie und Emotionen (Storytelling). Als »Wortarchitekt« hilft er Unternehmern, Experten und Personen des öffentlichen Lebens dabei, ihre Botschaft oder Expertise klar und verständlich zu transportieren. Zu seinen begeisterten Kunden und Kooperationspartnern gehören unter anderem Greator, Alexander Christiani mit dem Institut für Storymarketing, Swiss Academy und TEDx.

Robert Steffen über Vera Peters

Im Herzen die Weite Afrikas und im Kopf die Größe des Unternehmertums!

Vera Peters. Eine Frau von Welt. Als ich sie das erste Mal in Köln auf einem Event kennenlernte, spürte ich sofort ihre Energie und Leidenschaft. Das Funkeln in den Augen und ihr herzhaftes Lachen steckte alle um uns herum an. Sie ist eine Unternehmerin, die nach zwei technisch-wirtschaftlichen Ingenieursstudien und nach 20 Jahren Führungserfahrung in verschiedenen Bereichen seit dem Jahr 2000 Coaching und Mentoring für Unternehmer und ihre Teams anbietet. Ihrer tiefsten Überzeugung nach lohnt es sich, Unternehmer zu sein und diese Frau zeigt mit außergewöhnlichem Enthusiasmus Wege auf, die geprägt sind von Mut, Entschlossenheit, Vertrauen und der Stärke der eigenen Persönlichkeit. Ihre Abenteuerlust und die Liebe zu Afrika erzeugt dabei einen mitreißenden Sog in die Tiefen der afrikanischen Kultur und Natur – und damit auch in die Tiefen des professionellen Coachings.

Einer der einzigartigen, von ihr entwickelten Wege zu mehr Inspiration für den Unternehmeralltag sind die LifeSafaris, die eine Auszeit vom Alltag und gleichzeitig die Umsetzungsstärke erfolgreicher Unternehmensentwicklung untrennbar miteinander verbinden. Inmitten von unberührter Natur, fremden Kulturen und faszinierenden Tieren in ausgewählten Ländern Afrikas wachsen die Teilnehmer förmlich über sich selbst hinaus. Die Abenteurer erleben eine Unternehmertransformation, in denen sie mit Leichtigkeit den Herausforderungen des Alltags mutig und mit neuem Selbstvertrauen begegnen können.

Kapitel 4

VERA PETERS

LIFE SAFARI® UND WAS WIR VON DER WILDNIS LERNEN DÜRFEN

In jedem von uns steckt etwas Wildes, was nur darauf wartet, entdeckt zu werden und unseren Lebenshunger zu stillen.

Dafür sind wir hier, im südlichen Afrika. Es ist etwa sieben Uhr abends. Es dämmert. Hier geht die Sonne recht schnell unter und damit wird das Licht innerhalb von wenigen Minuten von 100 auf null gedimmt, wie ausgeknipst. Vor uns lodert das Feuer, es knistert und wir sitzen in geselliger Runde am flackernden Lagerfeuer. Der Tag hat sich längst mit einem gigantischen Sonnenuntergang verabschiedet. Leuchtend gelb stand die Sonne als überdimensionaler Ball am roten Himmel und wirkte bizarr vor der schwarzen Silhouette wilder Tiere, die ihre letzten Streifzüge entlang der Abendlandschaften machten. Auch für sie ist ein aufregender Tag zu Ende gegangen, ähnlich wie für uns, nur sicherlich auf eine ganz andere Art und Weise.

Nach spannenden Erzählungen über unsere Erlebnisse des Tages sitzen wir jetzt schweigend im Kreis um unser Lagerfeuer. Wir spüren die Wärme in der Dunkelheit. Es riecht angenehm nach Mais und geröstetem Brot. Es ist still geworden um uns herum ... nur in der Ferne hören wir einige Hyänen wie junge Katzen rufen. Welch eigentümlicher Klang. Für uns ungewohnt in dieser wilden und gleichzeitig geborgenen Atmosphäre, die wir hier Tausende Kilometer von zu Hause entfernt genießen dürfen.

Und in dieser Situation entsteht ein Moment der Stille, der Besinnung, in dem wir über unsere eigenen Werte sprechen. Über das, was wir fühlen, was wir uns wünschen, und über das, was wir loswerden wollen. Es gibt für mich keinen besseren Ort als gerade diesen hier, mitten in Afrika, ganz nah bei uns selbst.

Wir sind berührt, demütig und gleichzeitig angeregt von den persönlichen Erlebnissen jedes Einzelnen. Unter einem Meer von unendlich vielen leuchtenden Sternen haben wir auch stille Zeit für unseren inneren Dialog. Ich liebe diese gemeinsamen Abende mit meinen Weggefährten und die beinahe mystisch-schöne Atmosphäre, die uns umgibt. Sie reißt uns mit in eine andere Welt, die mir und all den anderen Abenteurern Freiheit und Einheit mit dem Universum vermittelt, die aber auch hält, was sie uns verspricht. Von diesem Kontinent geht eine besondere Stille aus, die auf seltsame Weise eine innere Einkehr mitschwingen lässt, uns eins werden lässt mit uns selbst und eine Sensibilisierung für die eigenen Bedürfnisse mit sich bringt. All das, was in unserer hektischen, europäischen Alltagswelt allzu oft und zu schnell verloren geht. Wenn wir dann wieder gefüllt sind, können wir ganz leicht unsere Herzen für die Bedürfnisse anderer öffnen. Denn nur wer Fülle in sich selbst spürt, kann andere daran teilhaben lassen und unendlich davon abgeben. Wow, das hört sich aber jetzt mächtig spirituell an. Sind wir Samariter oder Pilger? Nein, da muss ich selbst schmunzeln. Wir sind LIFE Safari® – Abenteurer, die, wie »Safari« auf Suaheli bedeutet, auf ihrer persönlichen Reise zu sich selbst und einem erfolgreichen Business, ganz bodenständig und geerdet, unterwegs sind.

Allerdings sind wir mehr als nur eine Gruppe von Reisenden unter vielen. Wir sind Unternehmer und Führungskräfte, die sehr untypisch, einzigartig, individuell reisen und nah am wirklichen Leben dranbleiben. Wir lernen von Einheimischen, wie sie im Kampf gegen Wilderer den Bestand an Elefanten oder Geparden retten. Wir wandern einige Tage mit ihnen in den Wildreservaten durch den Busch und gehen wie Ranger auf Spurensuche, halten dabei Ausschau auch nach unseren eigenen, bisherigen Spuren und planen, welche wirklich wichtigen Spuren wir in der Zukunft hinterlassen wollen. Zwei Wochen lang sind wir in der Natur mit dem Allradfahrzeug oder zum Perspektivenwechsel mit dem Helikopter, auf dem Pferd oder zu Fuß unterwegs, um über uns und für unser Leben und unsere Gesellschaft unendlich viel zu lernen.

Denn unsere Erlebnisse und Erfahrungen von heute prägen unser ***Denken und Handeln*** *von morgen.*

Seit genau 30 Jahren reise ich nun schon über den afrikanischen Kontinent, von Ägypten bis Südafrika und von Nigeria bis Tansania. Atemberaubende Landschaften und tiefgehende Begegnungen mit Menschen und Tieren haben mich mitten ins Herz getroffen, mein Leben beruflich und privat verändert, mich unternehmerisch geprägt und stark gemacht.

Der Sieg der Gepardin

Und heute bin ich wieder in der Wildnis unterwegs, ein ganz besonderer Tag, wenn auch ganz anders als in Afrika. Es ist der 29. Januar 2020. Von meinem eigenen Herzklopfen werde ich frühmorgens geweckt. Sofort schießt mir ein Adrenalinstoß durch den Körper, denn heute geht es auf die große Bühne.

Dieses Gefühl der Angst kennt wohl jeder von uns. Diese tief in uns sitzende Furcht, scheitern zu können, nicht gut genug zu sein oder uns gar zu blamieren. Doch Angst bremst und behindert uns dabei, unser großartiges Potenzial, das ein jeder von uns in sich trägt, frei und ungehindert auszuleben. Wir bremsen uns durch Angst gewissermaßen selbst aus.

Der Theologe Dietrich Bonhoeffer hat einmal gesagt, »den größten Fehler, den man im Leben machen kann, ist, immer Angst zu haben, einen Fehler zu machen.«[22] Diese Aussage klingt einfach und man mag als Außenstehender schnell denken, ja, warum macht sich diese Person ihr Leben nur selbst schwer. Es ist doch nicht so, dass die Zuhörer oder das Publikum gebannt darauf warten, dass man nur endlich einen Fehler macht. Einen Fehler, über den sie sich anschließend köstlich amüsieren oder ihn benutzen, um den kompletten Auftritt zu demontieren. Das ist natürlich alles großer Unsinn. Und doch ist sie da, diese Angst vor dem Fehler. Wobei es bei genauerer Betrachtung vielleicht gar nicht nur darum geht. Es ist auch ein Gefühl von Respekt zu spüren. Respekt vor der Situation, auf einer großen Bühne zu stehen, vor einem großen Publikum zu sprechen und alles richtig machen zu wollen.

Dieses Gefühl kenne ich gut. Obwohl ich weiß, dass Ängste gut für uns sind und wir sie auch bezwingen können, wenn wir sie bewusst wahrnehmen. Wie eine Bergspalte, die man überwinden kann, wenn man sich systematisch und gut vorbereitet, um dann mit genügend Anlauf einfach loszulaufen und zu springen. Im Falle meines heutigen Bühnenauftritts ist dieser Sprung wohl eher ein Sprung ins eiskalte Wasser, denn nie zuvor habe ich auf einer so großen und berühmten Bühne gestanden. Eine Bühne, auf die ich mit großer Ehrfurcht blicke.

Zugleich habe ich einen starken Antrieb, von einzigartigen Abenteuern und Erfahrungen zu berichten, die ich allein oder gemeinsam mit meinen Begleitern auf unterschiedlichsten Touren machen durfte und die unser Leben verändert haben. Das Publikum möchte ich neugierig machen, die Menschen begeistern und emotional berühren, vielleicht auch dazu bewegen, selbst etwas in ihrem Leben zu verändern. Also Anlauf nehmen, über die Bergspalte springen und rauf auf die Bühne! Sie ist nicht mein Feind, sondern hilft mir dabei, meine mir so wichtigen Botschaften in die Öffentlichkeit zu bringen. Die Zeit ist jetzt reif, um anderen mitzuteilen, dass sie verantwortlich mit ihrem und dem Leben anderer umgehen sollen, nicht nur entspannt zu treiben, bis es zu spät ist, vor sich hinzuleben, sondern ihr Leben aktiv in die Hand nehmen.

Die Zeit ist jetzt reif, auch für mich und meine persönliche Entwicklung, indem ich mich traue, heute mutig einen neuen Schritt zu gehen. Ja, ich bin bereit, mich dieser Herausforderung zu stellen, denn ich bin gestärkt, aufgrund meiner Erfahrungen in der wilden und manchmal auch unberechenbaren Wildnis. Und genau jetzt werde ich sie nutzen.

Schon bei diesem Gedanken muss ich direkt an die unbändige Gepardin denken, die wir während einer unserer letzten *LIFE Safari®*s in Tansania beobachten durften. Diese respekteinflößende Raubkatze scheint geradezu prädestiniert dafür zu sein, Stärke und Willenskraft, Strategie und Überlegenheit richtig einzusetzen. Potenziale, die auch irgendwo tief in jedem von uns schlummern. Diese Dynamik des Laufs hat eine so magische, anziehende und vor Kraft strotzende Wirkung auf uns. Es ist schon gigantisch, wie klug diese Tiere vorgehen, ihre Beute zu fangen. Wir konnten beobachten, wie sich die Gepardin im Vorfeld genauestens vorbereitet, sich anpirscht, lautlos und nahezu unsichtbar dank ihrer Tarnung, und wie sie dann, plötzlich wie aus dem Nichts heraus, hervorspringt, in voller Konzentration ihr Beutetier fokussiert und mit einer unglaublichen Beschleunigung zu einer atemberaubenden Geschwindigkeit anläuft, um dann im genau richtigen Moment zuzuschlagen. Alles perfekt abgestimmt, alles auf den einen entscheidenden Erfolgsmoment gesetzt und schließlich gewonnen. Das sind Eindrücke, die bleiben, da sie mit allen Sinnen, die wir haben, wahrgenommen werden. Machen wir es doch wie sie, konzentrieren wir uns auf dieses eine Ziel, auch wenn wir vorab nicht wissen, was uns erwarten wird und ob wir erfolgreich sein werden. Solange wir den Mut haben, zielgerichtet und planvoll vorzugehen, uns aus unserer Deckung zu trauen, haben wir auch die Stärke, schwierige oder unbekannte Aufgaben meistern zu können.

Unsere Erlebnisse und Erfahrungen von heute prägen unsere ***Persönlichkeit*** *von morgen.*

Je näher der Termin für den großen Auftritt rückt, desto nervöser werde ich. Wenn die Herausforderung, um die es geht, weit weg ist, kann man unendlichen Mut entwickeln. Doch wenn es dann nur noch wenige Stunden bis zum großen Auftritt sind, wird man scheinbar immer kleiner vor dieser riesigen Hürde. Und das Lampenfieber wächst.

Mein Respekt ist unendlich. 18 Minuten wird es dauern. 18 Minuten höchste Konzentration und ignorieren, dass acht Kameras auf mich gerichtet sind und 500 Live-Gäste 18 Minuten lang erwartungsvoll zu mir schauen und nicht enttäuscht werden wollen. An die vielen Handy-Kameras und Videoaufnahmen, die vielleicht später zuhauf im Netz zu finden sein werden und die knallhart jeden Fehler, jeden Schnitzer, jede falsche Bewegung, einfach alles, für alle Ewigkeit festhalten werden, möchte ich erst gar nicht denken. Mein Herz ist jetzt hellwach, die Schlaggeschwindigkeit nimmt zu! Wie bin ich nur darauf gekommen, diesen Schritt zu gehen, mich herauszufordern, die sogenannte Komfortzone zu verlassen und einfach JA zu sagen.

Ich schaffe das! Heute bin ich die Gepardin, die sich auf leisen Sohlen anpirscht, zu 100 Prozent hochkonzentriert auf ihr Ziel fokussiert und es auch erreichen wird. Einen anderen Ausgang kann es gar nicht geben, ich habe es doch erlebt! Und es brennt in mir, auch dem Publikum diese Erfahrung weiterzugeben, diese innere Stärke, auch einmal den Kampf gegen sich selbst, die Angst, das Lampenfieber, die Furcht vor der neuen, unbekannten Herausforderung, anzugehen. Dass ich dazu mein gewohntes Aktionsfeld verlassen und mich auf etwas völlig Neues einlassen werden muss, ist die Herausforderung. Doch all meine Reiseerlebnisse haben mich gelehrt, dass es sich lohnt, sich den Herausforderungen zu stellen, immer und egal, wie sehr sie einen zu erdrücken scheinen. Aus diesem Grund und auch um zu zeigen, dass wir alles erreichen können, wenn wir nur fest an uns glauben, möchte ich einmal erzählen von diesem ersten großen Tag, an dem ich im Januar dieses Jahres auf der Bühne stand.

Heute ist mein großer Tag, an dem alles perfekt sein soll. Daher habe ich mir den Tag terminlich frei gehalten. Ich will einfach perfekt vorbereitet sein, so wie der Gepard. Ich will ausgeruht sein und die ganze Kraft meiner Gedanken auf diesen Abend konzentrieren. Das bin ich auch jedem einzelnen Zuhörer im Publikum schuldig, den vielen Menschen, die sich extra diesen Abend freigenommen haben, um uns Speaker zu erleben. Also alles in Ruhe, alles so, dass es heute Abend richtig gut wird!

Jetzt nehme ich mir erst einmal Zeit für ein ausgiebiges Frühstück. Ich fühl mich gut. Zum x-ten Male hole ich mir das Manuskript heran, gehe meinen Vortrag durch, wieder und wieder. Ich habe das seltsam beklemmende Gefühl, es gar nicht oft genug durchgehen zu können. Ich übe, übe und übe und bin zum ersten Mal beruhigt, endlich nicht mehr ins Stocken zu geraten. Das sah bei der Generalprobe vor zwei Wochen noch ganz anders aus. Immer wieder kreisten neue Aspekte und Botschaften durch meinen Kopf, sodass die Probe eher aus dem Stegreif als mit einem geplanten, roten Faden stattfand.

Die Zeit vergeht, 16:00 Uhr. Ich fahre los. Von meinem idyllisch zwischen Burgen und Weinbergen gelegenen Wohnort Unkel am Rhein, in dem ich seit nunmehr 25 Jahren lebe, habe ich bis in die Innenstadt zum Volkstheater eine etwa 45-minütige Autofahrt vor mir. Ich nutze sie, na klar, um erneut mein Speech durchzusprechen. Diesmal gelingt es auf Anhieb. Ich lächle, geht doch! Ich habe mir wohl wieder einmal zu viele Gedanken gemacht und zu wenig auf mich und meine Fähigkeiten vertraut.

Als ich vor dem ehemaligen Willy-Millowitsch-Theater stehe, halte ich kurz inne, atme tief durch und kann mich schließlich dazu durchringen, hineinzugehen. Innen treffe ich zum ersten Mal auf andere Speaker, die auch heute auf der Bühne stehen werden. Mein Herz klopft laut, denn hier treffe ich auf bekannte Speaker aus Funk und Fernsehen, die sich ebenfalls auf diese Bühne begeben.

In diesem Moment wird mir noch mal bewusst, dass es jetzt kein Zurück mehr gibt. Gleichzeitig komme ich mir klein und hilflos vor, als müsse ich ausreißen, weil ich aus Versehen irgendwo hingeraten bin, wo ich eigentlich gar nicht hingehöre. So sehr ich mich auch bemühe, es will einfach nicht in meinen Kopf, dass ich, ausgerechnet ICH, jetzt zur Riege der großen Speaker gehören soll.

Das Team von GEDANKENtanken (heute Greator) erwartet uns bereits und nimmt uns freudig in Empfang. Und obgleich es mich ein Stück weit beruhigt, mich hier zwischen all den Bühnen-Profis willkommen zu fühlen, fühlt sich das, was ich in den nächsten Minuten erlebe, doch sehr seltsam an, so unwirklich und als beobachte ich mich selbst und all die anderen aus einer Art Außenperspektive, bei der ich selbst gar nicht Teil des Geschehens bin. Wir werden durch den Backstage-Bereich geführt und staunen still vor uns hin. Ein wenig fühlt es sich an wie bei einem Museumsbesuch, den wir als Kinder mit der Schulklasse erlebt haben.

Als Nächstes steht der Soundcheck an. Jeder von uns wird nun gebeten, auf die Bühne zu kommen. Die Mikros und Testsätze werden auf uns und den Saal abgestimmt.

Die Spannung steigt, nur das Organisationsteam ist die Ruhe selbst. Zwischen Lampenfieber und Warten auf unseren Slot für die Maske vergeht die Zeit mit Gesprächen und einzelnen Konzentrations- oder Entspannungsphasen wie im Flug. Dann erscheint auch noch mein Onlinecoach aus der Vorbereitungsphase in der Garderobe, der zu Beginn des Jahres mein Speech mit ins Leben gebracht hat. Es freut mich, ihn nun zum ersten Mal persönlich zu treffen. Er umarmt mich und wünscht mir »Toi, toi, toi«. Wie selbstverständlich schießt ein »Dankeschön!«, aus meinem Mund. »Oh, das sagt man nicht. Das bringt Unglück!«, ruft er mir noch zu, bevor er die Garderobe verlässt.

«Na, super«, denke ich, »und jetzt?«

17:30 Uhr. Obwohl ich als erste Speakerin für die Bühne geplant bin, sitze ich, da andere noch ihre Haare eingedreht haben möchten oder Ähnliches, fast als Letzte auf dem Stuhl zum Schminken und Stylen. Dann plötzlich fällt uns ein Kugelschreiberstrich am Oberschenkel auf meiner Lederhose auf. Auch mit Wasser und viel Reiben lässt er sich nicht entfernen. So ein Mist! Anna, die Visagistin, bestätigt, dass jedes Detail vom Publikum oder im Video gesehen werden und ich mich später darüber ärgern könnte.

Wir überlegen, ob ich noch Zeit zum Umziehen habe. Eher nicht, entscheiden wir! Jetzt fällt Anna ein, dass wir einfach Make-up auf die braune Lederhose zum »Überschminken« nehmen können. Gesagt, getan und schwuppdiwupp ist der Strich vom Kugelschreiber fast nicht mehr zu erkennen. Super! Dankbar setze ich mich ein letztes Mal auf den Stuhl vor den großen, beleuchteten Spiegel. Die Lippen sind knallig rot und das Gesicht, meiner Meinung nach, ziemlich hell geschminkt. Für eine LIFE-Safari-Spezialistin … na ja, vielleicht eine, die in Afrika dann wohl eher die Sonne meidet – so wie Karen Blixen in »Jenseits von Afrika«.

Noch zuppelt Anna an meinen Haaren herum, als plötzlich jemand ruft: »Wo ist Vera?« Stefan ist schon am Ende seiner Begrüßungsworte ... und mir stockt der Atem, denn es braucht schon etwas Zeit, um von der Garderobe im Keller bis hinter die Bühne zu gelangen.

Sofort haste ich los, durch die Gänge, Treppe rauf zur Tür mit der Aufschrift »Bühne« und wieder leise und vorsichtig die Metalltreppe hinterm Vorhang hinunter.

Dort wartet schon das Organisationsteam, welches erneut die Verkabelung überprüft und mir wortlos, aber motivierend das Okay zum Vortrag gibt. Aufkleber auf dem Boden zeigen genau an, wo ich warten soll. Mein Herz pocht, wieder kommt mir in den Sinn »acht Kameras!« und dann nehme ich ein Publikum voll positiv aufgeheizter Menschen wahr, die auf unsere Themen und Botschaften als Speaker an diesem Abend schon gespannt warten. Schnell noch einen Schluck Wasser trinken, denn mir ist schon einmal während des Sprechens der Mund fast zugeklebt, und dann geht es los ... Stefan Frädrich moderiert mich an. Ein Gefühl zwischen »Wow, coole Worte« bis »Hey, der meint wirklich mich« überkommt mich. Ein Wink von der Crew und ein erhobener Daumen signalisieren mir: »Es geht los!« Ich gehe raus auf die Bühne ... ohrenbetäubender Applaus des Publikums! Gilt der wirklich mir? Ich gehe weiter zum berühmten runden, blauen Teppich, der mitten auf der Bühne liegt. Emotional überwältigt, versuche ich, mich schnell wieder zu sammeln, denn jetzt wird es still, ganz still. »Das bringt Unglück!« Diese Aussage kommt mir wieder in den Sinn ...

500 Menschen sitzen still da, sehen zu mir auf die Bühne, sind voller Erwartungen. Spannung liegt in der Luft und scheint mich fast zu zerreißen. Doch gleichzeitig spüre ich in diesem Moment auch eine positive Energie, die von diesem Publikum ausgeht, das auf das brennt, was ich ihnen wohl sagen werde. Ich beginne zu begreifen, dass das Publikum hier wirklich nicht mein Feind ist, sondern dass es mich trägt, mich unterstützt, mich stärkt. Und ich bin plötzlich unendlich dankbar, dass all die besonderen Menschen hier sind, extra hier, auch meinetwegen!

In diesem Moment weiß ich, dass es großartig ist, hier oben auf der Bühne zu stehen und den Menschen eine Botschaft zu vermitteln, meine Gedanken und Erkenntnisse. Ohne auch nur einen Augenblick lang erneut zu zögern, erzähle ich ihnen meine Geschichten, vermittle ihnen mein ganz persönliches Lebensgefühl, aber auch die Lust auf die Wildnis, das tiefe innige Verlangen, sich einfach einmal etwas völlig Neuem zu öffnen, sich auf DAS ganz große Abenteuer einzulassen. Und ich erzähle und erzähle, von vielen Abenteuern, die ich in Afrika und anderen Lebensbereichen erlebt habe, mache Mut, es mir gleichzutun, über sich hinauszuwachsen durch die eigenen positiven und gigantischen Erfahrungen, ganz so, wie ich es auch heute an diesem Abend getan habe und dann, ganz plötzlich, merke ich, dass mein Mund trocken wird.

Nur noch mit viel Mühe bekomme ich die Lippen auseinander. Ich bin völlig irritiert und frage mich, »Wie will ich denn gleich auch noch den Ton für den kleinen afrikanischen Gesang anstimmen?« Ich quäle mich durch die nächsten Minuten, denke nicht mehr daran, dass ich nach dem Glas Wasser hätte greifen sollen, welches sich hinter den beleuchteten 3D-Lettern »Bringt Dich weiter« befindet.

Jetzt schaue ich auf das Display vor mir, zehn Minuten, und realisiere, dass ich, wenn ich jetzt erst beim Thema Allrad-Teamwork im Schlamm angekommen bin, niemals in der vorgegebenen Zeit von 18 Minuten mit meiner Speech fertig werde. Ein kurzes Gefühl von Wut über mich selbst überkommt mich. Ich bin nervös, spreche weiter, aber denke gleichzeitig: Welchen Part kann ich weglassen und dennoch den roten Faden für die Zuhörer beibehalten?

Es gelingt mir, weiterzumachen. Wenn ich zuvor vor Gruppen in Workshops oder Trainings gestanden habe, konnte ich einen direkten Draht zu jedem einzelnen Menschen spüren. Im jeweiligen Thema sattelfest, konnte ich mich auf die Menschen im Publikum konzentrieren und auf ihre Bedürfnisse eingehen. Hier stehe ich und bin in Gedanken beim Inhalt anstatt beim Publikum. Obwohl es meine eigenen, erlebten Geschichten sind, die ich erzähle, traue ich mich nicht, loszulassen, meinen ausgearbeiteten Inhalt gedanklich beiseitezulegen und aus meinem Herzen zu sprechen. Ich bin angespannt und fühle mich überhaupt nicht locker.

Nach 17 Minuten und 15 Sekunden ist mein Speech vorbei. Ich bin dankbar, irgendwie da durchgekommen zu sein, ohne meinen Text oder mein Thema zu verlieren. Kaum wahrnehmbar bedanke ich mich beim Publikum. Ich bin erleichtert und freue mich über den Applaus, doch so recht zufrieden bin ich nicht mit mir. Wo war ich eigentlich in den letzten 18 Minuten? Wo war meine Leichtigkeit, mein Lachen, meine Fröhlichkeit? Jedenfalls nicht bei mir! Sicherlich sind meine Themen nicht immer nur leicht und fröhlich gewesen. Dennoch strahle ich normalerweise eher positive, fröhliche Energie aus. Heute hat die starke Konzentration auf die Themen meine Leichtigkeit genommen. Es fühlt sich für mich so an, als hätte jemand anders als ich gesprochen, denn ich habe mich selbst nicht richtig gespürt. Dabei weiß ich nun, dass ich die Bühne mag, um meinem Publikum näherzubringen, worum es mir wirklich geht, und um den größtmöglichen Mehrwert an meine Zuhörer weiterzugeben.

Die sich an den Applaus anschließenden Standing Ovations habe ich dann auch gar nicht richtig wahrgenommen und schon gar nicht, wie berührt viele Zuschauer von meinen Worten und Themen waren, manchen sogar Tränen die Wangen runtergekullert. Jetzt bin ich froh, die wohltuenden Worte meiner Familie und lieben Freunde, die mich auch an diesem für mich bedeutenden Abend begleiten, zu hören. Worte, die mich aufrichten, mich ein wenig beruhigen und mich fühlen lassen, dass mein Auftritt überhaupt kein Versagen war. Doch meine Selbstzweifel und mein Drang nach Perfektionismus, der immer wieder als Highspeed-Rocket durch mein Hirn fliegt, lassen mich noch lange nicht zur Ruhe kommen. Erst mit etwas Abstand kann ich nun später in der Aufzeichnung meines Auftritts und auch anhand der positiven Kommentare erkennen, dass mein Speech wohl doch sehr viel positiver ankam, als ich es zu diesem Zeitpunkt wahrgenommen habe.

Und mir wird wieder bewusst, dass unsere Fähigkeiten der intensiven Wahrnehmung häufig durch äußere Einflüsse überlagert und dadurch minimiert werden.

In erster Linie bleiben viele wundervolle Emotionen und Erlebnisse dieses Abends für immer. Mittlerweile dokumentiert mein Auftritt in erster Linie für mich, wo ich am 29.1.2020 gestanden habe, mit all meinen Fehlern, mit all meinen Potenzialen. Sie schließen sich zu einem großen Ganzen zusammen und bilden einen Rahmen, gemeinsam mit meinen atemberaubenden Erlebnissen in Afrika. Nicht nur, dass ich sie hier auf der Bühne reflektiert habe, ich habe ihn auch wieder gespürt, diesen Nervenkitzel, den ich sonst in dieser Form nur aus der wilden Steppenlandschaft Afrikas kenne. Ich habe erfahren, dass die Bühne kein Ort ist, vor dem man Angst haben muss. Niemand muss Angst haben, nur weil er etwas Neues ausprobiert, es wagt, einen Schritt weiter als bisher zu gehen, und es einfach tut, obgleich es zuvor unvorstellbar erschien.

Danke dir, Gepardin, du hast mich stark gemacht für diesen Abend und fokussiert geleitet. Ich habe Speed und den Geruch des Wildes aufgenommen. Ganz sicher werde ich es wieder und wieder tun!

Denn unsere Erlebnisse und Erfahrungen von heute prägen unsere ***Entscheidungen*** *von morgen.*

Neues zu lernen ist so wichtig wie das Atmen

Sicherlich werde ich niemals aufhören, Neues dazulernen zu wollen, das ist mir völlig klar. Ich glaube, meine Sehnsucht und Neugier nach Neuem, nach Weite, nach dem »Was gibt es noch?« hat sich schon als kleines Mädchen in den 1970er-Jahren gezeigt.

Es ist Sommer im Jahr 1977 in Schmallenberg im Sauerland. Das ist das kleine Städtchen, in dem ich geboren und aufgewachsen bin. In der Nachbarschaft und im Familien- und Freundeskreis bin ich als fröhliches, lachendes, blondes Mädchen bekannt, die Jüngste von vier Kindern, die hüpfend und springend durch die Welt läuft.

Mit elf Jahren liege ich im Garten meiner Eltern, unter mir nichts als kräftiges, grünes Gras, das intensiv duftet und mich an den nackten Stellen der Haut kitzelt. Den Kopf auf die angewinkelten Arme gelegt, blinzle ich rücklings liegend nach oben in den beinahe wolkenlosen, hellblauen Himmel. Mein Blick heftet sich an die Kondensstreifen, die das leuchtende Blau des Himmels zerschneiden wie Linien auf einem Stück Papier. Vorn lässt sich klein, aber dennoch deutlich zu sehen, die weiß schimmernde Silhouette eines Passagierflugzeuges erkennen, das seine Kondensstreifen wie weiße Luftschlangen hinter sich herzieht.

Wie winzig klein es wirkt. Wo wird dieses Flugzeug wohl hinfliegen, wie weit kommt man mit einer Tankfüllung und wie ist es eigentlich möglich, dass so viele Tonnen Gewicht fliegen können?

Je länger ich nachdenke, desto mehr Fragen fallen mir ein, die wie Blitze durch meinen Kopf schießen. Ich fühle ein unbändiges Verlangen, mehr über die Technik von Flugzeugen zu erfahren und über die fremden Länder, in denen sie starten und landen. Ich muss verrückt sein, denn sieben Jahre später, nach dem Abitur, finde ich mich im Hörsaal für Luft- und Raumfahrttechnik in Aachen wieder. Zwischen 250 Männern sitze ich hier als einzige Frau. Ihre Blicke zeigen mir, dass sie sich fragen, ob ich mich im Gebäude verirrt habe. Nach außen tough und selbstbewusst – doch innerlich höre ich mich selbst einige Male fragen, ob ich gut genug bin und ob ich diese Anforderungen, ein so hochwissenschaftliches Studium zu absolvieren, hier jemals schaffen werde.

Ja! Klar! Und sogar mit besten Noten und Leichtigkeit! Denn jeder fragende Blick hat mich mehr und mehr bestärkt, weiterzumachen, meinen Wissensdurst zu stillen und es allen Zweiflern zu zeigen, dass ich es schaffe. Und du schaffst das auch, jeder kann es schaffen.

Denn zwei wichtige Lektionen habe ich während dieses ersten Studiums gelernt:

Überall auf der Welt – und auch im All – wird nur mit Wasser gekocht!
Also keine Angst vor großen Herausforderungen

und

alles, wovon wir begeistert sind und in das wir unser Herzblut hineingeben, wird wundervoll und erfolgreich.

Wir können alles lernen. Mit dieser Gewissheit wurde der für mich noch so unerreichbare Stern, den ich am Himmel sah, greifbar nah, und mein Wissensdurst hat mich weiter zum Wirtschaftsingenieur und Master of Mediation gebracht. Die unendliche Weite des Universums nutze ich aber noch immer, um die notwendige Distanz zu wichtigen Themen zu erhalten. Unser Leben aus der Satellitenperspektive zu betrachten, um dann tiefer und tiefer ins Detail zu zoomen, bewirkt wahre »Wunder«. Heute nutze ich diesen Perspektivenwechsel gerne als Unterstützung für Unternehmer und Führungskräfte, die sich und ihre Teams entwickeln und wirklich wachsen wollen.

Emotionen, die dein Leben verändern

Wenn ich weiter darüber nachdenke, fällt mir immer wieder auf, dass wir hier in Europa oftmals scheinbar gefangen in Gesetzen und starren Rahmenbedingungen leben. Aber aus meiner Sicht leben wir hier in erster Linie in einer Welt voller Möglichkeiten. Dennoch erleben wir in den Unternehmen viel Trägheit und fehlende Energie.

Laut internationaler Studien sind mehr als 80 Prozent der Mitarbeiter in Unternehmen unzufrieden oder haben bereits innerlich gekündigt.[23] Wir alle kennen diese Zahl. Warum sind dann aber so viele Menschen in ihrer Freizeit aktiv, sind ehrenamtlich tätig, Vorsitzende von Vereinen oder tüfteln nächtelang an Lösungen herum, ihr altes Motorrad wieder zum Laufen zu bringen? Und im Berufsleben? Im Berufsleben sind sie dagegen träge, freudlos und lethargisch unterwegs. Ich nenne das: Sie befinden sich im AUTOPILOT-Modus, lassen sich im Leben fliegen, anstatt selbst die Route zu planen und das Ruder in die Hand zu nehmen. In meiner Bühnen-Rede habe ich als Beispiel von meinem Studienkollegen Tom erzählt.

Jeder von uns kennt diese Menschen oder jeder hat sicherlich jemanden im Bekannten- oder Freundeskreis, der sich gerade in diesem statischen Zustand befindet, der nicht das Beste aus seinem Leben macht und der weder seine Talente noch seine Potenziale richtig nutzt.

Diese Menschen gibt es im Übrigen überall auf der Welt, nur mit einem großen Unterschied: Hier in unserer Wohlstandsgesellschaft und mit unseren enormen Bildungsmöglichkeiten liegen uns alle Möglichkeiten zu Füßen.

Wie Little Joe mein Leben prägte

Während meiner Führungsverantwortung bei der Lufthansa betreute ich unter anderem verschiedene Auslandsprojekte, auch für Kunden, die unsere Maintenance und Dienstleistungsangebote in Afrika wünschten. Meine Lernerfahrungen durch interkulturelle Begegnungen und aufgrund der Zusammenarbeit mit unseren nigerianischen Kolleginnen und Kollegen war riesig. Aber auch die Führung und Unterstützung der eigenen Mannschaft in der Ferne, mit einem nicht immer gut funktionierenden Internet, war 2006 noch sehr herausfordernd. Zusätzlich war und ist die politische Lage bis heute sehr instabil und nicht einschätzbar, sodass ich für unsere Kolleginnen und Kollegen 24 Stunden am Tag online oder per Mobiltelefon zur Verfügung stand, um ihnen in Krisenzeiten oder Gefahrensituationen schnell Unterstützung geben zu können – und das zu einer Zeit, in der Remote Leadership noch nicht in aller Munde war.

Besonders beeindruckend war dann immer die Zeit, wenn ich selbst vor Ort in Nigeria war, um unsere Teams persönlich zu treffen und Kundengespräche oder Vertragsverhandlungen zu führen. Dabei ist mir bis heute eine persönliche Begegnung und Geschichte tief im Gedächtnis geblieben.

Wieder einmal geht ein heißer Tag mit extrem hoher Luftfeuchtigkeit zu Ende. Nach einem langen Arbeitstag freue ich mich jetzt richtig auf den »afrikanischen Feierabend«, der mit außergewöhnlichem Barbecue und natürlich afrikanischer Musik am Hotelpool enden soll. Der Montagabend ist für gegrillten Lobster, Shrimps und richtige »Männer-Steaks« bereits international bekannt, denn hier im Hotel sind auch immer viele interessante Crews und Technik-Teams anderer, weltweit agierender Fluggesellschaften untergebracht, weil die Stadt Lagos mit einer Einwohnerzahl von fast 15 Millionen ein echt heißes Pflaster ist und deshalb nur wenige Hotels von deutschen Sicherheitsbehörden und auch von unserer eigenen Fluggesellschaft als sicher und geschützt eingestuft werden.

Aufgrund der Äquatornähe ist die tiefschwarze Nacht schon um 19:00 Uhr angebrochen. Ab jetzt wird es höchste Zeit, von unserer Arbeitsstätte im Flugzeug-Hangar am International Airport Lagos ins Hotel zu fahren beziehungsweise uns unter bewaffneter Begleitung, eingekesselt von zwei mit eingeschaltetem Blaulicht bestückten schwarzen Vans mit entsprechenden Sicherheitsteams eskortieren zu lassen. Unser schwarzer Van in der Mitte, der von einem Fahrer des Sicherheitsteams gesteuert wird, besitzt selbstverständlich getönte Scheiben, sodass wir nicht als »Menschen aus der reichen Welt kommend« erkannt werden. Denn hier ist das einzelne Leben schon lange keinen Cent mehr wert – in Form von Lösegeld jedoch schon. Trotz unseres eigenen Sicherheitstrainings, welches wir über zwei Tage absolviert haben, sind wir jedes Mal wieder froh, gesund und munter im Hotel anzukommen.

Nach einigen Kilometern sehe ich am Straßenrand einen meiner nigerianischen Kollegen laufen. Ich wusste aus vorherigen Gesprächen, dass er in einem der nahe gelegenen Townships wohnt. Wir halten an, nicht ganz »sicherheitsregularien-konform«, und fragen ihn, ob wir ihn ein Stück mitnehmen können, damit er schneller bei seiner Familie ist. So lerne ich Little Joe kennen, seinen Neffen in einem dieser Townships in Nigeria. Das feudale Barbecue im Hotel ist vergessen.

Little Joe ist 13 Jahre alt. Ich treffe ihn in einer Behausung aus Pappkartons und Wellblechstücken an. Nicht einmal 15 Quadratmeter groß: ein Bett, ein Kühlschrank, eine Mikrowelle, ein Fernseher – das Zuhause einer achtköpfigen Familie auf 15 Quadratmetern. Little Joe sitzt vor dem Fernseher und schaut sich eine amerikanische Familien-Soap an. Eigentlich hätte er heute in der Schule gewesen sein sollen, aber es ist niemand da, der ihn ermutigt, dorthin zu gehen. Als er mich sieht, lächelt er, und ich sehe sein hübsches, junges Gesicht, aber seine Augen wirken tot. Grau, leblos, leer – Hoffnungslosigkeit lese ich darin. ***Sein Leben scheint zu Ende zu sein, bevor es richtig angefangen hat.***

Little Joe lebt in einer Umgebung von Gewalt, Hunger, Arbeitslosigkeit und Angst. Seine sechs Jahre alte Schwester wurde vor seinen und den Augen seiner Eltern vergewaltigt, als vor einigen Monaten eine Gruppe von Halbstarken in ihre Behausung eingedrungen ist. Schweigen und Verdrängen von negativen Erlebnissen scheint der einzige Weg zu sein, hier zu überleben.

Ich erinnere mich jedenfalls noch genau daran, als ich nach dieser Begegnung mit Little Joe in Nigeria nach Deutschland zurückkam und in die Augen meiner beiden damals ebenfalls pubertierenden Jungs schaute. Chillen und untätig den Nachmittag nach der Schule auf dem Sofa herumhängen, was mich oft genug an meine Geduldsgrenzen brachte, kannte ich natürlich auch von unseren Jungs. Aber in ihren Augen war immer die pure Lebensenergie zu spüren und das tiefe Vertrauen, dass das Leben es gut mit ihnen meint. Little Joe dagegen hat diese Gefühle von Sorgenfreiheit und Optimismus sicherlich noch nie erlebt.

Und worüber regen wir uns im Alltag auf? Wir beklagen uns schon bei kleinsten Unannehmlichkeiten in unserem Leben, beispielsweise über das »schlechte«, regenreiche Wetter, und realisieren dabei nicht, dass uns die Macht über das Wasser in der Zukunft sicherlich noch viele blutreiche Kriege auf der Welt bescheren wird.

Mich lassen diese emotionalen Begegnungen und herzzerreißenden Erlebnisberichte nicht mehr los. Sie machen mich manchmal sprachlos, traurig und wütend zugleich. Sie machen mich aber wortstark, lassen mich meine Stimme erheben und auf die Bühne wagen!

Denn immer wieder spüre ich tiefe Demut und Dankbarkeit dafür, selbst einen positiven Start im Leben geschenkt bekommen zu haben. Womit habe ich denn mein Glück, in Sicherheit und Reichtum zu leben, verdient?

Die Begegnung mit Little Joe hat daher für mich den Stein ins Rollen gebracht, etwas zu starten, um Menschen auf ihrem Weg in ihre eigene Kraft, Stärke und Selbstständigkeit zu unterstützen. Die Idee, eine Foundation zu gründen, wurde geboren.

Denn unsere Erlebnisse und Erfahrungen von heute prägen unseren ***Charakter*** *von morgen.*

Im Gegensatz zu Little Joe bin ich wohlbehütet in einem mittelständischen Familienunternehmen aufgewachsen. Um meine tiefsten Motive und Sehnsüchte im Leben verstehen zu können, erzähle ich auch auf der Bühne gern von meinem Vater, der mich als Vollblut-Unternehmer und Visionär sehr geprägt hat. Denn schon frühzeitig hat er uns Kinder in seine Sicht auf ein positives Unternehmertum einbezogen, uns wirtschaftliche und technische Zusammenhänge erklärt und uns ermutigt, auch hier und da unangenehme Hindernisse zielstrebig aus dem Weg zu räumen. Viel zu früh saß ich dann im Jahr 2000 an seinem Sterbebett, um mich von ihm und seinem Leben zu verabschieden. Wir sprachen über sein Leben und ich fragte ihn: »Papa, was würdest du ändern, wenn du die Chance auf ein zweites Leben hättest?« Schon völlig geschwächt fiel es ihm sichtlich schwer, zu sprechen. Dennoch schien es ihm wichtig zu sein, mir diese Frage zu beantworten und mir gleichzeitig damit einen letzten, entscheidenden Rat mit auf den Weg zu geben. »Vera, ich würde mein Leben genau so noch einmal leben wollen!«

Diese Aussage, ein erfülltes Leben geführt zu haben, hat mich seit diesem Moment so berührt, dass sie auch noch heute, 20 Jahre später, enorm stark wirkt. Die Sehnsucht in mir, selbst auch einmal diese Worte im Alter aussprechen zu können, alles im Leben so getan zu haben, dass ich im Nachhinein nichts bereue und eines Tages auf ein erfülltes Leben zurückblicken kann, ist meine persönliche Lebensausrichtung.

Mit Begeisterung, Herzblut und Tun wird Unternehmertum zur Erfolgsstory.

Seit diesen kraftvollen Worten meines Vater vor vielen Jahren, seit dieser Begegnung mit Little Joe in den Townships Nigerias und den Begegnungen mit vielen unzufriedenen Menschen im Autopilot-Modus, habe ich mir zur Lebensaufgabe gemacht, Menschen und Unternehmen überall auf der Welt wachzurütteln, damit sie das Beste aus ihrem Leben und ihrem Handeln machen, nicht lethargisch ihre Zeit absitzen, sondern für ihr eigenes Leben Verantwortung übernehmen, auch wenn dazu manchmal mutige Entscheidungen notwendig sind.

Aus diesen Impulsen, der erlebten Unternehmerenergie und der jahrzehntelangen Erfahrung im Führungsteam des Lufthansa-Konzerns ist das Konzept der LIFE Safari entstanden. Die Erfolgsreise für Unternehmer und Veränderungswillige, die zwischen überwältigender Natur, außergewöhnlichen Menschen und atemberaubenden Tieren an tiefsten Sehnsüchten, größten Visionen und schönsten Veränderungsplänen für die Zukunft arbeiten.

Die Zeit ist reif für verantwortliches Unternehmertum und gesellschaftliches Umdenken mit weitreichendem Perspektivenwechsel.

Deshalb haben wir im Jahr 2020 als Familie und gemeinsam mit Freunden unsere Verantwortung gesehen und unsere Idee der Foundation in die Tat umgesetzt, sodass unser gemeinnütziger Verein »Business 4 Needs & Dreams e.V.« gegründet und ins Leben gerufen wurde. Wir verbinden aktiv Unternehmen mit konkreten Start-up-Projekten und unterstützen Menschen überall auf der Welt, ihre notwendige Lebensgrundlage aus eigenen Kräften erwirtschaften zu können und dabei gleichzeitig die Natur und Tierwelt respektvoll zu schützen. Es berührt mich, zu sehen, dass unsere Herzensthemen immer mehr Botschafter finden.

»Die Bedeutung unserer Leben liegt nicht darin, wie wir gelebt haben, sondern welche Bedeutung wir im Leben anderer hinterlassen haben.«[24]

Nelson Mandela

Afrika – nicht nur ein magischer Kontinent

Wer einmal einen Fuß auf afrikanischen Boden gesetzt und sich auf echte Beziehungen mit Menschen, Tieren und der Umwelt eingelassen hat, kann meine Gefühle und Gedanken sicherlich nachvollziehen. Über 30 Jahre berufliche, freundschaftliche und familiäre Erfahrungen auf dem afrikanischen Kontinent zu erleben, hat mein Leben beruflich und privat sehr geprägt, mich unternehmerisch stark gemacht. Was mit dem Besuch einer befreundeten Familie in Zimbabwe begann, war aus heutiger Sicht für mich wie das Legen eines Saatkorns in feuchte Erde.

Es sind die eigenen Gefühle, die hier bewusst wahrgenommen werden, unsere eigenen Spuren, die wir hier im Sand finden, und die Erkenntnisse, die hier so klar und deutlich vor uns liegen – vielleicht auch deshalb, weil der afrikanische Kontinent die Geburtsstunde der ersten menschlichen Zelle zu sein scheint. Demzufolge sind wir wieder hier, mitten in Afrika, tief in der Wildnis des Kontinents, und werden uns den Herausforderungen unserer innersten Themen stellen, um mit neuem Wissen über uns selbst, unsere Familien und Freunde, unsere Unternehmen und Mitarbeiter in Zukunft voll durchstarten zu können.

Erst wenn du dich selbst verstehst, deine Sehnsüchte und deine Denk- und Verhaltensweisen kennst, kannst du dich selbst, andere und dein Unternehmen wertvoll voranbringen.

Von der Morgensonne Afrikas wachgeküsst

Zaghaft bahnen sich die ersten Sonnenstrahlen ihren Weg durch die noch kühle Morgenluft und zaubern uns ein Lächeln ins Gesicht. Wir sind startklar, um jene kostbaren Momente zu erleben, die die Steppe in den frühen Morgenstunden zu bieten hat. Eine farbintensive und kontrastreiche Landschaft in einem Farbgemisch aus Rot und Ocker rahmen grasende Zebraherden in fast greifbarer Nähe ein. Wir hören Gnus schnauben und Vögel zirpen, während uns der Geruch nach taufrischer Erde, Tieren und Pflanzen aller Art um die Nase weht. Demütig schauen wir uns um:

Natur in schönster Vollendung. Und wir sind da – mittendrin.

Am Vorabend sind wir, die Abenteurer der LIFE Safari®, erst mit der Dämmerung in unserem kleinen Camp eingetroffen, hatten im Dunkeln mit Stirnlampen am Lagerfeuer gekocht und uns nach bewegenden Geschichten zufrieden verabschiedet. Wieder einmal war der Tag ereignisreich anders verlaufen als vorbereitet, denn hier wird uns wieder deutlich:

Das Leben und die Natur planen nicht

Starke Regenfälle hatten gestern innerhalb kürzester Zeit die Straßen unbefahrbar gemacht und unsere Fahrzeuge im tiefen Schlamm eingegraben – mitten in der Wildnis Afrikas, kein ungefährlicher Aufenthaltsort. Doch Hilfe war zum Glück nicht weit: Zusammen mit einer Gruppe von Einheimischen haben wir mit vereinten Kräften einen Weg aus dem Schlamassel gefunden. Ein großartiger Moment! Dieses Gefühl von »Gemeinsam sind wir stark« ist überall auf der Welt gleichermaßen überwältigend. Die Wirkung dessen, was gemeinschaftlich erreicht werden kann, ist nachhaltig und stärkt jeden Einzelnen als Teil des Teams. Ebenso will unsere Sehnsucht nach Freiheit, nach Abenteuern und Freude gehört und gelebt werden. In der Welt der Erwachsenen, der Unternehmer und Manager ist dafür allerdings meist nicht mehr viel Platz.

Viele von uns fühlen sich in diesen ungewissen Zeiten, in dieser sogenannten VUKA-Welt – zwischen Veränderung und Schnelligkeit überfordert. Vielleicht ist der Begriff VUKA, der sich aus den Anfangsbuchstaben von Volatilität, Unsicherheit, Komplexität und Ambivalenz zusammensetzt, noch ein wenig fremd, aber sicherlich betreffen oder berühren uns die Inhalte bereits in vielerlei Ausprägung. Denn gerade unsere aktuelle Zeit zeigt es uns jeden Tag. Unsere Leben sind von morgens bis abends durchstrukturiert. Platz für Außerplanmäßiges oder Ungewisses gibt es nicht.

Wir sind auf Abenteuer nicht mehr vorbereitet! Dabei sollten wir uns gerade als Unternehmer jeden Tag aufs Neue auf ungeplante Ereignisse einstellen können.

Mehr denn je brauchen wir in diesen Zeiten starke Leader, die mutig voranschreiten, schnelle und passgenaue Entscheidungen treffen, Situationen realistisch einschätzen und danach handeln.

Wir brauchen Frauen und Männer, die ihren und den Kompetenzen Anderer vertrauen, die in der Lage sind, echte Beziehungen zu anderen Menschen aufzubauen, sie fördern und der gemeinsamen Arbeit einen Sinn geben.

Erst dann können sich neue Handlungsspielräume eröffnen. Strategien werden dann gemeinsam mit den Mitarbeitern zu alltagstauglichen Plänen ausgearbeitet und zu wirklichen Umsetzungserfolgen geführt.

Vielleicht brauchen wir Afrika, um uns dessen (wieder neu) bewusst zu werden. Ist uns Erwachsenen, Beschäftigten, Führungskräften, Unternehmern möglicherweise die abenteuerliche Komponente unseres Lebens verloren gegangen? Wo ist unser Lachen geblieben? Wo bleibt das Abenteuer, das Spontane, das »Glücksritterhafte«, wenn mit dem Klingeln des Weckers am frühen Morgen bis zum abendlichen »Halbtot-ins-Bett-Fallen« alles wie durch einen fremdgesteuerten und viel zu selten hinterfragten Stundenplan vorgegeben wird? In einem derart durchstrukturierten und schnelllebigen Alltag, in dem kein Platz für Unvorhersehbares und Spontanes ist, droht uns, dass wir das freudvolle, spontane und lebendige Leben verlieren.

Aus diesem Grund begleiten mein Team und ich veränderungswillige Menschen auf ihrer persönlichen LIFE Safari®. Wir unterstützen andere dabei, sich wieder als richtige Business-Abenteurer zu erleben, die ihre Führungspotenziale für sich selbst und ihr Unternehmen erkennen. Sie finden die tiefe Sinnhaftigkeit in dem, was sie tun oder noch tun möchten, und erleben wieder die Freude und die Begeisterung am Unternehmertum.

> *Denn nur, wer seine eigenen Spuren kennt, selbst von diesen begeistert ist, kann auch andere begeistern, diesen Spuren in der Zukunft zu folgen.*

Wir sollten brennen für das, was wir tun. Wer Feuer und Flamme für sein Unternehmen ist, der kann auch das Feuer bei anderen entfachen, um ein Projekt mit Herzblut umzusetzen – kreativ, innovativ und abenteuerlustig. ABENTEURLUSTIG, ein so magisches Wort: Abenteuern mit Lust und voller Freude entgegenzublicken, mit Urvertrauen, dass alles gut gelingen wird. Dann kann auch der Pionier- und Abenteuergeist, der in jedem von uns seit Kindertagen schlummert, endlich wieder den Weg ans Tageslicht finden.

Was wir von den afrikanischen Kulturen und der wilden Tierwelt lernen können

Auch dieser neue verheißungsvolle Morgen, weit weg von all dem Trubel, in der geheimnisumwobenen afrikanischen Steppe sollte uns allen viel geben: außergewöhnliche Naturerlebnisse und Erfahrungen des gestrigen Tages, die tiefgreifende Erkenntnisprozesse in uns allen in Gang gesetzt haben. Ein wenig bange wurde uns schon, konnte man ihn doch scheinbar deutlich spüren, den Atem der wilden Tiere, die den Geruch von Tierkadavern erahnen lassen, und das Gebrüll der kräftigen Löwen, die mal wieder deutlich zum Besten gaben, wer hier eigentlich der Boss war. Doch war es nicht eigentlich viel gefährlicher, wenn man sich in trügerischer Sicherheit wähnte, während die übergroßen Samtpfoten längst ihre Witterung aufgenommen hatten und sich dann leise anschlichen?

Wir lassen Revue passieren, wie wir am kleinen Fluss ankommen. Leise und sehr langsam sind wir hintereinander wie im Entenmarsch in die Knie gegangen und lauern nun dort. Acht Abenteurer im Sand, kein Wort wird gesprochen, jedes Geräusch vermieden. Nach zwei Minuten hörst du keinen Atem mehr, nach zehn Minuten hocken wir immer noch dort an der gleichen Stelle, scheinbar atemlos, und warten auf etwas, das wir so noch nicht kennen. Und dann geht es los. Aus der Dunkelheit trauen sich die ersten Tiere ans Ufer des Flusses. Einzelne Zebras gehen mutig als Vorhut voran, dann folgt eine unbeschreiblich schöne Herde von ungefähr 20 Tieren mit den jüngsten Fohlen. Sie trinken und schnauben und scheinen sich immer mehr beim Trinken zu entspannen. Kilometerweit sind sie mit ihrer Gruppe gelaufen, um endlich diese Wasserstelle zu erreichen. Und dann passiert es. Plötzlich schießt ein Krokodil aus dem Wasser und greift sich eines der jüngsten Zebras, zieht es ins Wasser und schleudert es hin und her, bis das Genick gebrochen und das Leben ausgelöscht ist. Aus, Ende, vorbei!

Wir sind geschockt, dürfen unseren Gefühlen aber keinen freien Lauf lassen und schon gar nicht unser Entsetzen lautstark kundtun. Wir lernen, auszuhalten. Zu Hause würden wir das sicherlich nicht so schaffen, weil wir es nicht gewohnt sind und es nicht trainiert haben. Hier in der Wildnis müssen wir es tun, weil es unser Überleben sichert. Wir lernen innezuhalten, zu lauschen, wirklich zuzuhören, diszipliniert auf unseren erfahrenen Begleiter Jack und seine wortlose Kommunikation zu achten und zu vertrauen.

Die Zebraherde ist nun gar nicht mehr entspannt und bricht den Aufenthalt am Wasser abrupt ab. Innerhalb von Sekunden tritt eine mörderische Stille ein. Unser eigener Herzschlag beruhigt sich nur langsam wieder, bis Jack uns mit der Hand signalisiert, dass sich am anderen Ende des Wasserlaufs etwas bewegt. Ein gewaltiger Löwe tritt mit zwei Jungtieren aus dem Dickicht hervor. Majestätisch schreitet er ans Ufer. Wir sind nicht mehr als 30 Meter von ihnen entfernt mit dem Gefühl, den Atem der Löwen zu spüren, und wir sind da – mittendrin.

Manchmal denke ich mir, das ist eigentlich alles verrückt, was du hier erlebst, und dann ist es, als möchte ich all diese atemberaubenden Eindrücke aus mir herausschreien und sie mit möglichst allen Menschen teilen. Für den Moment aber teilen wir diese Eindrücke in unserem Team. Wir hinterfragen und transferieren unsere Erlebnisse in unseren unternehmerischen Alltag. Wie kann ich mit meinen Gefühlen, Ängsten, Sorgen und Ideen zukünftig besser umgehen? Wie können mir meine Erfahrungen mit den gefährlichsten Raubkatzen der Welt oder mein eigenes langsames Anpirschen ans Wasserloch für den Umgang mit meinen Mitarbeitern und liebsten Familienangehörigen dienlich sein? Wir finden gemeinsam Antworten und diese Erkenntnisse allein sind schon viel erfüllender, als man sich wünschen kann.

Diese »Lessons-Learned-Times« werden für alle unvergessliche, magische Momente, in denen sich die Augen mit Tränen der Rührung und Erkenntnis füllen und die Herzen vor Freude trommeln. Auch für mich sind dies immer wieder Momente der tiefen Dankbarkeit und gleichzeitig eine zarte Berührung mit meinem eigenen WOZU.

Denn unsere Erlebnisse und Erfahrungen von heute prägen unsere ***Zukunft*** *von morgen.*

Die LIFE Safari®s verbinden in einzigartiger Weise diese Abenteuerlust und intensive Erlebnisse mit großen Lernmomenten, um Menschen auf großartige Weise voranzubringen, wofür wir als Unternehmen auch bereits den Excellence Award 2020 erhalten haben. 30 Jahre Reise- und Führungserfahrungen im Konzern und in zahlreichen mittelständischen Unternehmen, verbunden mit den Erkenntnissen über Little Joe in den Townships haben das Konzept der »BIG 5 for Leadership« als wertvollen Leitfaden und Erfolgsfibel für Unternehmer und Führungskräfte entstehen lassen. Fünf bedeutende Führungsprinzipien, die ermöglichen, die eigene Führungs- und Entscheidungsstärke zu erhöhen und mit Freude und Begeisterung Leader von zufriedenen Mitarbeitern zu sein. Dabei lieben wir es, Altes und Bewährtes mit Respekt zu behandeln, beizubehalten und gleichzeitig Neues und Abenteuerliches zu integrieren.

Der neue Erfolgsstandard wird wunderbar in den BIG 5 for Leadership zusammengefasst, mit Leading by Adventures, Leading by Changing Perspectives, Leading by Emotional Learning Experiences, Leading by Dreams und Leading by Ubuntu.

Leading by Adventures (Führen in ungewissen Zeiten)

Jedes Abenteuer beginnt bereits mit der Entscheidung, sich auf den Weg zu machen.

Der Aspekt »Adventure« richtet sich an das Führen in ungewissen Zeiten. Der Begriff Leadership steht bei uns sowohl für unser eigenes Leben als auch für die Führung anderer Menschen. Auf unseren LIFE Safari®s sind wir unterwegs zwischen Löwen und Erdmännchen oder auch zwischen hinderlichen Glaubenssätzen und erfolgreichen Zukunftsplänen.

Ängste und Sorgen haben hier Platz, finden aber keinen Nährboden.

Wer heutzutage ein Unternehmen führt, sollte vorausschauend denken können und mental stark sein. Von Herzen gerne unterstütze ich als Business-Mentorin alle mitreisenden Unternehmer darin, sich selbst und ihr Unternehmen zu betrachten und die täglichen Stressoren kennenzulernen. Wer oder was hat uns bisher gehindert, unseren erträumten Weg zu gehen? Dabei erarbeiten wir Strategien auch immer wieder im Unternehmeraustausch unter Gleichgesinnten und finden neue, beeindruckende Lösungen für erfolgreiche Veränderungen im privaten und beruflichen Leben. Diese Unternehmer werden wieder zu Abenteurern, die wirksame Führungskompetenzen anwenden, um auch in ungewissen Zeiten Vertrauen, Mut und berechtigten Optimismus weitergeben zu können.

Alle können lernen, Schwierigkeiten erfolgreich zu meistern und effektive Lösungsstrategien zu entwickeln, auch in unvorhergesehenen Situationen.

Dabei geht es nicht darum, Lehrbücher auswendig zu lernen, sondern unmittelbar und direkt von den vielfältigen Erlebnissen, Erfahrungen und Abenteuern in der Natur zu lernen. Speziell die Wildnis Afrikas ist eine der besten Lehrmeister, da sie so viel mehr zu bieten hat als trockene Theorie. Hier findet das Leben statt – und zwar nicht nur unseres! Gemeinsam teilen wir unseren Lebensraum mit Äffchen, Zebras, Giraffen und Elefanten, aber auch mit Löwen oder Geparden. Und so fremd sie uns auch aus der Ferne erscheinen mögen, so vertraut werden sie uns, wenn wir uns nur längere Zeit mit ihnen beschäftigen, denn auch Tiere wenden Strategien an – Strategien, in denen es mitunter schlichtweg um das knallharte Überleben geht. Und diese Strategien können genial sein. Lernen wir doch von den Tieren!

Denn unsere Erlebnisse und Erfahrungen von heute prägen unser ***Überleben*** *von morgen.*

So können wir nicht nur unser strategisches Verhalten, sondern auch unseren Umgang mit Stress und Ängsten überdenken, der während der LIFE Safaris auf eindrucksvolle Art und Weise trainiert werden kann. Die Grundlagen dafür sind unsere gemeinsamen Abenteuer in einer Gegend dieser Welt, die Grenzenlosigkeit und Freiheit vermittelt und damit unglaublich viele Impulse dafür gibt, wie wir glaubhaft einen optimistischen, motivierenden und vertrauensvollen Führungsstil entwickeln und vorleben können. Dabei sind wir als sogenanntes selbstorganisiertes Team unterwegs und testen selbst, was wir von unseren Mitarbeitern in der Zukunft erwarten. Wir probieren aus, erleben, verbessern und setzen um.

Leading by Changing Perspectives (Space-Overview)

»Probleme kann man niemals mit derselben Denkweise lösen, durch die sie entstanden sind.«[25]

Albert Einstein

Changing Perspectives, also das Wechseln der Perspektive, das Hin- und Herschwenken zwischen verschiedenen Sichtweisen erweist sich als wichtige Grundlage für erfolgreiche Führungskompetenz. Als Luft- und Raumfahrtingenieurin, Wirtschaftsingenieurin, Mediatorin und langjährige Unternehmerin profitiere ich täglich davon, die Dinge dieser Welt sowohl aus der großen Spacelab-Perspektive zu betrachten als auch bei Bedarf heranzuzoomen und im Detail zu analysieren. Denn häufig macht erst die Summe dieses Zusammenwirkens das Endergebnis aus. Wir können dabei von den kleinsten Ameisenlöwen und

White Dancing Spiders genauso viel lernen wie von den empathischen Elefantenkühen, die ihre Herde auch über Durststrecken von drei Tagen erfolgreich durch die Wüste führen.

Von den Tieren lernen wir, dass auch wir stark sein können, aber auch nicht unverwundbar sind.

Gute Führung erfordert diesen Perspektivwechsel ebenso, aber wie lässt sich die Fähigkeit zum Perspektivwechsel am besten aneignen und trainieren? Indem wir uns aktiv und lebensnah mit den Perspektiven anderer auseinandersetzen. Wenn wir lernen, die Welt mit anderen Augen zu sehen, fangen wir an, andere Perspektiven, andere Menschen besser zu verstehen. In welcher Welt leben sie, mit welchen Problemen hat jeder Einzelne von ihnen zu kämpfen, was bewegt die Menschen, was treibt sie an, was hält sie ab? Es sind das gemeinsame Zusammentreffen mit Einheimischen, die gemeinsamen Gespräche, aber auch die Erlebnisse im Team, die unterschiedliche Perspektiven während unserer Reise auf diverse Themen zulassen.

Reisen und Tapetenwechsel sind wichtig und helfen uns dabei, Kontraste deutlich zu machen. Reisen hilft, demütig zu werden, Dankbarkeit zu spüren und die eigene Lebenssituation immer wieder auch aus der Satelliten-Perspektive zu betrachten. Ich sehe an unseren eigenen Kindern, die mittlerweile junge Erwachsene geworden sind, dass Reisen unser aller Leben verändert, dass sie uns andere Sichtweisen ermöglichen und unsere Weltbilder in einen größeren Zusammenhang bringen. Und daran hat sich auch nach vielen Jahren nichts verändert. Jede Reise ist einzigartig, voller Lernlandschaften und nachhaltigen Begegnungen.

Dazu fällt mir sofort die Begegnung mit Amadou 2008 in Kenia ein. Amadou hat mir und manch anderem Begleiter einfach den Kopf verdreht. Nein, nicht so, wie die meistens von uns jetzt denken würden, obwohl Amadou sicherlich bereits rein optisch eine charismatische Erscheinung ist. Er ist durchtrainiert, gutaussehend und bringt eben jenen Charme der Menschen hier in ihrer spezifischen Kultur auf ganz besondere Weise zum Ausdruck. Wir dürfen Amadou einige Tage auf seinen Wegen in der Massai Mara begleiten. Mit ihm und seiner Ziegenherde laufen wir durch einzigartige Landschaften. Ganz nebenbei erleben wir immer wieder intensive Gespräche, in denen es um mehr geht als nur die Erkundung der Tier- und Pflanzenwelt. Wir unterhalten uns im gegenseitigen großen Respekt über Werte, Weltbilder und Anschauungen. Während wir wandern, durchqueren wir kleine Dörfer und werden zum ersten Mal mit der Bedeutung der Vielehe vertraut gemacht. Wir lernen Männer kennen, die mehrere Frauen haben. Hier ist das Normalität und garantiert den Menschen sogar eine gewisse Absicherung, denn je mehr Frauen ein Mann hat, umso mehr Nutztiere kommen mit in die Ehe. Dies bedeutet, dass sich auch mehr Frauen gleichzeitig um die Feldarbeit kümmern können und jede einzelne dabei entlastet wird. Auch Amadous erste Ehefrau unterstreicht im Gespräch die Vorzüge der Vielehe. Aus ihrer Sicht gibt es sogar noch einen dritten, für sie sehr wesentlichen Grund, weshalb auch keine Eifersucht zwischen den Frauen existiert. Mit jeder neuen Frau ist sichergestellt, dass ihr Mann nicht jeden Abend nur vor ihrer eigenen Hütte steht.

Was uns im ersten Moment ein Schmunzeln auf die Lippen bringt, hat für diese Frauen eine tiefe, ernste Bedeutung, denn viele ostafrikanische Frauen sind beschnitten und verstümmelt. Sex ist für diese Frauen wohl eher eine Tortur als Freude oder Genuss. Abends am Lagerfeuer ist dieses Thema natürlich sehr präsent. Amadou und seine Frauen beschäftigen uns noch immer. Sie alle haben uns andere Blickwinkel des Betrachtens ermöglicht und dadurch unsere Köpfe weit über die üblichen Grenzen verdreht. Auch diese Gespräche hier mit all den unterschiedlichen Abenteurern, Unternehmern und Führungskräften am wärmenden Feuer haben jeden von uns bereichert, unsere Einstellungen, ja, unsere Haltungen verändert und die Lebensweise dieser uns vorher fremden Kultur nähergebracht. Uns allen wird klar, wie engstirnig und festgefahren wir im Allgemeinen, geprägt von unseren moralischen Ansichten und Wertesystemen, denken. Sicherlich urteilen wir dadurch auch häufig voreilig über fremde Lebensweisen anderer Kulturkreise. Und Monika, eine unserer mitreisenden Unternehmerinnen, bringt es zur späten Stunde noch auf den Punkt: »Amadou, bleib so, wie du bist. Ich lerne langsam, dass sich erst, wenn ich mich ändere, auch mein Leben und mein Business verändern kann.« Solche Abende sollten niemals enden.

Bei mir selbst haben diese Erkenntnisse die größten Mindset-Veränderungen in meinem Leben ausgelöst. Dadurch habe ich mich intensiv mit wertebasierter

Unternehmensführung auseinandergesetzt und sie haben mich später als Dozentin für interkulturelle Kompetenz geprägt. Noch heute erinnert mich diese wertvolle Erfahrung der Massai daran, bei großen Veränderungsthemen in Unternehmen, bei der Entwicklung von Menschen und für mein eigenes Leben eine Satellitenperspektive neben vielen anderen Perspektiven einzunehmen und erst danach ein Statement zur Lage oder eine Beurteilung zum gefragten Thema abzugeben.

Denn unsere Erlebnisse und Erfahrungen von heute prägen unser ***Zusammenleben*** *von morgen.*

Leading by Emotional Learning Experiences (Nachhaltiges Lernen)

Mit meiner Lieblingsfrage gehen wir durch die Welt. »Was kann ich von dir lernen?« – von Menschen, fremden Kulturen, aber auch von der Natur und besonders von der Tierwelt Afrikas. Wir verbringen Zeit mit unterschiedlichen Kulturkreisen, tauschen uns mit den Bushmen, den Himba oder den San aus und studieren das Verhalten der Tiere. Wir lernen jeden Tag, beispielsweise, dass eine Elefantenherde nur einem weisen und empathischen Elefanten folgt; sich gewissermaßen diejenige Elefantenkuh aussucht, die ihnen am erfahrensten und empathischsten erscheint, und ihr dann sehr bereitwillig durch reiche Vegetation, aber auch durch Dürregebiete folgt.

Wären wir nicht auch viel bessere Führungskräfte, wenn uns unsere Mitarbeiter nicht nur aus dem Anspruch, den unsere Position mit sich bringt, folgen würden? Wie wäre es, wenn sie es stattdessen aus Überzeugung tun, weil wir ihnen als geeignete Leader erscheinen?

Außergewöhnliche Erlebnisse bleiben in unserer Erinnerung verankert, brennen sich ein und können in den geeigneten Situationen immer wieder abgerufen und für die eigene Vorgehens- und Handlungsweise nachhaltig genutzt werden. Unsere eigenen langjährigen Erfahrungen sind nun auch durch wissenschaftliche Studien belegt worden:

Über emotionales Lernen gelingt es uns, neue Impulse und Erkenntnisse dauerhaft und in Rekordzeit für die Ewigkeit abzurufen.

Auf unseren Touren lernen wir, wie wir als Kinder gelernt haben: mit allen Sinnen! Anfassen, begreifen, schmecken und erleben, um die atemberaubenden Gänsehaut-Erfahrungen über den ganzen Körper und alle Sinne intensiv abspeichern zu können. Wir sind mittendrin im einzigartigen emotionalen Lernprozess, für den es keinen Stift und Block braucht, um sich an diese Learnings ein Leben lang zu erinnern.

Leading by Dreams (Träume, Sinn und Begeisterung)

Während unserer Reisen und Touren zoomen wir tief in den Ursprung der Menschheit, der sich aus heutigen wissenschaftlichen Erkenntnissen auf dem Kontinent Afrika befindet. Hier verbinden wir das »Wozu« mit dem »Wie« und finden unsere Antworten auf persönliche Fragen nach Sinn und der eigenen Existenzberechtigung.

Wir betrachten unsere eigenen, bereits hinterlassenen Spuren und beschäftigen uns mit unseren Wünschen und Sehnsüchten, um zukünftig gezielt bewusste Abdrücke zu setzen. Diese berührenden, emotionalen Erlebnisse mit uns selbst bewirken, dass auch wir unsere Mitarbeiter über ihre Träume, Ziele und Wünsche intrinsisch motiviert führen lernen. Ein bedeutungsvolles, einzigartiges Ergebnis.

Matt beispielsweise habe ich im letzten Jahr auf einer Zitrusplantage im Norden Südafrikas kennengelernt. Matt hat in seinem noch jungen Leben Schlimmes erfahren. Gewalt, Vergewaltigung, Drogenabhängigkeit schon mit acht Jahren und ein Leben auf der Straße. Seine Geschichte erzählt er ruhig und bedächtig beim kleinen Imbiss im Schatten eines riesigen Olivenbaumes. Hier auf der Farm hat er zum ersten Mal ein Zuhause gefunden. Mehr als zwei Autostunden von irgendeiner größeren Ansiedlung oder Stadt entfernt wird Führung erfolgreich anhand von persönlichen Träumen praktiziert.

Die eigenen Sehnsüchte und Träume im Leben zu verwirklichen ist ein starker intrinsischer Motivator, der keinen Fremdimpuls benötigt. Die Frage: »Wie kann ich meine Mitarbeiter motivieren?« entfällt somit völlig. Stattdessen begleitet die Führungsmannschaft hier ihre Mitarbeiter auf ihrem individuellen Weg zur Erfüllung der persönlichen Träume und Ziele.

Matts Traum ist es beispielsweise, Fotograf zu werden. Jetzt konnte er sich, mit seiner Arbeit auf der Farm und zusätzlichem engagiertem Einbringen in die Farm-Community, eine Kamera erarbeiten. Sichtlich stolz zeigt er mir sein wertvolles Objekt. Heute hat sein Arbeitgeber ihn sogar von seiner regulären Arbeit freigestellt, um unser Treffen und das Leben der Community von mittlerweile 180 Personen auf der Farm, samt ihrer Familien, fotografisch festzuhalten. Das ist wirkliches *Leading by Dreams*. Ich bin mir sicher, dass wir eines Tages gebannt vor Matts Fotografien stehen werden, da sie uns neue Erkenntnisse anhand seiner persönlichen Betrachtung der Welt ermöglichen.

Wir brauchen mehr solcher Führungskräfte in den Unternehmen, die echte Beziehungen mit Menschen aufbauen können, sie fördern und der gemeinsamen Arbeit und ihrem TUN einen Sinn geben. Erfolgreiche Führungskräfte unterstützen Mitarbeiter auf ihrem Weg, sich in ihrer Persönlichkeit zu entwickeln. Gleichzeitig wird die Eigenverantwortung jedes Einzelnen gefördert, damit er aus eigener Kraft jeden Tag für die Realisierung seiner Träume aufstehen und irgendwann auch vollständig auf eigenen wirtschaftlichen Füßen in seiner Selbstständigkeit stehen kann.

So häufig werde ich als Businessmentorin und Unternehmerin gefragt, welche Methode die effektivste sei, um Mitarbeiter zu motivieren. Meine Antwort lautet seit vielen Jahren: »Sie können Ihre Mitarbeiter nicht langfristig motivieren! Begleiten Sie sie stattdessen auf dem Weg, ihre Sehnsüchte im Leben zu entdecken und ihre Träume zu verwirklichen!« Es wird Zeit, die veralteten Methoden beiseitezuschieben. Wir können andere nicht motivieren, wenn sie nicht selbst ihren eigenen Antrieb spüren. Den eigenen Sehnsüchten zu folgen und die eigenen Träume im Leben zu verwirklichen sind starke Faktoren, die keinen Anstoß von außen benötigen, um gelebt zu werden. Deshalb sollten wir unsere Mitarbeiter dabei unterstützen, herauszufinden, welchen Anteil und Wert ihre derzeitige Aufgabe im Unternehmen für das Erreichen der persönlichen Ziele hat. Welche nächsten Entwicklungsschritte sind für den Weg dorthin wertvoll und wichtig?

Werden wir zum Wertemanager und Sinnentwickler, gemeinsam mit unseren Mitarbeitern. Doch zuvor fragen wir uns doch einfach selbst, wovon wir im Leben begeistert sind. Was sind unsere Träume, die wir realisieren möchten? Denn nur, wenn wir selbst begeistert sind von unseren Mitarbeitern, unseren Unternehmen, unseren Träumen, können wir andere davon begeistern, uns zu begleiten – ganz mühelos und leicht.

Leading by UBUNTU (Ein Mensch wird Mensch durch andere Menschen)

Einer Erzählung nach soll ein europäischer Forscher vor vielen Jahren hungrigen Kindern eines Stammes einen Korb mit süßen Früchten angeboten haben mit dem Aufruf: »Wer zuerst am Korb ankommt, gewinnt den ganzen Korb voller Obst!« Nachdem er das Startsignal gab, nahmen sich alle Kinder an den Händen und liefen miteinander verbunden los zum Ziel, setzten sich zusammen hin und genossen gemeinsam ihren Gewinn und die leckeren Früchte.

Auf seine Frage, warum denn nicht jeder allein für sich gelaufen sei, wo doch jeder die Chance gehabt hätte, alles allein zu gewinnen, erklärten die Kinder: »UBUNTU – wie kann einer von uns glücklich sein, wenn all die anderen traurig sind?«

UBUNTU, dieses WORT in der ZULU- und Xhosa-Sprache bedeutet mehr als ein »WIR«. Es beschreibt eine Haltung, eine Lebensphilosophie und die Weitsicht, eine Gemeinschaft mit Sinn, Verstand und gemeinsamen Werten voranzubringen. Dabei wird das große Ganze betrachtet und das Bewusstsein jedes Einzelnen gestärkt, sich selbst als Teil des Ganzen zu verstehen – sich einzeln wertvoll zu fühlen, aber gleichzeitig zu erkennen, als Gemeinschaft noch Größeres bewirken zu können.[26]

Und genau diese UBUNTU-Haltung sollten wir auf unser Business übertragen, Mitarbeiter miteinbeziehen, ihnen Sinn geben und jeden Einzelnen individuell stärken. Erfolgreiche Führungskräfte agieren als charismatische Begleiter auf dem Weg zum gemeinsamen Ziel. Wenn wir diese Philosophie von UBUNTU verinnerlichen und begreifen, werden die Spuren, die wir hinterlassen, tief und beständig sein. Doch was noch entscheidender ist, sie werden wegweisend sein für die Leader unserer Zukunft.

Diese Erkenntnisse nach jeder Reise sind nicht nur für mich lebensverändernd. Wir kommen heran an unseren Kern, unsere Kraftquellen und inneren Motivatoren, die uns wieder für den Alltag stark machen. Wir haben gelernt, unser Herz mit der Welt tief zu verbinden. Jetzt haben wir die Chance, unserem Leben eine Bedeutung zu geben, auch für andere. Ich durfte auch lernen, wenn wir Menschen uns gegenseitig mit dem Herzen berühren und unvergesslich machen, können unendlich viele Potenziale und wertvolle, große Projekte zusammengebracht werden. Dabei können wir so viel voneinander lernen, für lebensverändernde Projekte auf allen Kontinenten. Aber nicht aus Mitleid, sondern aus Freude am gemeinsamen Erschaffen, am Lernen und an der inneren Bereicherung. Und dabei erhalten wir viel mehr, als wir jemals zurückgeben können.

Unsere Herzensberührungen überall auf der Welt machen einen Unterschied, ganz besonders in Zeiten wie diesen, in denen räumliche Distanz gefordert und menschliche Nähe notwendig ist. Auch diese UBUNTU-Einstellung kann uns gerade jetzt, in diesen wilden Zeiten, den wichtigen Weitblick geben und unsere Gesellschaft positiv verändern. Verantwortung zu übernehmen für die Gemeinschaft sichert somit das Überleben für alle, nicht nur in der Wildnis.

Unsere Erlebnisse und Erfahrungen tragen wir immer weiter – auf allen Seiten, in alle Kulturen und in die Herzen unserer Kinder, denn das wird auch für sie der neue Erfolgsstandard sein.

Denn unsere Erlebnisse und Erfahrungen von heute prägen unsere ***erfolgreichen Leader*** *von morgen.*

Und wie ist das Abenteuer der Gepardin dann weitergegangen?

Immer wieder erlebe ich das mit meinen/unseren Kunden: »Das Abenteuer beginnt bereits mit der Entscheidung, aufzubrechen«, und genauso ist das bei mir passiert. Seit meinem Entschluss, auf die große Bühne zu gehen, mich mutig zu zeigen und meine Botschaften zu den Menschen und nach außen zu tragen, hat sich so viel bei mir bewegt und in meinem Unternehmen verändert!

Der größte Wandel hat sich dabei aber in meinem Kopf abgespielt, in meiner Haltung zu mir selbst, in anderen Dimensionen zu denken und mit meinem Team gemeinsam kreativ zu sein. Denn wir können es nicht häufig genug hervorheben, dass in jedem von uns etwas Wildes steckt, das raus und sich entdecken möchte, mal auf der Bühne, mal in der Wildnis. Wo diese Wildnis liegt oder wo diese Bühnen stehen, entscheiden wir selbst. Denn auch ein Onlineseminar schafft uns eine

Bühne, ebenso das Gespräch beim Bäcker oder die Weihnachtsrede vor Tausenden von Mitarbeitern oder Aktionären.

Die Geschehnisse rund um die »Bühne Volkstheater« und der große Auftritt vor einem grandiosen Publikum haben mich wachsen lassen und mich vieles gelehrt. Die Gepardin in mir ist danach erst so richtig losgestartet, war vielleicht noch nicht immer auf den Punkt fit und hat mehrere Anläufe bei ihrer Beute gebraucht, aber nach wenigen Wochen hat sie ihren Lauf gefunden. Sie lässt sich bis heute nicht mehr stoppen und ist hungrig nach mehr.

Obwohl es in den vergangenen Monaten zu vielen ungeplanten Ereignissen kam und auch wir als Unternehmen feststellen mussten, dass sämtliche Bühnenauftritte, Präsenzworkshops und Interviewtermine et cetera verschoben wurden, haben wir beschlossen, uns nicht stoppen zu lassen und damit den Durchbruch geschafft. Selbst in diesen wilden Zeiten konnten wir unsere Kompetenzen als erfahrene Abenteurer zeigen und mit allen notwendigen Sicherheitsvorkehrungen selbst den afrikanischen Kontinent schon im Januar 2021 bereisen und die LIFE Safari mit erfolgreichen Unternehmern und von einem Filmteam begleitet durchführen.

Auch dieses Mal konnten wir wieder etwas ganz Wesentliches von der Wildnis lernen: Die Natur plant nicht.

Das Leben ist ein Abenteuer und es ist unsere Verantwortung als Unternehmer, uns jeden Tag aufs Neue auf ungeplante Ereignisse einstellen zu können und lösungsorientiert nach vorne zu schauen.

ÜBER VERA PETERS

Vera Peters ist Unternehmerin, Botschafterin, Speakerin und TOP-Business-Expertin. Sie ist die Frau, die den Durchblick im Business-Dschungel hat. Als diplomierte Ingenieurin für Luft- und Raumfahrttechnik nimmt sie Führungskräfte mit auf einzigartige LIFE Safari®s. Dort verbindet sie geschickt das Abenteuer mit großen Lernmomenten. Sie sprüht voller Kreativität, irritiert, weckt auf. Als Geschäftsführerin von BusinessArt hat sie über 1000 Unternehmer unterstützt, die eigene Entscheidungsstärke zu erhöhen und wieder mit Freude und Begeisterung ihr Unternehmen zum Erfolg zu führen.

Vera Peters über Timo Simon

Mein ganzes Leben erlebe ich seit meiner ersten Sekunde als ein wundervolles Abenteuer. Nicht nur, dass ich sehr wertvolle, außergewöhnliche und inspirierende Menschen auf meinen unterschiedlichen Touren durchs Leben, privat und im Business, kennenlernen durfte, sondern ich erinnere mich dankbar an intensive Begegnungen mit tiefgreifenden Gesprächen, die wahrlich markante Spuren für Herz und Verstand hinterlassen haben. Eine ganz besondere Persönlichkeit ist Timo Simon, der als Herzensmensch nicht nur eine außergewöhnliche Wahrnehmungskompetenz für Menschen und emotionale Geschehnisse besitzt, sondern die Zusammenführung der Erkenntnisse daraus in neuartige wirtschaftliche und gesellschaftliche Zusammenhänge bringt. Als ehemaliger erfolgreicher Wirtschaftsinformatiker sowie Strategie- und Softwareentwickler lebt Timo nun seine Passion und inspiriert Menschen in seinen Mentorings dazu, Überblick, Leichtigkeit, Klarheit und Struktur in scheinbar verwirrte emotionale »Angelegenheiten« und Lebenssituationen zu bringen und dadurch ihr Herzensbusiness zu leben.

Außerdem ist Timo Simon Gründer von GOOD VIBES, einem Netzwerk von Menschen voller inspirierender Energie, denen er einen Raum für authentische Begegnungen eröffnet, sowohl als Community als auch über verschiedenste LIVE-Formate als Weiterbildungs- und Motivationsplattform mit Events für den privaten und Businesskontext. Als ich 2020 selbst in München und Berlin Teil der GOOD VIBES Speaker-Community sein durfte, konnte ich die besondere Stimmung direkt spüren. Ein einzigartiges Erlebnis zwischen Wohnzimmeratmosphäre und Experten-Talk-Runde auf Augenhöhe.

Kapitel 5

TIMO SIMON

WAS STOPPSCHILDER MIT DER BÜHNE ZU TUN HABEN?

Mit meiner Geschichte möchte ich dazu inspirieren, Leben zu erkennen beziehungsweise Entscheidungen zu treffen, Ihre Bühne zu finden – wo auch immer das sein mag.

Mein Name ist Timo Simon, heute bin ich 40 Jahre jung und lebe in München. In der Vergangenheit baute ich 15 Jahre erfolgreich ein Business im digitalen Bereich auf. Ich schaffte es, Produkte zu entwickeln, die mehr als 160 000 User nutzen. Zur damaligen Zeit wurden diese mit SAP bis ins Silicon Valley getragen. War das alles an Erfolg oder habe ich etwas vergessen? Ja! Mich, und zwar meinen innersten Kern. Diesen zu vergessen, hat mich damals über zehn Jahre psychisch krank gemacht und zu Angststörungen, Kontrollzwängen, Depressionen und vielen weiteren psychosomatischen Symptomen geführt. Für mich war damals Erfolg über das Äußere definiert, wie zum Beispiel Geld, Macht, materielle Dinge, und wenig über das »Innere«. Heute habe ich für mich eine durchweg positive Haltung gewonnen, da ich weiß, dass das Leben immer für mich da ist. Wenn du dagegen handelst, dann reagiert das Leben mit Zeichen. Ignorieren wir diese Zeichen, dann erhalten wir zwar noch einige Chancen, doch irgendwann folgt das STOPPschild. Mein STOPPschild bestand darin, dass mein Leben nicht »stimmig« war. Also fing ich an, Dinge zu verändern. Heute beschäftige ich mich seit mehr als zehn Jahren mit Persönlichkeitsentwicklung, dem Unterbewusstsein und dem Herzen.

In diesem Kapitel möchte ich mit Ihnen meine Erfahrung teilen und persönliche Learnings einfach und klar mitteilen. Schließlich geht es um das Rampenlicht. Übrigens ist Rampenlicht in meiner Sprache das Licht, das Menschen strahlen lässt, und das ist aus meiner Sicht dann möglich, wenn wir von »innen« nach »außen« strahlen. Ansonsten imitieren wir eine Hülle, die im Inneren nicht stimmig ist. Dazu später mehr.

Wie schaffte ich es also, Produkte ins Rampenlicht zu bringen?

Folgendes stellte ich fest:

1. Als Jugendlicher habe ich bereits Software entwickelt und festgestellt, dass Dinge entstehen, wenn der »innere« Antrieb stimmt, Willenskraft vorhanden ist und Sie einem großen Bild folgen. Vor allem dann, wenn Sie meiner Erkenntnis nach »dienen« und wenn Leidenschaft und Herz dabei sind.
2. Ein gutes Produkt hat »immer« mit den Menschen und somit direkt mit der Energie und der Intention dahinter zu tun.
3. Produkte sollten mit direkter Einbindung von Kunden entwickelt werden und schon von Anfang an den »Wert« des Produktes repräsentieren.
4. Die besten Produkte sind Kombinationen von bereits existierenden Dingen.
5. Kreativität sowie Ausdruck und damit eine gute Atmosphäre für das Erschaffen von neuen Produkten sind essenziell.
6. Ihre Ausstrahlung und vor allem Glaubenssätze, die meistens in der Kindheit entstanden sind, können dem Erfolg eines Produktes entgegenstehen.
7. Seien Sie anders und »imitieren« Sie keine Menschen, Firmen, Produkte. Beobachten Sie sich selbst, wie Sie über das eigene Produkt reden.

Am Ende geht es um Energie, Begeisterung, Authentizität und Qualität, damit der Kunde Ihnen intuitiv vertraut. Ich bin davon überzeugt, dass das alles immer von »innen« nach »außen« entsteht.

Von innen nach außen leben

Warum entstehen in unserer Welt die meisten Dinge nicht von »innen«, sondern erst im »Außen«? Und wie habe ich das erlebt?

In den letzten 15 Jahren meines Lebens, vor dem LIFEfest von Greator in München, habe ich mich stark über die äußeren Werte definiert. Dadurch war ich zwar im »Äußeren« erfolgreich; habe jedoch innerlich meinem Körper, meinen Emotionen und meinen Gefühlen kaum Raum gegeben und sie auch nicht ernst genommen. In meinen Gedanken glaubte ich regelmäßig Sätzen wie »Du musst funktionieren«, »Du darfst nicht schwach sein« und was sich unser Verstand sonst so alles ausdenkt. Vielleicht kennen Sie das? Heute weiß ich, dass wir aufhören dürfen, einzelnen Symptomen hinterherzurennen, für die es in unserer westlichen Welt meist ein Wort gibt. Denn wenn wir Dinge mit Worten benennen, setzt eine gewisse Zufriedenheit ein. Nach über zehn Jahren Angststörung und vielen weiteren lebenseinschränkenden Symptomen begann ich, dem Leben immer mehr Verantwortung zu schenken. Ich zeigte, dass ich es ernst meine. Als ich das erste Mal damit anfing, meiner Angst entgegenzugehen, sie zu akzeptieren und anschließend zu transformieren, begann mein eigenes Rampenlicht langsam von »innen« zu strahlen. Allein im deutschsprachigen Raum gibt es mehr als 14 Millionen Menschen, die unter Angsterkrankungen[27] leiden und selten darüber sprechen beziehungsweise keinen Weg wissen, wie man sich diesem Thema stellt. Einen Hinweis dazu habe ich früh erhalten: Es ist meist ein Zeichen unserer Seele. Das Leben ist immer für uns. Es ist auch ein Zeichen, dieses dankend anzunehmen und nicht dagegen zu sein. Denn immer, wenn Sie gegen etwas sind, dann richten Sie ja auch zum Teil gegen sich selbst. Dadurch wäre »innen« ungleich »außen«.

Einer meiner ersten Wendepunkte war es, anzuerkennen, dass wir Menschen alles in unserer Hand haben, wenn wir es zulassen. Und vor allem, dass unser Unterbewusstsein den größten Anteil an unserer Realität hat. Zahlreiche Studien besagen, dass das Unterbewusstsein bei den meisten Menschen einen Anteil von ca. 90 Prozent hat und wir lediglich 10 Prozent bewusst wahrnehmen. Da wurde mir klar, wenn ich also die Anteile in meinem Unterbewusstsein anschaue und Verantwortung übernehme, kann ich auch die unbewussten Anteile lösen und dadurch meine Angst transformieren.

Wenn ich das heute beschreiben darf, dann erinnere ich mich noch an den ersten Moment, als ich anfing, mich mit Meditation zu beschäftigen. Meditation war für mich immer ein »No-Go«. Alles »Esoquatsch«. Das braucht kein Mensch, dachte ich. Vor allem fragte ich mich, ob das Ganze überhaupt Sinn machte. Nun gut, wenn du anfängst, deinen Gedanken mehr zu glauben als dir selbst, dann macht es Sinn, sich mit diesen Tools vielleicht doch zu beschäftigen, die Gedanken zu hinterfragen und zu kontrollieren. So bin ich letzten Endes doch zur Meditation gekommen. Damals konnte ich gerade mal zwei Minuten ruhig sitzen. Heute meditiere ich mehre Stunden und möchte es nicht mehr missen. Durch Meditation und Achtsamkeit durfte ich mir meiner unbewussten Muster »bewusster« werden. Ich wurde gelassener, innerlich ruhiger und habe dadurch angefangen, mein

Bewusstsein zu erhöhen. Wenn wir anfangen, das Bewusstsein zu erhöhen, dann minimieren wir den unbewussten Anteil und können dadurch gelassener und reflektierter auf Situationen und unsere Realität schauen. Für mich war und ist Meditation der Schlüssel für einen Teil der Genesung, und vor allem begriff ich, dass durch Gedanken Realität erschaffen wird. Dadurch wurde mir klar, dass Krankheit immer »Sinn« ergibt, und wer dagegen handelt, handelt immer auch gegen sich selbst. Der Wandel passierte bei mir, indem ich die Krankheit »annahm« und die Zeichen dahinter verstand.

Wie schaffte ich es also, mich durch meine psychischen Erkrankungen wieder in das eigene Rampenlicht zu stellen?

1. Jedes Symptom enthält eine Botschaft für dich, die, wenn man sie erkennt und akzeptiert, ihre Bedeutung verlieren kann und dadurch geht.
2. Neurowissenschaften und zum Beispiel den Arbeiten von Joe Dispenza schenkte ich große Bedeutung. Das war für mich einer der Schlüssel, wie ich über die Wissenschaft einen Zugang zur Spiritualität bekam, und dass wir eben nicht unserem Schicksal »ausgeliefert« sind.
3. Meditation ist extrem wichtig, um im »Inneren« und damit direktem »Äußeren« Erfolg zu haben.
4. Ich begann, meine Gedanken zu akzeptieren, schenkte ihnen aber weniger Bedeutung.
5. Die innere Stimme hat »immer« recht. Daher akzeptierte ich sie und kündigte meinen »sicheren«, hochbezahlten Job im Management.
6. Ich schenkte meinen Emotionen sowie meinem Körper Aufmerksamkeit und kümmerte mich um beides.
7. Ich verstand, dass es tief in uns etwas gibt, das wir nicht über unseren Verstand begreifen können und das somit auch für mich als damaliger »Kopfmensch« nicht zu verstehen war.
8. Unser Unterbewusstsein ist in unserer Gesellschaft sehr unterschätzt. Sich damit zu beschäftigen ist Gold wert und, wenn es der Zufall so will, dann zeigt uns das Leben immer wieder Situationen, in denen sich alte Verhaltensmuster wiederholen, aufgedeckt werden und dann gelöst werden möchten.

Zu Besuch beim Greator LIFEfest und die Verbindung zur Spontanität

Es war der 22. Juni 2019 und ich hatte mich entschieden, selbst ins Rampenlicht zu treten. Mein Leben hatte sich durch die Persönlichkeitsentfaltung bereits seit vielen Jahren positiv verändert. Viele der jahrelangen Symptome verschwanden durch Entscheidungen, Energiearbeit, Arbeit mit dem Unterbewusstsein und Veränderungen in meinem Leben. Ich hatte es mir zur Aufgabe gemacht, nun ein Leben von »innen« nach meinen eigenen Werten und Vorstellungen zu leben.

Durch das Internet erfuhr ich davon, dass Greator, von denen ich schon seit Längerem ein Fan war, ein riesengroßes Festival veranstalteten. Da ich ein gutes Gefühl hatte und vor allem, da ich es liebte, täglich Inspirationen für ein Leben in Freiheit und Selbstverantwortung zu konsumieren, buchte ich ein Ticket für dieses Event. Parallel organisierte ich ein Yoga-Event, das am Tag danach stattfinden sollte. Ich dachte mir, ich erwische vielleicht in der relevanten Zielgruppe noch den ein oder anderen Kunden. Es war für mich das erste Mal, dass ich auf ein so großes Persönlichkeitsfestival ging. Ich war total neugierig, was da so alles passiert. Mich interessierten vor allem Dieter Lange, Laura Malina Seiler und Tobias Beck, da ich von diesen viel gelernt und mitgenommen hatte. Am Tag des Events regnete es und es war nicht wirklich gutes Wetter, um mit guter Stimmung in ein tolles Event zu starten. Dort angekommen, war ich sehr überrascht. Es waren mehrere Tausend Menschen auf dem Event in der Olympiahalle und alle fieberten auf ihre »Stars« hin. Mittlerweile ist der Bereich der Persönlichkeitsentwicklung eine »boomende« Branche, die sicherlich in Deutschland sehr stark durch die Bühne von Greator geprägt worden ist. Die Vorträge und Impulse begeisterten mich und ich war beeindruckt von der Größe der Bühne. Auch darüber, wie dort emotional geschickt über Themen aus den Bereichen Beziehung, Finanzen, Sinn, Spiritualität und Business gesprochen wurde. Da ja alles Energie ist, das uns umgibt, kann ich sagen, dass ich mehr als begeistert war und innerlich zu mir sagte: »Auf dieser Bühne will ich auch mal stehen.« Auf dieser Bühne willst DU stehen, Timo – ähm, ist hier das Ego?

Das Ego – was ist das? Ich stellte mir damals diese Frage, da ich ja beschlossen hatte, nur noch von »innen« nach »außen« zu leben, ob ich das wirklich will.

Und es war für mich eher unklar, aber im Zuge dieser »emotionalen« Stimmung fühlte ich mich berufen, wie einer dieser tollen Speaker-Menschen zu begeistern, und zwar zu dem, was ich in den letzten Jahren zu Bewusstsein und Spiritualität gelernt hatte. Ich sollte der nächste Tobias Beck sein! Kennen Sie das? Sie sagen etwas und dann passiert es? Und so war es. Das Event war vorbei und ich traf noch eine damalige Freundin. Wir gingen gemeinsam zum Ausgang des Events und da stand jemand von Greator und sagte – »Hey – hast du Lust, dich kurz über uns zu informieren?« und mein Verstand sagte: »Ähm, ich?« »Ja, du.« Okay, und dann sprachen wir und tauschten uns aus. Eines merkte ich im Gespräch sofort, es gefiel mir sehr, wie hier von Erfolg und dem, was du auf der Bühne im Rampenlicht machen kannst, gesprochen wurde. Da war es wieder, das Wort: »Rampenlicht«. Und da ja Zufall von »zufallen« kommt, kam jetzt die Frage zum Speaker-Programm auf. »Das Programm beginnt bereits – aber wenn du dich jetzt noch per Video bewirbst, hast du vielleicht die Chance, doch noch aufgenommen zu werden«. »Ähm, ich – als Speaker auf so eine Bühne – JUHU …« Gesagt, getan, da ich in meinem Leben immer spontan aus dem Moment gehandelt habe, erstellte ich ein Video live auf dem LIFEfest, zu meiner Geschichte und dem, was ich bis jetzt über das Leben gelernt habe, emotional und vor allem authentisch zusammengefasst. Die junge Dame war begeistert und sagte mir, dass sie noch versuchen werden, das Video zu berücksichtigen und mir die Tage Bescheid geben werden. Ich war immer noch perplex – wie kann das sein, du sendest einen Wunsch aus, dann triffst du sofort auf eine Möglichkeit und du handelst dann auch danach. Das klingt wie nach einem Kochrezept für Erfolg.

Es könnte lauten:

Nutze die Möglichkeiten deines Traumes beziehungsweise deiner Gedanken oder der Intention, die du aussendest, und verfolge sie. Dadurch, dass du sofort aus dem Moment heraus die Potenziale nutzt, sie fühlst und danach handelst, werden sie wahr. In jedem Moment besteht die Möglichkeit, sich die Frage zu stellen, warum treffe ich genau auf diese Situation oder genau auf diesen Menschen? Und vor allem, was hat es mit meinem Leben zu tun?

Total begeistert und immer noch sprachlos darüber, dass ich sofort gehandelt, das Video erstellt und versendet habe, verließ ich das LIFEfest »happy« und voller »GOOD VIBES«. Ich hatte zwar keinen Neukunden für mein am nächsten Tag stattfindendes Yoga-Event gewinnen können, aber dafür eine Möglichkeit, um in Zukunft als »großer« möglicher Speaker-Star in Köln bei GEDANKENtanken auf der Bühne zu stehen. Auf dem Rückweg traf ich noch zwei Besucher des LIFEfests, die dann auch noch nach meinem Yoga-Event fragten und mir versprachen, am nächsten Tag dort zu sein – sie kamen nicht. Sie nutzten wohl die Potenziale und Möglichkeiten, die sie dort hätten bekommen können, anders und entschieden sich, einen anderen Weg zu gehen – auch okay.

Im Bett träumte ich vom großen Erfolg und sah mich schon auf einer Bühne mit Tobias Beck und Laura Malina Seiler stehen. Wenn ich eines in letzter Zeit gelernt habe, dann sind es Träume, die uns zu Kindern werden und uns dann aus dem Moment heraus Neues erschließen lassen.

Ich bin der Meinung, wir dürfen gerne wieder anfangen, zu träumen, sofern wir es nicht eh schon machen, aus einer kindlichen Haltung heraus neue Dinge ausprobieren und vor allem Spaß an dem zu haben, was das Leben zu bieten hat.

Was dürfen Sie sich erlauben, um auf einer großen Bühne zu stehen und dort ins Rampenlicht zu treten?

1. Handeln Sie aus dem Moment heraus, nehmen Sie jede Möglichkeit als Geschenk an und hören Sie auf Ihr Gefühl.
2. Erlauben Sie dem Zufall, sein Potenzial zu entfalten.
3. »Zerdenken« Sie nicht das Leben, es gibt immer mehrere Wege.
4. Rampenlicht darf entstehen, wenn wir Gedanken auf dem Weg folgen und sie durch die Kraft unserer Emotionen zum »Leuchten« bringen.
5. Umgeben Sie sich mit Momenten, die Sie Ihrer eigenen Bühne näherbringen.
6. Schaffen Sie sich Ihre eigene Bühne von »innen«, egal wo es ist. Vielleicht bauen Sie sie ab und bauen sie woanders wieder auf, ganz egal – Sie machen es und das zählt!

Die Nachricht

Tage vergingen und ich war immer noch happy, dass ich meine Bewerbung für die Speaker-Bühne bei Greator und das Programm abgegeben hatte. Ich schaute immer wieder auf mein Handy. Die nette Dame vom Greator-Team hatte mir versprochen, sich umgehend zu melden. Da der offizielle Bewerbungsprozess schon vorbei war, musste das Video durch zwei interne Runden. Das Programm hieß »THE KEY – der Schlüssel für deinen Erfolg« und enthielt mehrere vorbereitende Bausteine, wie Positionierung, Storytelling und zwei Workshops vor Ort mit den wundervollen Menschen Christian Gaertner und Frank Asmus, bevor es dann auf die Bühne gehen sollte.

Am 23.06. um 16:04 Uhr kam der erwünschte Anruf mit einer netten Stimme, die mir die freundliche Nachricht überbrachte. Ich war dabei, und wenn ich jetzt sofort alles einrichten konnte, dann stehe ich in Köln zu Beginn des Jahres auf der »großen« Bühne. Originaltext aus der Bestätigungsmail: »… Deine Spontanität, Entschlossenheit und deine Ausstrahlung wurden besonders hervorgehoben und waren die ausschlaggebenden Kriterien für die Zusage.«

Ich war begeistert und innerlich mehr als happy. Ich wünschte mir mehr denn je, meine Geschichte und das, was ich erlebt hatte, mit der Welt zu teilen. Es war ein fünfstelliges Investment in meine Zukunft als Speaker und in mich. Aus meiner Erfahrung der letzten Jahre kann ich sagen, dass sich die meisten Investitionen, die ich in meine persönliche Entwicklung steckte, immer rentiert haben. Aber nun überweise ich im privaten Bereich zum ersten Mal einen so »hohen« Betrag auf einmal – mir wurde bange. War da noch ein Thema mit Geld und Wertschätzung von mir selbst? Denn als ich den Betrag überwiesen hatte, spürte ich ein beengendes Gefühl. Ja, da Geld ist weg, ohne dass ich »dankbar« gewesen wäre. Warum? Später lernte ich aus dem Japanischen, dass es superwichtig sein kann, wenn Sie Geld empfangen, innerlich »Danke« zu sagen und das Gefühl der Dankbarkeit auch zu fühlen, aber auch zu lernen, das Geld loszulassen. Ebenso beim Geld überbringen. Das eben genannte Ritual darf zur Anwendung kommen, denn das, was Sie fühlen, wird auch zu Ihnen kommen. Vielleicht möchten Sie es sogar laut aussprechen und sagen: »Danke, liebes Geld, dass du mich begleitet hast und nun dem nächsten Menschen dienst.« Am Ende ist Geld eine andere Form von Energie und drückt die Art aus, wie wir zum Beispiel Beziehungen leben.

Gesagt, getan. Und nicht mehr groß über den Betrag nachgedacht, freute ich mich sehr auf meine fünf Monate zur, wie ich es nannte, »großen« Bühne. Ist diese groß oder machen wir sie nur groß? Fragen, die ich mir auch in diesem Moment stellte. Das dürfen Sie jetzt mal wirken lassen oder wir lassen es einfach stehen.

Was lernte ich aus diesem Investment?

1. Das Gefühl ist entscheidend. Wenn Sie investieren, dürfen Sie währenddessen laut »Danke« sagen und es loslassen.
2. Meiner Meinung nach sind Investitionen in die eigene persönliche Entwicklung nie ein »Verlust«, sondern immer ein »Gewinn«.
3. Am Ende steht und fällt, was wir aus der Investition machen und interpretieren.

Vorbereitung für die Bühne

Nachdem ich die Nachricht feierte und wusste, dass es nun an der Zeit war, meine Bühne für mich zu schaffen, startete ich im Kleinen und gründete parallel zu meinem Auftrag auf der »großen« Bühne mein Unternehmen »GOOD VIBES«.

Lustigerweise ist mir der Name und das, was dort passieren sollte, auf einem Radweg eingefallen. Ich nenne es immer Geistesblitze, wenn Gedanken in meinen Kopf kommen, die überhaupt nichts mit der aktuellen Situation zu tun haben. Meist kommen mir diese in einer entspannten Atmosphäre.

Ich stelle mir innerlich Fragen und erhalte dann Antworten. Ich fragte: »Wie soll das Unternehmen heißen?« – GOOD VIBES – Probieren Sie das doch auch mal aus!

Das, was ich in diesem Moment machte, war ein Zugang, den wir Menschen schon seit Jahrtausenden haben, aber nicht nutzen. Wenn wir uns mit unserem »inneren« Kern verbinden, dann bekommen wir, wenn wir genau hinhören, Antworten auf unsere Fragen.

Wie geht das also?

Meine damalige Angststörung half mir extrem, mich mehr mit Achtsamkeit und jeglicher Form von Gedankensteuerung, oder nennen wir es Akzeptanz dieser, zu beschäftigen. Die gute Nachricht ist, dass mehr als 90 Prozent unserer Gedanken nicht der Wahrheit entsprechen. Durch meine regelmäßige Meditationspraxis schaffe ich es heute sehr oft, im Moment zu sein und viele Antworten über meine »innere« Stimme zu erhalten.

So erfuhr ich also den Namen meines Unternehmens und im gleichen Moment erhielt ich die Botschaft, in Zukunft weltweit Menschen aus dem Herzen miteinander zu verbinden. Ebenso spielten bei dieser Vision auch die Bühne und vor allem der Gedanke eine Rolle, so »sein« zu dürfen; und Authentizität als höchster Wert ergab sich für mich aus meiner Vita. Warum? Weil ich sehr lange Zeit geglaubt hatte, dass ich mein wirkliches Leben lebte, dieses aber eine Illusion war. Sie können sich ja mal die Frage erlauben: Was würden Sie tun, wenn Sie 150 Millionen Euro auf dem Konto hätten? Ist das dann immer noch Ihr aktueller Job? Falls ja, dann Glückwunsch! Sie haben Ihre Passion im Job gefunden. Und falls nein, dann auch Glückwunsch. Sie können Ihrem Traum, sofern Sie das möchten, immer näher kommen. Es gibt viele Möglichkeiten, seinen »wahren« Weg zu finden. Für mich ist radikale Ehrlichkeit und authentisch zu leben dafür essenziell.

Also machte ich mich auf den Weg, mich »neu« zu erkunden. Das begann im Rahmen der Greator-Bühne mit einem Positionierungsworkshop in Köln mit der wundervollen Tanja Peters. Was soll ich sagen, die Erkenntnisse aus diesem Workshop sind so einfach wie das tägliche Einmaleins.

Positionierung fängt mit Klarheit an und das ist superwichtig, wenn Sie auf einer Bühne sprechen möchten. Fragen Sie sich also, was wäre das Thema, über das ich sprechen möchte? Da es bei mir um ein »Herzensthema« ging, überlegte ich nicht lange, ob ich ein Produkt oder eine Dienstleistung in den Vordergrund stellen möchte, sondern entschied mich für den Weg der Erkenntnis. Ich finde es extrem wichtig, dass die Haltung auf einer Bühne nicht sein sollte, sich »darzustellen«, sondern zu wirken. Wenn ich aber innerlich nicht klar bin und meine, dass ich etwas verkaufen muss, dann bin ich, aus meiner Sicht, nicht in meinem eigenen Rampenlicht. Das Licht ist verschoben und wird auf der Bühne auch so nicht wirken. Und dies macht keine Requisite wett!

Wichtige Fragen, die in diesem Workshop geklärt wurden, waren für mich zum einen meine persönliche Kernbotschaft und zum anderen das Thema beziehungsweise meine Zielgruppe, die ich mit meiner Botschaft erreichen möchte. Klingt einfach? Ist es auch, wenn Sie Ihr »Warum« – also das, warum wir Menschen glauben, auf dieser Welt zu sein, gefunden haben. Wie fühlt es sich also an, wenn nicht? Fühlen Sie Ihren Körper? In der heutigen Zeit fühlen sehr wenige Menschen ihren eigenen Körper und damit fehlt auch genau das, was ihnen guttut. Unser Körper ist das wichtigste Navigationssystem und wenn Sie das nicht kennen, wie soll da »gefühlte« Klarheit entstehen? Na, dann entscheidet die »Ratio« halt. Somit darf die Frage gestellt sein: Was ist der wahre Grund, warum ich auf meiner Bühne stehe?

Was hilft Ihnen also, die Positionierung, das Rampenlicht, zu stärken?

1. Ich bin fest davon überzeugt, dass wir in unserem »Inneren« alle Antworten haben. Wenn wir uns also Tools wie Meditationen oder der Praxis der Achtsamkeit widmen, dann werden Antworten kommen. Das geschieht eben nicht aus einem »Wollen«, sondern »Sein«.
2. 10 Prozent Bewusstsein schlägt nicht 90 Prozent Unterbewusstsein, das heißt, dass viele Dinge, und vor allem unser innerer Antrieb, im Unterbewusstsein in Verbindung mit dem Herzen diese Kraft »inne«-haben.
3. Positionierung ist der Schlüssel. Wenn Herz und Verstand im Einklang sind, entsteht dadurch Harmonie in der Botschaft auf Ihrer Bühne.
4. Gefühle und vor allem der Zugang zum eigenen Körper sind Schlüsselelemente, die wir heute in der westlichen Welt verlernt haben und wiederentdecken dürfen – eine Botschaft, die »nur« aus dem Kopf kommt, wird aus meiner Sicht in Zukunft auf Bühnen keine Resonanz mehr erzeugen.
5. Stellen Sie sich die »Warum«-Frage und gehen Sie damit hinaus zu Ihren Zuschauern beziehungsweise verankern Sie darauf basierend Ihre Vorträge sowie Keynotes mit authentischen Herzensbotschaften.

Mehr als gut gelaunt reiste ich von meinem ersten Workshop zur Vorbereitung meiner Keynote im Januar 2020 aus Köln ab und war überzeugt, dass ich nun mehr Klarheit hatte. Ergänzend darf ich sagen, dass ich auf diesem Positionierungsworkshop wundervolle Menschen kennengelernt habe, die unterschiedliche Interessen, aber vor allem eines gemeinsam hatten: Sie wollten auf die Bühne. Die Frage, ob Sie Ihre eigene Bühne schon kennen, darf ich nicht beantworten, denn diese Frage steht im »Nichts« und ist auf anderen Ebenen zu klären.

Keynote-Workshop in Köln und wundervolle Menschen

Am meisten freute ich mich neben der Vorbereitung und Ausarbeitung meiner Keynote, die online stattfand, auf die Termine vor Ort in Köln mit den beiden »Meistern« Christian Gaertner (Speaker und Coach) und Frank Asmus (Regisseur & Top Executive Coach). Mir wurde viel über die beiden erzählt und in Vorbereitung zum ersten Workshop sollten wir einen ersten Entwurf unserer Keynote ausarbeiten und mitnehmen. Da Bühne mehr ist als »nur« sprechen und mit dem Kern des »Seins« zu tun hat, erwartete ich voller Spannung tolle Momente in Köln und erzähle Ihnen jetzt mehr dazu.

Mit meiner Keynote, vorbereitet in vier Akten und mit vielen Gedanken zu den Themen Dramaturgie, Inszenierung und meinem persönlichen Auftritt, ging mein Flug am 6.11. um 18 Uhr pünktlich von München nach Köln. Ich war mehr als aufgeregt und gespannt, was mich am nächsten Tag in der Kochfabrik in Köln erwarten würde. Den Abend verbrachte ich in Ruhe und ging meine erste Keynote nochmals durch.

Morgens um 9 Uhr ging es dann los. Ich kam im Sonnenschein in der Kochfabrik an. Dort wurde ich von der Dame, die ich auch auf dem LIFEfest das erste Mal getroffen hatte, freundlich begrüßt.

Anschließend traf ich auf die ersten Teilnehmer. Wir begrüßten uns gegenseitig wie »Kollegen« oben an der Bar und führten erste Gespräche. Was ist dein Thema, worüber redest du und wofür stehst du? Die »Energie« und Stimmung war mehr als gut, und da ich heute weiß, dass es bei Events, Keynotes und Botschaften zu 100 Prozent auf die eigene Energie ankommt, kann ich nur sagen: Es war eben »Greator«.

Dann stand auf einmal jemand hinter mir und ein Hund lief durch den Raum. Jemand gab mir die Hand. Ich schaute nach oben und der Betreffende sagte: »Mein Name ist Stefan Frädrich.« Moment mal, ist das nicht der Mensch vom Vorwort? Na klar, den kannte ich und war sofort total überwältigt, dass er sich Zeit nahm, uns alle persönlich zu begrüßen. Warum sage ich das? Wenn ich eines die letzten 20 Jahre im Vertrieb gelernt habe, dann ist es eine gute und persönliche »Customer Journey«. Die Reise des Kunden sowie die persönliche Begleitung und Wertschätzung sind essenziell für eine tolle und entspannte Atmosphäre.

Kurzer Exkurs: Kommunikation

Eines muss ich noch vor dem Start dieses Workshops mitteilen. Es gab zwischen der Buchung und dem ersten Workshop in Köln eine Planänderung. Es wurde entschieden, dass es eine Trennung der klassischen »Rednernächte«, bei denen Speaker wie Tobias Beck, Dieter Lange auftreten, und der neuen »New Faces« Night geben sollte. Die Idee war, dass dort alle Speaker, die das Programm »THE KEY« durchlaufen haben, in Kombination mit einem Überraschungsgast auftreten dürfen. Kommuniziert wurde das Ganze damals über Facebook. Ich denke, Greator hat daraus viel gelernt. Bei der Begrüßungsrede von Stefan Frädrich im Workshop fielen genau diese Worte. Was Kommunikation über die falschen Kanäle auslöste, zeigte sich unmittelbar, da einige Speaker sich in ihrem »Ego« gekränkt fühlten und damals aus dem Programm gingen. Meine Gedanken dazu waren: »Ich stehe auf Bühnen, um mit meiner Nachricht die Welt zu verändern und durch Impulse aus dem Herzen eine Resonanz zu schaffen, die Berge versetzt, und dazu suche ich mir die besten Mentoren und Bühnen.« Wer auf Bühnen steht, weil er meint, er wirkt nur durch »Stars«, und das Ganze ohne Gefühl, Herz und Empathie tut, der ist aus meiner Sicht auf Bühnen falsch. Auf der Bühne ist Verantwortung, Haltung und Wirkung wichtig, und das »Ego« als Hauptakteur ist fehl am Platz.

Fehler machst du aus meiner Sicht einmal, wenn du sie das zweite Mal machst, dann ist es eine bewusste Entscheidung.

Nun zurück zum Beginn des Workshops. Es ging los. Stefan hat den sonnendurchfluteten Raum verlassen und sein kleiner Hund war mit ihm gegangen. Nach einer Vorstellung aller 15 Teilnehmer in kleiner exklusiver Runde ging es los. Es waren allesamt tolle Menschen, die ich dort kennenlernen durfte, und mit vielen bin ich auch heute noch tief verbunden.

Es begann mit einer warmherzigen und lustigen Vorstellung von Frank und Christian. Wir hatten die nächsten zwei Tage die Möglichkeit, unsere ausgearbeitete Keynote vor diesen Top-Coaches in der Gruppe vorzustellen, zu reflektieren und anzupassen. Einige von uns gingen immer ins Turistarama-Kino, in dem Frank an unserer Inszenierung arbeitete. Aber taten wir das wirklich oder wurde nicht vielmehr an unseren Werten, Gefühlen und vor allem dem Kern gearbeitet?

Was ich bei den einzelnen Vorstellungen der Keynotes erlebte, ist aus meiner Sicht essenziell für die Arbeit auf Bühnen, wo auch immer diese sein mögen. Es geht im ersten Schritt bei Keynotes nicht »nur« um die eigentliche Geschichte, sondern darum, ob die dahinterstehenden Emotionen und Erlebnisse auch verarbeitet, gelöst und aus der Haltung der »Dankbarkeit« betrachtet werden können. Uns Menschen begeistern und holen am meisten Emotionen und Geschichten ab, die auf der Bühne authentisch und voller Inspiration nach »außen« getragen werden.

Nachdem einige Teilnehmer bereits ihre erste Keynote bei Christian präsentiert hatten, schon einige Tränen geflossen waren und sehr professionell und toll mit uns umgegangen wurde, erkannte ich, warum am Anfang dieser Satz gefallen war: »Heute gehen wir an die Substanz und es kann sein, dass es einige von euch triggert. Also, wenn ihr heute hier rausgeht und das Gefühl habt, ihr müsst alles umschreiben, dann kann das durchaus sein.« Ich verstand, dass es eben im ersten Schritt bei Keynotes nicht um den Inhalt geht, sondern um das Erlebte und ob es bereits verarbeitet ist.

Ich fühlte mich irgendwie unwohl und nun war ich an der Reihe mit meiner Keynote. Zum ersten Mal stand ich nach dem LIFEfest auf einer der Vorbühnen bei Greator. Ich präsentierte meine Story und bekam am Ende Applaus, da ich meine persönliche Geschichte teilte. Sie war allerdings noch nicht wirklich »emotional« und um ehrlich zu sein, sehr aus dem Kopf. Teilweise auch gefangen in meiner Emotion … Ich war nicht wirklich zufrieden nach meinem ersten Auftritt – aber das Feedback von Christian und Frank war wertschätzend und klar zugleich.

Ich durfte lernen, meine Botschaften aus dem »Inneren« heraus zu kommunizieren und Menschen dazu zu bewegen, ein Leben aus dem Herzen zu leben. (Titel meiner Keynote war: Höre auf dich! Oder: Wo ist deine Stimme?) Bewegung entsteht, wenn es Raum für Veränderung gibt, und die entsteht, wenn Sie zulassen, der Stimme Ihres »Herzens« Raum zu geben.

Auf der Bühne des Turistarama-Kinos präsentierten alle Teilnehmer auch ihre erste Keynote vor Frank Asmus. Da ging es um Sprache, Präsenz und Ausdruck. Ich durfte das erste Mal erleben, dass man auf Theaterbühnen aufgrund des Scheinwerferlichtes eben nur die erste Reihe sehen kann. Eine Szene ist mir stark in Erinnerung geblieben. Das war, als Frank mich wie ein Hase auf der Bühne hat springen lassen, damit ich in meinen Körper komme. Ich fühlte mich an diesem Tag überhaupt nicht präsent und war gefühlt nicht in meinem Körper. Wie gut, dass Frank das erkannte, und mich dann zurück in meinen Körper führte. Bühne heißt eben auch, seinen Körper wahrzunehmen, im »Jetzt« zu sein und mit Präsenz die Geschichte zu präsentieren. Mein »Ego« fand es lächerlich und irgendwie kamen bei mir auch innerlich Zweifel auf, warum ich das hier alles mache. Auch, ob es für mich am Ende für die große Bühne reicht. Kennen Sie das, bei Ihnen wird ein Knopf gedrückt und sofort sind Sie im Zweifel-Modus. Sie suchen die Ursache bei sich. Wir sind eben nicht unser Gedanke, sondern die Identität, die wir uns aussuchen.

Meine Keynote war ruiniert und ich war frustriert, da ich sie komplett umbauen durfte. Aber wie heißt es so schön? Manchmal bedarf es der »Downs«, sodass Sie sich fragen, was diese Situation in Ihrem Leben mit Ihnen zu tun hat. Eines wurde mir jedenfalls klar, das, was ich in meiner ersten Keynote umgesetzt hatte, war nicht das Rampenlicht, das mich in mein Strahlen brachte. Leben und Reden beginnt mit Erkennen und ich erkannte, dass das, was ich konstruierte, nicht viel mit meiner Emotion und Herzlichkeit zu tun hatte. Ich bin sehr dankbar, diesen Moment in Köln erlebt und erfahren zu haben, dass mein Körper an diesen beiden Tagen nicht »ready« für die Bühne gewesen wäre. Warum? Weil mir mein Körper Symptome zeigte, die ich in den letzten Jahren zu lesen lernte, und ein Satz bei mir besonders hängen geblieben ist: »Bühne hat keinen Raum für noch nicht verarbeitete Emotionen.« Es war an der Zeit für mich, hinzuschauen, radikal ehrlich zu sein, meine Keynote anzupassen und mit Freude dann Anfang Januar vor meinem Auftritt die finale Keynote zu präsentieren. Bühne und der Prozess dorthin sind meist die Essenz des Lebens. Wir erkennen den Weg erst am Ende und freuen uns dann über das Strahlen des Lichtes. Wir fühlen aber genauso, dass alles, was wir erleben dürfen, auch ein Spiegel unseres eigenen Schattens sein kann.

Für mich war es an der Zeit, zu reflektieren, nach innen zu gehen und das, was ich in Köln durch alle Teilnehmer sowie Christian und Frank gelernt hatte zu integrieren.

Was »schwächt« scheinbar das Rampenlicht – oder tut es das wirklich?

1. Erkennen Sie an, dass nicht verarbeitete Emotionen ausgelebt werden und Transformation erleben wollen. Ich bin der Meinung, dass heute fast jeder Mensch Traumata erlebt hat, die gelöst werden dürfen. Emotionen sind aus meiner Sicht die Währung der Zukunft. Sie sind das, was uns bewegt, und ja, auch Männer dürfen Gefühle zeigen!
2. Gute Geschichten fangen mit Ihnen an und das heißt: Sie sind Ihre Bühne und nicht andersherum.
3. Damit Ihr Rampenlicht strahlen kann, bedarf es manchmal Momente der Erkenntnis, in denen Sie eine neue »Lampe« anerkennen und das »Alte« gehen lassen. Festhalten führt genau zum Gegenteil und bringt Ihnen keine

Leichtigkeit – das ist im Übrigen auch auf das Leben übertragbar – was für ein Zufall.

4. Geschichten sind das, was uns Menschen vor Jahrtausenden am Lagerfeuer gerettet hat, und bleiben uns bei einem guten Einstieg auf Bühnen in Erinnerung. Also, was ist Ihre Geschichte? Trauen Sie sich, auf Ihrer Bühne darüber offen und ehrlich zu sprechen.
5. Online ersetzt kein Offline. Gerade, wenn es um Skalierung und Wachstum bei Unternehmen geht, werden viele Onlinekurse angeboten, die auch ihre Daseinsberechtigung haben. Ich möchte herausstellen, dass die Workshops in Köln sowie die Gruppendynamiken und Ergebnisse nur entstanden sind, weil sie vor Ort, mit Menschen, tiefen Verbindungen und Nähe abliefen. Es war eine grandiose Zeit und der Wert dieses Workshops zeigte sich auch in Form der entstandenen Verbindungen, die bis heute fortbestehen. Was ich damit sagen will? Digitalisierung ist super, aber wir dürfen niemals den Menschen dabei vergessen – Bühne lebt von Menschen, die Verbindungen eingehen und Emotionen zeigen, sowie der Energie, die »echte« Nähe erst entstehen lässt.

Voller Herzensverbindungen, voller bewegender Momente, tolle Gruppenenergie, total emotional geflasht von den zwei Tagen mit 100 Prozent Selbstreflexion, persönlicher Entwicklung und den wundervollen Mentoren Christian Gaertner und Frank Asmus, verabschiedeten sich alle Teilnehmer mit einem tollen Gruppenbild in Richtung Flughafen.

Nun war es an der Zeit, die Keynote neu aufzubereiten, starke Bilder zu kreieren, Emotionen zu durchleben, alles neu aufzustellen und die Zeit zwischen den Jahren zu nutzen, um meine Geschichte auf 18 Minuten zu reduzieren. Mit dem Ziel, andere Menschen dazu zu inspirieren, auf ihre »innere Stimme« zu hören. Auch, damit wie in meinem Fall Depressionen, Angststörungen und viele andere körperliche Symptome erst gar nicht auftreten. Das Leben entsteht meiner Meinung nach eben immer aus dem Inneren. Ich stellte in Köln fest, dass ich in einigen Teilen der Geschichte emotional nicht frei war und somit »den Bogen« nicht schaffte, um aus der Haltung des positiv gestimmten Kindes meine Erfahrungen und Learnings zu teilen. Es war an der Zeit, dies anzunehmen, loszulassen und eben nicht aus dem »Wollen« eine perfekte Keynote entstehen zu lassen.

Einfach? Lesen Sie weiter. Wie es der Zufall will, hatte ich im Juli bereits ein Retreat bei Joe Dispenza in Dubai gebucht. Zufällig fand dies zwei Wochen vor meinem Auftritt, und zwar genau zwischen dem letzten Workshop in Köln und meinem Auftritt, statt. Worum ging es da? Es ging um das Verarbeiten von Emotionen und darum, durch Meditationen, die ich seit Jahren anwandte, das Herz noch mehr zum Strahlen zu bringen. Wie passend! Was das mit Rampenlicht zu tun hat? Das erläutere ich Ihnen auf meiner Reise nach und in Dubai. Eine meiner großen Erkenntnisse im Leben ist: Es gibt für mich keinen Zufall! Es ist eine Frage der Interpretation, wie Sie das Verhalten des Lebens auf die Realität projizieren und was Sie daraus machen. Da wir alle als Menschen einem höheren »Ganzen« dienen, dürfen wir durch Zufall erkennen, dass wir Gefallen am »Zufallen« finden dürfen.

Erkenntnisse und Zeit für das Finale

In der Zeit nach Köln passierte viel, da die Wirkung und Erlebnisse verarbeitet werden durften. Ich arbeitete weiter an meiner neuen Keynote. Und was soll ich sagen? Der Zufall beschenkte mich wieder mit einem wundervollen Menschen. Wie durch ein Wunder wurde mir durch einen damaligen Freund eine wunderbare Person vorgestellt. Ihr Name ist Gabriele. Es resonierte sofort und mein Gefühl sagte mir, wir sind im Leben, um eine bestimmte Aufgabe zu lösen. Glauben Sie mir, ich habe in den vergangenen 15 Jahren so oft erlebt, dass das Leben kein Zufall ist und alle Ereignisse und Erlebnisse, die wir anziehen, »für« uns sind. Warum? Weil es Ihre Betrachtungsweise ist, Dinge zu interpretieren und das für Sie gefühlt »Beste« daraus zu machen – was auch immer das ist.

Ich traf Gabriele das erste Mal und lernte, wie wundervoll es ist, wenn wir im Leben »Führung« erleben und dadurch unser Rampenlicht erhellt wird. Gabriele war schon länger im Speaker-Markt unterwegs und hatte bereits mehrere erfolgreiche Bücher zum Thema »Money Mindset« geschrieben. Warum zog ich dieses Thema noch mal an? Das Gesetz der Resonanz besagt, dass man im Leben immer das anzieht, was es möglicherweise zu lösen bedarf, und dass zwei Menschen durch diese Herausforderung Wachstum erleben. Ebenso erklärte mir Gabriele eine ganz neue Perspektive von Bühne und dass sie verschiedene Templates von »großen« Speakern gelernt hatte. Templates? Ja genau! Wie fange ich eine Keynote an und wie begeistere ich auf der Bühne in der ersten Minute, die ist nämlich entscheidend, damit Sie eine Verbindung zu Ihrem Publikum aufbauen. Verbindungen erfahren wir, indem wir uns hingeben und darauf vertrauen, dass wir in Resonanz gehen. Gabriele half mir in der Zeit zwischen den Jahren, meine Keynote weiter zu strukturieren, und ich erlebte mehrere »Wow«-Momente. Die Zeit des »Kennt ihr das ...«, »Wer von euch kennt dieses Problem ...« fand sich in den besagten Templates wieder. Es wird ein Rahmen für die Keynote geschaffen, die dann in Form einer Geschichte erzählt oder in drei bis vier Akten durch persönliche Erlebnisse bestärkt wird.

Ich wandte mich an diese Templates und das, was ich im ersten Workshop in Köln gelernt hatte, und zwar, meine Geschichte zu erzählen und darauf zu vertrauen, dass Emotionen »sein« dürfen. Eine Frage, die sich stellte: »Template: Passt das zu mir? Bin ich Standard oder darf ich nicht so sein, wie ich bin, und auf meine Art mein Speech erzählen? Darf ich!« Aber mein Kopf sagte: »Folge dem Template, dann bist du erst mal auf der sicheren Seite.« Was auch immer sicher ist.

Ich sortierte also meine Keynote, erstellte PowerPoints mit Bildern als Anker zu meiner persönlichen Geschichte, die Sie auch bei Greator sehen können. Ich baute mir zu den Bildern kraftvolle Aussagen und Kernsätze auf, die ich in Verbindung mit dem Bild erzählen wollte. Es ist sehr wertvoll, seine eigene Keynote gedanklich, aber auch visuell und mental durchzugehen und sich über Visualisierung vorzustellen, dass die Keynote genau jetzt stattfindet. Wenn Sie das mehrmals machen, beginnt Ihr Körper, sich an die Elemente der Keynote zu erinnern, und greift auf Rampenlichtmomente zurück, die Sie im Moment erschaffen haben. Sie werden dann in der »Zukunft« Zugriff darauf haben. Klingt komisch. Probieren Sie es doch mal aus, denn Sie generieren Potenziale im Quantenfeld und nutzen diese. Durch meine hohe Sensibilität habe ich dann immer mehr gemerkt, dass diese Art der Technik wirklich sehr gut funktioniert. Mit meiner fertigen Keynote ging es Anfang Januar noch mal nach Köln. Wir trafen andere Teilnehmer des Programmes wieder. Auf dem Weg dorthin hatte sich eine weitere Teilnehmerin verabschiedet, da sie feststellte, dass der Weg auf die Bühne mit ihrem Thema nicht mehr stimmig war. Es ist sehr wertvoll, konsequent sowie radikal ehrlich zu sich selbst zu sein und sich die Frage zu erlauben: »Ist das, was ich auf meiner Bühne erzähle, authentisch und stehe ich mit meinen Werten dazu?« Für mich bejahte ich diesen Punkt und beschloss nun, mit voller Energie auf die Zielgerade zu gehen.

Frank und Christian begrüßten uns voller Begeisterung und erwähnten, dass die meiste »Arbeit« nun hinter uns liege und nun der sogenannte Feinschliff erfolge. Meine Meinung ist, dass Sprechen auf Bühnen zu 80 Prozent aus Identität sowie Persönlichkeit besteht und nur 20 Prozent aus Inhalt, Darstellung und Umsetzung. In den nächsten zwei Tagen arbeiteten wir in Gruppen untereinander und auf der Bühne des Kinos des Turistarama in Köln am Feinschliff. Mein erster Auftritt damals im Oktober brachte mir viele Fragezeichen und starke Unsicherheit, aber dennoch ging ich voller Motivation mit einem neuen Ansatz auf die Bühne – auf Basis des neuen Templates und auch wesentlich reifer durch meine Erfahrungen in Bezug auf den Einsatz von Körper und Mentalarbeit. Und siehe da, ich war zufrieden und bekam auch von Frank und Christian Lob … Warum brauchte ich Lob? Diese Frage klärte sich für mich etwas später als Erkenntnis und ich stellte fest, dass Lob und Anerkennung mich meist in eine Sackgasse führten, da diese Form der Wertschätzung immer eine Abhängigkeit vom Äußeren bedeutete. Besser ist es aus meiner Sicht, sein Rampenlicht nicht von den Meinungen anderer Menschen abhängig zu machen, und dies durch das eigene Strahlen nach außen zu tragen. Die Kritik, die ich jedoch bekam, war für mich sehr wertvoll und ich nahm sie natürlich auch gerne an. Durch Kritik lernen wir und sie zeigt, dass Menschen ein ernsthaftes Interesse an uns und unserem Auftritt auf unserer Bühne haben. Es zeigt auch, dass es ihnen am Herzen liegt, uns Wertschätzung zu schenken.

Die letzten Tage in Köln vergingen wie im Flug und ich wusste, es wird funktionieren. Eine Teilnehmerin, die normalerweise herausragende Keynotes hielt, »verpatzte« an diesem Tag ihren Auftritt total. Was soll uns das sagen? Das Leben passiert immer im Moment und wir sind alle gleich. Reden ist wie das Leben – du kannst es planen, üben und machen, aber am Ende entscheidet der Moment, ob du dich darauf einlässt und einfach nur machst. Verstehen Sie mich nicht falsch, aber es ist wichtig, zu wissen, dass wir gleich sind und Bühne ein Ort ist, der auch so behandelt werden sollte.

Also warum dort eine Maske tragen und diesen Ort so besonders machen?

Voller Freude und Gelassenheit sind wir dann schließlich aus Köln abgereist. Gespannt auf den Auftritt am 29.1.2020 und voller Vorfreude auf meinen kurzen Exkurs zu Joe Dispenza in Dubai, wodurch ich noch letzte Klarheit für mich erlangen wollte.

Was Rampenlicht mit Ihnen zu tun hat und was ich daraus lernte?

1. Ob es Zufall gibt oder warum Sie Menschen in Ihrem Leben bewusst oder unbewusst kennenlernen, diese Frage darf geklärt werden.
2. Sicherheit gibt es auf Bühnen nicht, denn das ist eine Illusion. Menschen wollen Menschen sehen, die Geschichten erzählen und Emotionen spüren, die sie zu Handlungen inspirieren.
3. Keynotes sind kraftvoll, wenn Sie als Person im Moment sind und auf die Potenziale und Erfahrungen Ihres Lebens zurückgreifen können, ohne zu überlegen. Da hilft Ihnen auch keine PowerPoint-Präsentation!
4. Körper, Geist und Seele sollten auf der Bühne im Einklang sein. Wenn Sie etwas sagen, das der Körper nicht so sieht, dann merken Sie das. Ebenso sollten Sie auf Bühnen immer das erzählen, was Sie denken und fühlen.
5. Rampenlicht entsteht, wenn Sie sich auf Bühnen als »Mensch« zeigen, und das hat was mit Ihrem Wirken zu tun. Wirkung entsteht, wenn wir anfangen, uns durch uns selbst auszudrücken. Das wiederum geschieht durch Worte, Emotionen, Bilder, Stimmung, Haltungen und Herzlichkeit.
6. Zufall gibt es in meiner Vorstellung nicht. Dieser kommt von »zufallen«, und wenn Sie es sich erlauben, dass Ihr Rampenlicht abstrahlt, dann treffen Sie auf Resonanzlichter, die in Summe ein viel helleres Strahlen ergeben.

Ein Retreat in Dubai vor dem Auftritt und Generalprobe

Ich war schon seit Langem begeistert von den Inhalten von Joe Dispenza und von dem Wissen, das er über die Neurowissenschaft in Kombination mit Spiritualität vermittelt. Das veränderte auch stark meinen Blick und meine Perspektive auf mein damaliges Leben. Einen Zugang zur Spiritualität und dem, was uns alle verbindet, spürte ich schon sehr früh in meiner Kindheit, aber manchmal steht uns der eigene Kritiker im Weg und hinterfragt, ob das, was wir wahrnehmen, wirklich existiert. Vielleicht kennen Sie das ja?

Also musste ich mir selbst vor meinem Auftritt am 29.1.2020 bei Greator noch mal ein Bild vom Advanced Retreat machen und flog nach Dubai. Was mich in dieser Woche erwartete, war eine totale Transformation meiner Wahrnehmung von der Welt und dem, dass wir als Menschen alle miteinander verbunden sind. Was mir auch zeigt, dass es bei einer Rede auf einer Bühne immer um Verbindungen mit Menschen geht und dem, was gerade im Raum steht. Wenn uns die Energie der Menschen und die Atmosphäre entgeht, dann entgeht uns ein essenzieller Teil der Rede, die nämlich auch ein Teil der Wirkung ist.

In der Woche des Retreats meditierte ich täglich von 4 Uhr früh bis teilweise 20 Uhr abends in Kombination mit Lehren auf Basis des neuesten Forschungsstands aus der Neurowissenschaft. Das war so begeisternd, dass ich Meditationen nicht mehr missen möchte. Einen speziellen Moment möchte ich noch mit Ihnen teilen. Es ist so, dass auf diesem Retreat ungefähr 1000 Menschen waren und wir gemeinsam in einem Raum eine Herzöffnungsmeditation durchführten. Da wusste ich schon, als ich den Raum betrat, dass die Energie und das, was dort passiert, einmalig sein wird. Warum? Weil im Zentrum unseres Herzens eine Kraft wirkt, die uns mit anderen Menschen verbindet, wenn wir uns erlauben, unser Herz zu öffnen und ein Leben aus dem Herzen zu leben. Als ich in diesen Raum ging, war dort so viel Energie, dass es für mich fast nicht auszuhalten war. Es war unbeschreiblich und da wusste ich, wenn wir auf unserer Bühne aus dem Herzen sprechen und uns erlauben, die Dinge, die uns im Weg stehen, zu lösen, dann entsteht ein Raum, der Menschen im Moment ankommen lässt. Während dieses Retreats entstand ein tolles Bild in der Wüste, das ich danach auch in meiner Keynote verwendete. Da die Energie und Emotionen, die ich während des Fotos in diesem Moment fühlte, extrem kraftvoll waren, nutzte ich dieses Bild während der Keynote und setzte damit einen »Anker« für meine Emotionen, die sofort abrufbar sind. Bilder und die darin gespeicherten Emotionen können in Keynotes genutzt werden und inspirieren Ihre Zuhörer, da sie in Resonanz mit dem Erlebten gehen. Daher sind aus meiner Sicht auch Emotionen die Währung der Zukunft. Völlig befreit und voller toller Erfahrungen und Verbindungen mit Menschen reiste ich aus Dubai zurück, um am nächsten Tag in Köln meine Generalprobe im Büro von Greator zu halten. Die Generalprobe vor Ort verlief wunderbar und das dort sitzende Testpublikum war motiviert und inspiriert. Ich erhielt ein »Go« für meinen Auftritt am 29.1.2020 im ehemaligen Millowitsch-Theater in Köln. Was darf ich Ihnen sagen – ich war begeistert und dankbar, dass ich es geschafft hatte.

Mein Auftritt im ehemaligen Millowitsch-Theater

Am Tag des Auftritts reisten meine Begleitung und ich nach Köln. Wir checkten im Hotel in der Nähe des ehemaligen Millowitsch-Theaters ein und begaben uns nach einer kurzen Pause gegen 15 Uhr in das wundervolle Theater. Irgendwie überhaupt nicht aufgeregt und doch gespannt betrat ich den Eingangsbereich des Theaters. Dort trafen wir auf alle an dem Abend auftretenden »New Faces«. Viele meiner Kolleginnen und Kollegen meines Unternehmens »GOOD VIBES« aus München waren extra mit dem Auto angereist, was mich riesig freute. Sie waren gespannt auf meine Keynote. Wie oft habe ich vor dem Spiegel gestanden und bin mental meine Keynote durchgegangen. Irgendwann traf ich die Entscheidung, dass der Zufall und das Leben immer für uns sind und alle Erfahrungen, die ich gemacht hatte, es schon richten würden. So ließ ich die »perfekte« Keynote los. Zurück zum ehemaligen Millowitsch-Theater. Am Eingang traf ich dort als Erstes auf die beiden Mitautorinnen Vera Peters und Anja Mack. Es gab einen sehr netten Austausch in Form eines aufregenden »Small Talks«. Als alle Teilnehmer des Abends im Foyer waren, ging es los und wir liefen durch den Tunnel des Theaters, wo uns dann auf der Bühne Stefan Frädrich begrüßte und das Rampenlicht zum ersten Mal auf der großen Bühne anging. Glauben Sie mir, es ist wundervoll, wenn Sie nach dieser Arbeit und all diesen tollen Momenten an Ihrem Ziel auf der Bühne stehen. War das nun besonders und habe ich den Moment wahrgenommen? Ja, habe ich! Wobei dieser Tag sehr schnell vorbeiging. Das Besondere am ehemaligen Millowitsch-Theater ist, dass die erste Reihe von der Bühne aus sichtbar ist und eine tolle »Nähe« zum Publikum sofort spürbar wird und aufgebaut werden kann. Stefan sagte uns auch, dass er dem Publikum entsprechend einheizen wird und uns jeweils individuell vorstellt, um das Publikum entsprechend vorzubereiten.

Irgendwie toll – irgendetwas in meinem Körper strahlte Ruhe aus. Ein anderer Teil war unsicher und nicht ganz konform. Das Gefühl kannte ich schon aus meiner Vergangenheit, da mir mittlerweile mein Körper Zeichen gab, wenn etwas nicht stimmte. Ich nahm es zur Kenntnis und ging hoch in die Lounge des Theaters, wo es ein wundervolles Essen mit allen Gästen gab.

Mein Auftritt war an zweiter Stelle nach der wunderbaren Vera Peters. Dann war es so weit. Ich begab mich in die Maske und wurde kurz gepudert. Ich wartete dann im Raum hinter der Bühne auf meinen Auftritt. Stefan Frädrich kam und befragte mich zu meiner Keynote – »Was ist deine Geschichte?« »Was ist dir wichtig?« Er wiederholte es dann in seinen Worten und ich fand es sehr stimmig. Es war eine kurze Begegnung, die für mich viel Erfahrung und viel Routine ausstrahlte. Was ich damit sagen will, ist, dass dieser Moment für mich schnell verging und er trotz der »Kürze« der Zeit auch zu einer wichtigen Verbindung zwischen »Speaker« und »Moderator« wurde. Als es dann losging mit »Begrüßen Sie TIMMMMOOOO SIMMMON …«, da stand ich nun auf der Bühne … Wundervoll anmoderiert und das Licht ist auf mich gerichtet … Meine Keynote können Sie bei Greator finden. So mag ich an dieser Stelle nur noch ein paar Gedanken teilen. Wenn Sie auf einmal das Licht erfahren, in dem Sie stehen wollen, dann merken Sie, dass Sie dieses Licht schon immer in sich tragen. Der Moment, den Sie dann erleben, ist wie eine Art Erinnerung. Für mich war dieser Auftritt wie eine Erinnerung, und als ich auf der Bühne stand, da war alles das, was ich geplant hatte, aus dem Kopf. Ich verließ mich auf meine Bilder und hatte mit meiner Botschaft nur noch eines im Sinn: die Zuschauer zu inspirieren und ein Leben aus dem Herzen zu führen, damit psychische Krankheiten und vor allem Angststörungen erkannt, benannt und gelöst werden. Das alles wurde mir in diesem Moment bewusst und ich erkannte, wenn wir uns daran erinnern, warum wir auf dieser Erde sind, finden wir auf jeder Bühne einen Platz. Wo wir auch sind und egal, ob wir uns Bühnen erkaufen oder sie einfach nur leben. Die Zuschauer zeigten mir durch ihre Begeisterung, von der ich sehr positiv überrascht war, dass dieses Thema auf Resonanz stieß und ich damit kein Produkt, keine Dienstleistung in einer Keynote positionierte. Ich ging mit einem Thema auf die Bühne und traute mich, über ein Tabuthema zu sprechen – Angst. Sprechen Sie gerne über Dinge, die aus dem Herzen kommen. Seien Sie so, wie Sie sind, und Sie werden reden, begeistern und Wege erkennen, der anderen Menschen Türen öffnen kann. Auf einmal stand auf der Uhr an der Bühne 18:04 und ich war pünktlich fertig und schaffte sogar am Ende noch das »Herz« als Symbol für mehr Liebe in der Welt und war innerlich happy, dass ich diesen Weg für mich gegangen bin.

Eines kann ich sagen, während der Keynote holte mich an einigen Stellen teilweise noch eine kleine Angst ein, die sich aber gegen Ende im Herzen auflöste. Sehr zufrieden hörte ich anschließend den anderen »Kollegen« zu, ging auf die Empore und genoss den Ausklang des Abends. Übrigens war an diesem Abend auch der Fotograf als Gast anwesend, der mein Herzbild in Dubai gemacht hatte. Somit wurde auch symbolisch mein Herzensweg von Dubai nach Köln geholt. Den Abend habe ich sehr genossen. Anschließend ließen alle Speaker den Abend in einer Bar in Köln gemeinsam ausklingen. Wir verabschiedeten uns danach in die Hotels.

Was habe ich Ihnen aus dem Rampenlicht im Theater mitzugeben?

1. Raum schafft Atmosphäre und Nähe – das ehemalige Millowitsch-Theater ist ein toller Ort, in dem Keynotes besonders wirken und damit den Klang Ihrer Rede unterstreichen. Achten Sie also auch auf die Atmosphäre.
2. Perfektionismus hat auf Bühnen nichts verloren!
3. Rampenlicht wirkt durch Sie und nicht nur von Ihnen aus, das heißt die Verbindung und Interaktion über einzigartige Integration mit dem Publikum ist notwendig. Eine Rede, die so ist, wie sie wirkt, wirkt aus dem Herzen anders, motiviert und inspiriert aus meiner Sicht über den Moment. Meiner Meinung nach wird es in Zukunft wichtiger sein, mit intuitiven Bühnenperformances zu wirken. Das setzt allerdings voraus, dass Sie aus dem Moment leben können.
4. Seien Sie ein »Unikat« und machen Sie nicht das, was Tausend andere Speaker vorher auch gemacht haben. Stellen Sie die Frage anders: Warum wollen Sie wirken und strahlen?
5. Momente vergehen schnell, wenn wir sie nicht wahrnehmen. Daher ist es besonders wichtig, diese wertzuschätzen.

Die Welt nach dem Auftritt und Zeit für Reflexion

Nach meinem Auftritt bekam ich wundervolle Bilder von diesem besonderen Moment. Ich kümmerte mich wieder verstärkt darum, meiner eigenen Bühne in allen Lebenslagen nachzugehen. Das Veröffentlichen meines Keynote-Videos dauerte nach meinem Auftritt noch ein paar Monate und erschien dann im September 2020. Ich möchte Ihnen in diesem Kapitel einen kleinen Einblick in meine

Erfahrungen und Erwartungen geben und darin, ob sich das ganze Programm für mich gelohnt hat.

Zuallererst muss ich sagen, dass ich all den Menschen, die ich auf dem Weg getroffen habe, von Herzen dankbar bin, da Kontakte wie diese sehr wertvoll sind. Auch heute stehe ich immer noch mit einigen Menschen sehr eng in Kontakt und habe von tollen Coaches im Bereich Bühne, Speaking und Inszenierung lernen dürfen, was es bedarf, um als Mensch auf Bühnen stehen zu dürfen. Ohne diesen direkten Kontakt vor Ort wäre dieses Programm nicht das gewesen, was es war. Ebenso habe ich durch diesen Weg und die Entscheidungen, die ich treffen durfte, gelernt, dass es keine schlechten Entscheidungen gibt. Es gibt nur Entscheidungen in Ihrem Leben, die Sie nicht treffen. In der Zeit bei Greator gab es immer wieder Momente, in denen mein »Ego« anderer Meinung war. Heute weiß ich, dass es manchmal Momente wie diese braucht, um Grenzen zu überschreiten. Das »Ego« ist gut, wenn wir es brauchen, aber es auch mal zur Seite zu stellen, half mir sehr auf dieser besonderen Reise. Und ja, es gab auch bei mir Momente, in denen ich mir ernsthaft die Frage stellte, ob ich weitermachen möchte. Im Rahmen des gesamten Prozesses stellte ich immer wieder fest, dass ich ja nicht ohne »Grund« genau diesen Weg gewählt habe. Heute kann ich sagen, dass ich diesen Weg genossen habe, stelle allerdings die Höhe des getätigten Investments infrage – woran messe ich diesen Wert und ja, die Frage darf beantwortet sein, hat mir das Ganze etwas gebracht?

Folgende Erkenntnisse habe ich für mich daraus gewinnen können:

1. Ich habe wertvolle und für mich unbezahlbare Kontakte zu Menschen aus dem Programm und zu Greator erhalten und aufgebaut.
2. Für mich persönlich ergaben sich einige Änderungen während des Programms, wie zum Beispiel der Wechsel der Marke von GEDANKENtanken zu Greator und die Trennung von »New Faces«, die auch bei mir »Unruhe« erzeugt hat. Aber getreu dem Motto »Veränderung ist normal« nahm ich es an.
3. Meine Erwartungen wurden teilweise erfüllt, da für mich der höchste Wert die beiden Workshops mit Christian und Frank waren und die Verbindungen zu den Menschen, aber eine direkte Amortisation des Investments nicht automatisch eingetreten ist.
4. Die Veröffentlichung meines Videos lief einwandfrei und wurde auch von Greator auf allen relevanten Kanälen kommuniziert. Stand heute, während

ich diese Zeilen schreibe, schauten mein Video mehr als 26 000 Menschen an. Das Video nutze ich auch auf meiner Homepage.
5. Die Resonanz auf mein Video war durchweg positiv und ich bewegte auch durch kritische Kommentare Menschen dazu, über das Thema »Angst & Depressionen« nachzudenken.
6. Auf Basis meines Videos hat sich eine freiwillige Mitarbeiterin bei uns beworben, da sie die Botschaft und Authentizität beeindruckte und sie für eine bestimmte Zeit nun auch für uns arbeitete.
7. Hat sich das Ganze rein finanziell gelohnt und war ein Selbstläufer? Klare Antwort: Nein.
8. Habe ich daraus einen für mich menschlichen und vor allem persönlichen Nutzen gezogen? – Ja, zum Beispiel in Form von Kontakten.
9. Würde ich dieses Programm noch mal machen? – Nein, warum sollte ich die gleiche Erfahrung noch einmal machen?
10. Würde ich dieses Programm weiterempfehlen? – Es kommt darauf an.

Für mich war das Erlebnis und das, was ich für die Bühne gelernt habe, mehr als aufschlussreich. Die Frage darf gestellt sein: Muss ich das Rampenlicht anschalten oder ist es nicht schon an? Ihr Rampenlicht bedeutet aus meiner Sicht, sich selbst zu erkennen, anzunehmen und zu wissen, dass alles, was Sie dafür brauchen, von »innen« nach »außen« wächst. Bühne ist der Platz, an dem das Leben spielen darf, und wer nicht spielt, der darf aus dem Leben lernen. Spielen ist das, wo andere anfangen zu leben, und dort, wo das Licht strahlen darf. Warum schreibe ich diese Zeilen? Weil wir uns oft in Muster, starre Konstrukte oder Ideale stürzen, wo wir glauben, nur gut zu sein, wenn wir dieses oder jenes auf Bühnen tun. Müssen wir das wirklich? Reicht es nicht aus, mit einem Leben aus dem Herzen auf der Bühne so zu sein, wie wir sind? Zudem lernte ich, dass unter Druck und vor allem, wenn wir meinen, wir müssen etwas tun, nur um so sein zu müssen, die »Wirklichkeit« zwischen »innen« und »außen« stark abweicht. Also, warum trauen wir uns nicht, mehr aus dem Moment heraus zu sprechen und intuitiv das zu sagen, was wir meinen? Es geht um Reden und darum, das auszusprechen, was wir wirklich fühlen und wollen. Wenn wir aufhören, auf Bühnen etwas darzustellen, was wir sein »wollen«, uns dort fallen lassen können und uns wahrhaftig und ehrlich zeigen, dann passiert aus meiner Sicht etwas »Neues«. Wir brauchen keine Menschen, die ihre Idole aus der Speaker-Szene kopieren und so sein wollen wie sie. Wo bleibt da der Mensch und seine Individualität und vor allem die eigene Dramaturgie und

Authentizität? Ebenso habe ich für mich erkannt, dass laut und leise auch etwas mit innerer Ruhe zu tun hat. Sprechen, Handeln und Fühlen dürfen immer im Einklang sein. Menschen, die aufstehen und den Mut haben, auf ihrer Bühne zu wirken und vor allem aus dem Herzen sprechen, werden aus meiner Sicht in der »neuen« Zeit strahlen. Was hilft es der Welt, wenn wir Menschen auf Bühnen haben, die alle reden und handeln, sich aber nicht fühlen und vor allem dieser Welt nicht dienen?

Für mich sind folgende Elemente wichtig geworden auf der Bühne des Lebens:

1. Verantwortung fängt bei mir an, von daher treffe ich nur noch Entscheidungen, auf Bühnen zu gehen, wo mein Körper und Geist im Einklang sind.
2. Ich kommuniziere authentisch und spiele keine Rolle mehr, und wenn ich es doch tue, steige ich aus der »Haltung« des Beobachters aus.
3. Ich gebe meinen Gefühlen und Emotionen den Raum, sich auszudrücken, und zeige mich immer so, wie ich bin – jedoch immer aus der Haltung des Kindes.
4. Herzverbindungen sind Elemente, die in Zukunft eine starke Rolle spielen.
5. Energiearbeit und damit meine ich die Arbeit, die ich über 15 Jahre ablehnte, wird aus meiner Sicht in Zukunft auf vielen Bühnen eine Rolle spielen und neben dem Körper als letzte Ebene weitere »nicht« sichtbare Ebenen, zum Beispiel auf Basis der Quantenphysik, berücksichtigen. Nur weil man es nicht sieht, heißt das ja noch lange nicht, dass es nicht da ist.
6. Rampenlicht entsteht immer im Inneren und strahlt dann auf Ihr Publikum ab – Meditation ist ein Schlüssel dazu.
7. Bühne ist da, wo ich es nicht erwarte, von daher verhalte ich mich immer so, als wäre sie da.
8. Der Grad meines Bewusstseins entscheidet, ob ich mich mit meinem Publikum verbinden kann. Heute verbinde ich mich vor einem Auftritt schon Tage vorher mit meinem Publikum und stelle so eine »nicht« sichtbare Verbindung her. Glauben Sie nicht? Probieren Sie es doch mal aus. Wenn wir uns Situationen im »Geist« vorstellen können, dann dürfen sie auch real werden.
9. Mein Leben ist Bühne! Dieser Satz prägt mich heute jeden Tag, und wer glaubt, dass Bühne etwas Spezielles ist, der verfällt einer Illusion.

10. Intuitives Reden wird in Zukunft immer geläufiger werden, da ich denke, dass Keynotes, die immer nur wiederholt werden, den Grad an Balance verlieren können. Und, da das Leben immer Balance erfordert, dürfen Redner und Publikum in gleichem Maße etwas Neues erwarten.
11. Lautes Reden heißt noch lange nicht, dass es stimmt, von daher kommt es auf die Wirkung und Resonanz an.
12 Ich verändere mein Denken, erlaube mir, im Moment zu leben und daraus meine Bühne zu verändern.
13. Erfolg ist für mich kein Standard mehr, sondern Bewusstsein, das im Rampenlicht jeden Menschen integriert.

Ich möchte mich von Herzen bei allen Menschen bedanken, die die Bühne bei Greator erschaffen, leben und vor allem mit ihrer Energie füllen. Ebenso danke ich aus tiefstem Herzen Christian Gaertner und Frank Asmus für ihre wundervollen Tipps, Tricks, wertvollen Momente auf der Bühne, den Spaß und die Freude und natürlich die Momente der radikalen Ehrlichkeit. Für mich war und ist ein Teil meiner Transformation dieser Bühne zu verdanken. Obwohl ich den Erfolg im »Äußeren« für mich anders bewertet hatte und bis heute nicht der nächste Tobias Beck bin, aber demnächst mit ihm »online« auf der Bühne stehen werde.

Ebenso habe ich aufgehört, mich zu vergleichen, und gehe seit geraumer Zeit nun meinen eigenen Weg, da wir aus meiner Sicht auf der Erde sind, um uns nicht zu kopieren, sondern unseren eigenen individuellen Ausdruck zu leben.

Als Fazit kann ich Ihnen noch Folgendes mit auf den Weg geben: Ein Rezept für Rampenlicht gibt es aus meiner Sicht nicht. Das wäre mir zu unspezifisch. Von daher kann ich Ihnen nur folgenden Rat geben: WAS AUCH IMMER BÜHNE IST – schaffen Sie sich Ihre eigene und leben Sie sie, und zwar in dem Moment und aus dem Herzen heraus. Rampenlicht erschaffen Sie sich immer selbst und Ihre äußere Welt folgt daraufhin.

ÜBER TIMO SIMON

Timo Simon hat mit acht Jahren damit begonnen, zu programmieren. Später studierte er Wirtschaftsinformatik. Er war jahrelang als erfolgreicher Manager und Partner für eine Strategie- und Softwareberatung tätig und kreierte weltweit erfolgreiche Produkte bis ins Silicon Valley. Dann ist er krank geworden: Depression, Angststörung, Bandscheibenvorfall. Danach gründete er GOOD VIBES, um Menschen mit Herz miteinander zu verbinden.

Timo Simon über Anja Mack

Und da es aus meiner Sicht in unserer »inneren« Welt immer noch zu wenige Menschen gibt, die sich trauen, über Tabuthemen zu sprechen, freue ich mich umso mehr, dass Anja Mack über ein so wundervolles Thema bei Greator gesprochen hat, das in unserer Gesellschaft noch viel zu wenig angekommen ist. Es geht um das Thema Sexualität und wie wir damit in der Öffentlichkeit und vor allem bei uns selbst umgehen. Beziehungen auf Bühnen fangen immer mit uns selbst an und wenn wir uns nicht mit unserer Sexualität auseinandersetzen, dann ist das so, als würden wir unseren Gedanken zu 100 Prozent glauben. Also warum nicht Sexualität zum Thema auf Bühnen machen und Menschen inspirieren, sich über ihre Vorlieben klar zu werden und sich auf den Weg zu einer erfüllten Sexualität aufzumachen?
Ich bin mir sicher, dass erst, wenn wir uns selbst lieben und uns auch über unsere Sexualität erfahren und ausdrücken, wir in einer Partnerschaft das erleben können, was beide Partner in ihr als Rampenlicht erfahren.
Ich freue mich von Herzen, zu Anja Mack überleiten zu dürfen, die über dieses Thema mit Leidenschaft, in einem kräftigen Rot bei Greator gesprochen hat und mit einer Offenheit über Sexualität und ihre Erfahrungen spricht, sodass Sie bestimmt wieder neue Perspektiven für Ihren Erfolg und Ihr Rampenlicht mitnehmen dürfen. Viel Freude nun mit ANJAAAAA MACKK …

Kapitel 6

ANJA MACK

DIE WAHRHEIT, DIE ALLES VERÄNDERT, UND WIE ICH MICH SELBST ZU LIEBEN BEGANN

Da stand ich nun in meinem schwarzen Kleid, den roten Stiefeln, die Haare fielen mir in weichen Locken auf die Schultern, und die Visagistin war gerade dabei, das Make-up zu vollenden, als die Regie kam und sagte: »Anja, du bist jetzt dran, du musst in weniger als 120 Sekunden auf die Bühne!« Es wurde stressig und meine Unruhe und Nervosität steigerten sich ins Unermessliche. Ich bekam gar nicht mehr mit, als sie mir den roten Lippenstift auftrug, mir das Team ein Mikro verpasste und Thomas mich schon mit hinter die Bühne nahm und platzierte. Heute war der große Tag, auf den ich die letzten Monate so hart hingearbeitet hatte. Der 29. Januar 2020. Mein finaler Auftritt bei GEDANKENtanken. Doch eigentlich wollte ich am liebsten nur weglaufen, solche Angst hatte ich, auf diese Bühne zu gehen.

120 Sekunden. Die Knie schlotterten, ich musste mich zusammenreißen, mein Magen zog sich zusammen, meine Kehle schnürte sich zu, ich hatte alle Hände voll damit zu tun, die Tränen zu unterdrücken, die in mir aufstiegen, damit sie mir nicht übers Gesicht liefen und das Make-up ruinierten. Ich sah mich klar im Spiegel und fühlte die blanke Angst, die noch immer in mir steckte. Es war, als würde ich in diesen Sekunden innerlich noch mal den Kampf mit mir austragen, den ich schon einmal gekämpft hatte. Ich sah es genau vor mir, jenen Tag am 23. Februar 2019 in Gifhorn. Die Sonne schien in den kleinen Seminarraum mit Blick ins Grüne. Es war der zweite Tag des Seminars. Wie an den beiden Tagen zuvor ging es um Ziele. Für mich war es die Hölle, jeden Tag zig Zielformulierungen, zig Prozesse, meine Augen waren gerötet vom vielen Weinen und Schreien. Jeder, der mich kennt, weiß, ich bin ein Sonnenschein. Ich bin immer gut drauf, gut gelaunt und positiv. Auch an diesem Morgen, das glaubte ich jedenfalls, als es wieder darum ging, ein Ziel zu finden, an dem wir heute arbeiten wollten. Seit ich mich kenne, war ich nie ein Mensch, der viel auf Ziele oder Pläne gab. Ich hatte klare Wünsche und Träume im Leben und lebte mein Leben wie ein fünfjähriges Kind. Ich war immer neugierig und es war ein Leichtes, mich für neue Ideen, Projekte oder gar schier unmögliche Herausforderungen zu begeistern. Ich war zu diesem Zeitpunkt wie ein Schiff im rauen Ozean, doch meist war der Steuermann ein anderer.

Doch ich merkte schnell, in diesem Seminar geht das absolut gar nicht, denn hier geht es nur um mich, jeden Tag, jede Sekunde, und jedes Ziel hatte mit mir zu tun. Verdammt, dachte ich, wie komme ich jetzt aus der Nummer wieder raus? Ich war es nicht gewöhnt, dass sich alles um mich dreht. Ich kannte es nicht, Ziele zu haben, mit Datum und Aktionsplan, um diese zu erreichen. Doch ich erkannte schnell, dass ich eine Reise antreten würde, die mich und mein Leben für immer verändern würde. Ich saß gerade mit Jutta und Helmut in der Gruppe zusammen, als wir den Prozess noch einmal durchgingen, dieses Mal war ich der Coach, der den Prozess führte und anleitete, Jutta meine Klientin und Helmut beobachtete alles und machte Notizen. Ich hatte nix anderes gemacht als die Stunden zuvor. Ich führte Jutta in den Prozess und sie fing plötzlich an, von dem Stalker zu erzählen, der sie vor vielen Jahren verfolgte. Wir waren mitten im Prozess, als ich plötzlich anfing zu schluchzen. Tränen liefen mir über die Wangen. Ein tiefes Schluchzen war zu vernehmen und es war mir unmöglich, weiterzusprechen, oder gar den Prozess zu beenden.

Alexandra, eine der Trainerinnen, war gerade im Raum, bemerkte es und griff ein. Sie zog mich nach draußen und ging mit mir an die frische Luft. Ich zitterte am ganzen Körper, die Anspannung war mir ins Gesicht geschrieben. Mein Gesicht war fahl und blass. Ich konnte nicht aufhören, zu weinen. Das Schluchzen klang wie von einer gequälten Katze, tief, laut und ging selbst ihr unter die Haut.

Wir standen nur da, sie fragte mich, ob sie mich in den Arm nehmen dürfe. Ich zuckte zuerst zurück und zögerte, mein Kopf nickte und ich spürte, jetzt ist es an der Zeit, all den Schmerz der letzten Jahre loszulassen, all die unterdrücken Tränen, all die Anpassung, all den Schmerz, all das, was ich nie jemandem gezeigt hatte. Ich weiß nicht, wie lange wir dort gestanden haben. Als mein Körper sich beruhigt hatte und ich nicht mehr das Bedürfnis verspürte, zu schluchzen, setzten wir uns und ich erzählte ihr von meinem Stalker, dass er mich mit Fotos erpresste, von den Erniedrigungen, den Morddrohungen, dem Missbrauch, meinen Schuldgefühlen, meiner Scham, meiner Angst, wie er mir drohte, sollte ich diese Geschichte jemals erzählen, würde er mir mein Leben zur Hölle machen und mich für immer zerstören, meiner Wut, der Verzweiflung und meiner unglaublichen Hilflosigkeit, die ich verspürte, weil keiner in meiner Familie oder meiner Freunde damit umgehen konnte, dass einer so starken und positive Frau wie mir so etwas passiert ist.

Alexandra sagte zu mir »Anja, nichts im Leben passiert ohne Grund. Jede Seele hat eine andere Aufgabe, andere Erfahrungen zu meistern. Deine ist es wohl, dass du anderen Menschen hilfst, mit deiner Geschichte und dem, was du erlebt hast, schlimme Traumata wie Sexualverbrechen, Vergewaltigung, Stalking oder andere Arten von Gewalt zu heilen und ihnen wieder zurück ins Leben zu helfen«. Denn seit Beginn des Seminars waren es immer die Geschichten, die sich bei mir und meinen Gruppenarbeiten zeigten, mit dem Unterschied heute, dass ich nun vor der Gruppe geweint und mich nicht wie die anderen beiden Tage im Klo oder auf meinem Hotelzimmer versteckt hatte, um zu weinen. Denn ich schämte mich, vor Menschen zu weinen. Ich bin eine so starke Frau, für die es sich nicht gehört, zu weinen, zu jammern oder Gefühle zu zeigen. Ich war bis zu diesem Zeitpunkt Meisterin darin, dass niemand sehen konnte, was wirklich in mir vorging. Die Menschen kannten mich nur als Anja, den kleinen Sonnenschein, immer positiv, immer gut gelaunt. Das habe ich in meiner Hotelfachausbildung perfekt gelernt. Denn ein Gast sollte auch niemals mitbekommen, wie es mir geht, meine privaten Probleme und Sorgen hatten dort keinen Platz. Es schien mir eine sehr dienliche Eigenschaft zu sein. Doch jetzt galt es, ein Ziel zu formulieren und etwas in meinem Leben zu verändern und zu verbessern, und vor allem wollte ich wieder Steuerfrau meines Schiffes sein. Da begriff ich, dass ich das Muster durchbrochen hatte, denn ich habe etwas anders gemacht als sonst. Ich habe in der Gruppe geweint, in diesem Moment war die ganze Gruppe für mich da, ich wurde aufgefangen, ich wurde nicht wie damals mit meiner Angst alleingelassen. Doch das konnte auch nur passieren, weil ich mich entschlossen hatte, mein Leben wieder in meine Hände zu nehmen, ich wollte wieder Steuerfrau meines Schiffes werden, meiner Träume und Wünsche, und was am allerwichtigsten war, ich wollte endlich die Träume und Wünsche leben, die ich hatte, nicht die, die ich von anderen übernommen hatte. Wie hart es jedoch für mich sein würde, mein eigenes Schiff zu steuern, sollte ich in den nächsten Monaten zu spüren bekommen.

Mein neues Ziel war also: Ich bin so glücklich und dankbar dafür, dass ich mich ab sofort bedingungslos liebe und die Gewissheit in mir verspüre, mich ab jetzt stets vollkommen authentisch und klar mit meiner Herzensbotschaft zu zeigen.

Der Moment, der mir schier unendlich vorkam, und dennoch waren es nur 120 Sekunden. Ich spürte dieses Ziel so klar vor Augen. Es war, als würde sich ein Kanal für mich öffnen. Ich war entschlossen, die Rede, so wie ich sie noch vor zwei Wochen zur Generalprobe gesprochen hatte, heute am finalen Tag jetzt und hier auf dieser Bühne nicht zu erzählen. Mir fiel es wie Schuppen von den Augen und ich stellte mir die Frage: Will ich, dass die Menschen eine Version von mir kennenlernen, eine Verniedlichung, eine Aneinanderreihung von Geschichten und Storys zum Thema Sexualität, welche sie auch im Internet finden, auf Google oder sonst wo, oder wollte ich meine Geschichte erzählen? Die Antwort war binnen einer Sekunde getroffen: Meine Geschichte.

Ich spürte, wie die Angst, die ich zuvor noch gespürt hatte, von mir wich. Ich spürte die Klarheit in meiner Stimme, den festen Boden der Bühne unter meinen Füßen, ich spürte die Entschlossenheit und das Vertrauen. Jetzt gab es kein Zurück mehr. Stefan Frädrich war schon mittendrin, mich anzumoderieren. Meine Sinne waren geschärft, jedes Wort, das er sagte, war für mich nun enorm wichtig, ich blendete das Team aus, die Regie, einfach alles, denn jetzt war kein Moment, um irgendjemandem zu sagen, dass ich meine Rede mal einfach so über den Haufen geworfen habe. Es war mir auch völlig egal, was die anderen später sagen würden, dass es wohl nicht jedem gefallen würde und vor allem nicht dem Team von GEDANKENtanken. Ich ging also auf die Bühne. Ich war zum ersten Mal seit Langem wieder ich selbst. Nicht die, die ich sein sollte, sondern die, die ich sein will. Nicht den Vorstellungen anderer folgend, sondern meinem eigenen Weg. Ich wusste, alles andere wird sich von selbst ergeben.

Ich war nervös. Die 18 Minuten, die uns als Redezeit von Anfang an zur Verfügung gestellt wurden, vergingen wie im Flug. Ich erzählte von meiner Kindheit, wie ich auf dem Bauernhof hinter München aufgewachsen bin. Von der Stigmatisierung der damaligen Zeit, dass man über nix redete, weder über Sex noch über Geld, Politik oder gar über Stalking, Vergewaltigung, sexuelle Übergriffe oder gar andere Themen in diesem Bereich. Ich erzählte von Masturbation, meine Geschichte, wie ich Sex-Coach wurde, von meinen Ängsten, meinen Wünschen und meinen Zielen. Ich tauchte mit den Zuschauern in das Thema der Selbstliebe ein und erklärte, wie wichtig es ist, sich zu lieben, zu berühren, zu masturbieren, seine Werte zu kennen und auch zu leben. Ich fühlte diese Klarheit, ich fühlte, wie die Worte nur so aus mir heraussprudelten, ich fühlte mein

Herz und ich fühlte mich richtig frei. Frei von allen Zwängen, allen Regeln. Es war mir scheißegal, was die Menschen dachten.

Als ich meine Rede beendet hatte und in die Gesichter der Zuschauer, der Regie und meiner Speaker-Kolleg*innen blickte, konnte ich eine Mischung aus allem erkennen: Entsetzen, weil ich eine völlig andere Rede präsentierte, als alle von mir erwartet hatten, Unverständnis, Menschen, die weinten, lachten, irritiert waren, gelangweilt, verblüfft und sogar erstaunt. Ich war die vorletzte Rednerin. Ich ging zurück hinter die Bühne. Man nahm mir das Mikro ab und einige vom Team fragten mich, ob ich zufrieden sei. Ich antwortete erleichtert: Ich war zum ersten Mal einfach nur ich selbst. Ich erzählte ehrlich, dass es mich störte, dass mir keiner gesagt hatte, ich hätte noch Lippenstift auf den Zähnen, was mich etwas verunsichert hatte, da meine Freundin Claudia, die im Publikum saß, während meiner Rede immer so komisch gestikulierte, ich jedoch erst jetzt beim Blick in den Spiegel begriff, was sie mir eigentlich sagen wollte.

Ich war stolz auf mich, aber auch sehr verunsichert, wie es beim Team ankommen würde, weil ich meine Rede einfach so spontan geändert hatte. Ich war die vorletzte Rednerin an diesem Abend. Ich war froh um den Moment, als Kristian Ignatov, als letzter Redner an diesem Abend, auf die Bühne ging, die ganze Umkleide, Maske und alle aus dem kleinen Zimmer verschwunden waren und ich mit meinen Gedanken und Gefühlen endlich für einen kurzen Moment allein sein konnte. Mein Magen knurrte und meine Kehle war so trocken wie eine Stück Holz. Ich ließ die Gedanken kreisen, für einen kurzen Moment kam doch ein Gefühl der Angst hoch, was, wenn ich es verkackt habe, was, wenn die Rede nicht gut genug ist, um von GEDANKENtanken promotet zu werden, was, wenn es ein Fehler gewesen war, sie zu ändern? Was, wenn mein Stalker seine Drohung doch noch wahr machen würde? Ich spürte einen kurzen Moment der Reue. Doch das Gefühl wich schnell wieder, denn mein Hunger war nun so groß, dass ich keine Zeit mehr hatte, darüber zu philosophieren. Ich machte mich auf vom Backstage-Bereich in den Bereich für die Gäste und zum Bufett, das es an dem Abend für die Redner und deren Begleitpersonen gab.

Im Foyer angekommen traf ich Claudia, meine Freundin. Sie war außer sich vor Wut. Sie umarmte mich und sagte: »Anja, du bist so eine große und wundervolle Seele, danke. Ich war so berührt von deiner Geschichte und deinem Mut. Es war großartig. Ich hätte nie den Mut gehabt, wie du es hast, dich da hinzustellen und so eine Geschichte zu erzählen, und auch nicht die Größe. Aber das war nicht die Rede von gestern Abend, die du mir vorgetragen hast. Woher kam der plötzliche Entschluss, hat es mit dem Coaching zu tun, das du noch mit Henriette Frädrich hattest?« »Ja«, entgegnet ich ihr, verunsichert, warum sie so wütend war. Und da fuhr es aus ihr heraus: »Doch die Visagistin, die sie haben, wie hat sie dir denn deine Haare gemacht, die Locken gehen ja gar nicht, die sehen furchtbar aus, und wieso hat dir keiner gesagt, dass du roten Lippenstift auf den Zähnen hast, das hat man voll gesehen, das geht absolut nicht. War denn keiner hinter der Bühne, der das kontrolliert hat, was ist das denn für eine Sauerei!« Sie war so empört darüber, dass meine Frisur nicht ordentlich war und das Make-up ihrer Meinung nach nicht professionell gewesen war für eine Bühne und einen Anlass wie diesen, wofür ich so viel Geld bezahlt habe.

In diesem Moment war mir das aber scheißegal, denn irgendwie lief an diesem Tag nichts so, wie ich es mir vorgestellt hatte. Ich versuchte, meine Gefühle und Emotionen und vor allem die Gedanken erst mal beiseitezuschieben, denn ich wollte einfach nur essen. Dann sah ich Barbara, meine Schwester, die Treppe herunterkommen. Sie war die ganze Zeit oben auf der Empore gesessen, die an diesem Abend nur für das Team von GEDANKENtanken und die engsten Begleitpersonen der Speaker gedacht war. Sie hatte Tränen in den Augen und war so berührt von meinem Auftritt. Sie nahm mich in den Arm und hielt mich einfach nur fest. Ich konnte spüren, wie stolz sie war, und das zeigte sie mir, indem sie mich einfach festhielt. Wir standen noch eine Weile da und tauschten uns aus über den Patzer mit dem Lippenstift auf meinen Zähnen, die anderen Redner, deren Eindrücke, Erkenntnisse, was war gut und was nicht. Sie zeigten mir die Fotos, die sie gemacht hatten, Videos, die Barbara während des Abends aufgenommen hatte, und wir waren uns einig. Es war ein erfolgreicher Auftritt und egal, was die anderen später sagen würden, es braucht eine Menge Mut, ja, eine Menge. Barbara und Claudia bestärkten mich in meinem Gefühl, alles richtig gemacht zu haben, denn es ist mein Leben, mein Weg, meine Reise und mein Moment der Offenbarung, den ich gebraucht habe, damit nun der Heilungsprozess einsetzen kann. Denn mit dieser Rede, mit diesem Abend, mit diesen 18 Minuten auf dieser Bühne habe ich etwas angestoßen, von dem ich keine Ahnung hatte, was noch alles passieren würde. Doch das ist eine andere Geschichte.

Wir gingen gemeinsam nach oben in den ersten Stock des Foyers der Volksbühne. Der letzte Redner des Abends war bereits fertig. Wir schlichen uns gemeinsam noch mal hinein. Claudia unten ins Parkett, Barbara und ich oben auf die Empore. Da begegnete ich Thomas und einigen anderen Mitgliedern des Teams. »Du hast deine Rede geändert, wir haben allen schon so gespannt erzählt, was jetzt kommt und dass die Rede ein Hammer wird. Doch dazu kam es nicht.« Ich entgegnete nur, dass es sich nicht richtig angefühlt habe, und fragte, ob das jetzt ein Problem sei. In seinen Augen konnte ich sehen, dass es wohl nicht so gut angekommen ist, wie ich es empfunden habe. Wohl gar nicht gut angekommen. »Wir reden später darüber, du musst in zehn Minuten wieder mit auf der Bühne sein.« Es gab nämlich wie jedes Mal bei THE KEY eine Ehrung für den besten Speaker des Abends. Die Regie nahm mich mit zum Geheimgang hinter die Bühne. Da standen schon alle Speaker in Reih und Glied, damit wir in der richtigen Reihenfolge auf die Bühne gehen. Der Redner des Abends wurde vom Publikum gewählt. Jeder wünschte es sich, doch ich wusste schon im Vorfeld, dass ich es nicht sein werde.

Es gab zwei Special Guests an diesem Abend, professionelle Speaker, die schon seit Jahren in dem Bereich arbeiten und damit schon richtig gut Geld verdienen. Jeder der Redner und Rednerinnen war unterschiedlich weit in seiner Entwicklung. Wir standen alle an unterschiedlichen Punkten auf unserer Erfolgsleiter. Für mich war GEDANKENtanken ein Meilenstein und gleichzeitig ein Schritt in eine ungewisse Zukunft. Jeder hatte an diesem Abend alles gegeben, sein Bestes gezeigt. Gewonnen hat an diesem Abend Kristian Ignatov mit seiner Rede: Kick-off in dein wahres Leben. Wir haben gemeinsam auf der Bühne gestanden und gefeiert, wir haben unsere Standing Ovations genossen, jeder auf seine Art und Weise.

Ich habe diesen Moment so genossen, dort zu stehen und vor 400 Menschen gesprochen zu haben. Wenn ich mich an die Angst erinnere und die schlotternden Knie zu Beginn und dass ich fast alles hingeschmissen hätte einige Monate zuvor und den Moment, wie befreit ich jetzt bin, nachdem ich es einfach getan habe. Und jetzt stehe ich wieder hier mit sieben anderen großartigen Rednerinnen und Rednern und nehme meine Ehrung von GEDANKENtanken entgegen. Das goldene Mikrofon der New Faces Night, das mich immer daran erinnern wird, wie mutig ich war, auf einer Bühne zu stehen. Das war mein persönlicher Kick-off-Moment in mein wahres Leben. Jetzt konnte die Party beginnen und ich konnte endlich etwas essen. Es war, als wäre jetzt alles von mir abgefallen, all die Anspannung der letzten Monate, der Druck, der Stress, all die Sorgen, all die Ängste, einfach alles. Jetzt konnte die Party beginnen.

Ich unterhielt mich noch mit vielen Gästen an diesem Abend, einer war Martin. Er kam auf mich zu und sagte mir, wie mutig er meinen Entschluss fand, mit so einem Thema auf die Bühne zu gehen. Eins der ehrlichsten und intimsten Statements, das jemals auf der Bühne von GEDANKENtanken stattgefunden hat. Einfach toll! Ich war sichtlich berührt, mit so viel Zuspruch hatte ich nicht gerechnet, es kamen einige Frauen auf mich zu und dankten mir für diese Ehrlichkeit und diese offenen Worte, denn darüber zu sprechen, dass man gestalkt wird, sich für seinen Köper schämt, weil es da mal eine Situation im Leben gegeben hat, in der ein fremder Mann dich erniedrigt und so demütigt hat, dass du nur noch aus Angst und Panik bestehst, macht Mut und gibt Frauen in dieser Welt neue Hoffnung.

Das Feedback fiel ganz unterschiedlich aus, so waren sich Anya, Chris, Yve und einige andere vom Team bei GEDANKENtanken, mit denen ich in den Workshops war sowie zur Vorbereitung auf die Bühne, einig, dass die Rede, welche ich für die Generalprobe schrieb, besser gewesen sei, als das, was ich an diesem Abend abgeliefert hatte. Sie waren sichtlich enttäuscht und auch etwas fassungslos, was mich bewogen hatte, das zu tun. Sie konnten meine Beweggründe gar nicht verstehen, denn sie hatten wohl im Publikum erzählt, wie sehr sie sich auf mich und meine spritzige Rede freuen würden, die ja so cool sei. Dem war dann wohl nicht so.

Ich war dankbar, als ich es endlich nach vielen Gläsern Sekt und Bier dann doch noch zum Bufett geschafft habe. Ich wusste, es war um 23 Uhr noch ein Tisch in einer kleinen Bar um die Ecke reserviert, in der wir noch zu einem Umtrunk eingeladen waren. Ich war erleichtert und konnte erst jetzt das Bufett richtig genießen. Ich führte noch tolle Gespräche mit den anderen Rednern, Gästen, Special Guests und Menschen, die an diesem Abend alle Vorträge angehört hatten. Die Zeit des Feierns verging wie im Flug. Gegen 3 Uhr morgens kam ich bei meiner Freundin Claudia in der Wohnung an. Ich fiel todmüde und erleichtert ins Bett und schlief schnell ein.

Als ich am nächsten Morgen aufwachte, war es, als fiele ich erst mal in ein tiefes Loch. Wieder holte mich die Panik ein, was würde passieren, wenn der Stalker seine Drohung doch wahr machen würde und mir das Leben zur Hölle machte oder Schlimmeres? Ich fing an zu weinen und das gute Gefühl vom Vorabend war wie weggeblasen. Es war, als würde mich die Angst der letzten Monate einholen, als er mir wieder Briefe schickte, unerwartet Geschenke ankamen und er noch mal versuchte, mich aufzusuchen. Auch wenn ich eine Anzeige bei der Polizei gemacht hatte, er sich mir nicht mehr nähern durfte, hatte mein Anwalt recht, dass solche Menschen nichts auf Gesetze geben und erst recht nichts auf die Justiz. Für die ist es wie ein Spiel, eine Jagd, und das würde seinen Jagdtrieb nur noch mehr anheizen, denn alles, was dieser Mensch wollte, war, mein Leben zu zerstören, er wollte mich besitzen, und das ließ ich nicht zu, ich hatte mir in der Nacht, als ich Anzeige erstattete, geschworen, dass er sich mit der Falschen angelegt hatte und dass es Zeit wurde, dass solche Menschen ihre gerechte Strafe bekommen, auch wenn ich wusste, dass die Chancen in meinem Fall gleich null waren.

Als ich da so in meinem Bett lag, genoss ich die Sonnenstrahlen, die in mein Zimmer und mir ins Gesicht fielen. Das Licht erhellte den Raum auf eine magische Weise. Ich hörte Claudia in der Küche Kaffee kochen. Dennoch wollte ich noch nicht aufstehen. Vielmehr wollte ich meinen Gedanken nachhängen und blieb einfach noch eine Weile im Bett. Erinnerungen stiegen auf, als ich damals in Gifhorn war, vor einem Jahr, um mein Ziel neu zu formulieren. Mir fiel wieder ein, wie meine Vision damals ausgesehen hatte. Ich sah mich mit einem Mann an einem See sitzen, wir lachten und hatten sichtlich viel Spaß. Ich sah mich auch auf einer Bühne vor vielen Menschen sprechen. Wieder rannen mir die Tränen übers Gesicht. Ich hatte beide Ziele erreicht, hatte auf einer Bühne gestanden und vor Menschen gesprochen und ich war in einer Beziehung, ich fühlte mich unglücklich und wusste nicht mal, wieso. Sollte man nicht eigentlich glücklich sein in so einem Moment, wenn man seine Ziele erreicht hat? Sollte man sich nicht freuen, stolz auf sich sein? Ich war alles andere als stolz. Ich fühlte mich traurig, leer und ausgelaugt. Ich war müde. Die Beziehung war absolut nicht das, was ich mir vorgestellt hatte, und ja, ich war zwar auf der Bühne, doch das war erst der erste Schritt, denn schließlich fängt jetzt die Arbeit richtig an. Ich fragte mich, wie geht es jetzt weiter, was will ich damit anfangen und vor allem: Wie wird man Speaker? Wie kommt man an Aufträge, wie finden dich die Menschen? Ich beschloss, erst einmal zu frühstücken. Als ich aufstand, war die Wohnung leer. Claudia war schon zur Arbeit gegangen und ich genoss es, nach dem ganzen Trubel einfach mal allein zu sein. Ich zog mich an und ging an den Rhein, das Wetter war herrlich.

Meine Gedanken kreisten, und erst beim Gehen erkannte ich, wie sich mein Leben in den letzten zwei Jahren verändert hatte. Wie ich mich verändert hatte. Ich hatte lange nicht mehr daran geglaubt, dass es möglich sei, allein an einem Fluss spazieren zu gehen. Wenn du wie ich über mehrere Jahre verfolgt wirst, jemand jeden deiner Schritte kennt, weiß, wer deine Freunde sind, wo du arbeitest, mit wem du dich triffst, wohin du zum Sport gehst, was du beim Sport machst, wo du essen gehst, mit wem du dich triffst, und das zu jeder Tages- und Nachtzeit, hältst du das nicht mehr für möglich. In dieser Zeit habe ich mich radikal verändert, ich habe mich zurückgezogen, meine sozialen Kontakte gekappt, den Sport nach und nach aufgegeben und auch nichts mehr unternommen, ich hatte mehrmals Anzeige erstattet, bekam von der Polizei jedoch immer die gleiche Antwort: »Ja, Frau Mack, es ist Ihnen ja noch nichts passiert, also können wir zum jetzigen Zeitpunkt gar nichts machen.« Stalking und widerrechtliches Verfolgen, penetrantes Belästigen, Bedrohen und Terrorisieren meiner Person, ohne dass ich das wollte, war also nicht genug? Ich kam mir vor wie ein gejagtes Wild, ausgesetzt und von allen alleingelassen. Manche Opfer halten das für Jahrzehnte aus. Bei mir hat es nur zwei Jahre gedauert, dann kamen die Drohungen und die Erpressungen und dann erst hat die Polizei ermittelt und meine Anzeige hatte Bestand. Leider wurde das Verfahren dieses Jahr aus Mangel an Beweisen und wegen Einsicht des Täters fallengelassen. Er bekam lediglich eine Geldstrafe von 150 Euro, plus die Gerichtskosten, denn er war ja psychisch labil, er war ja nicht Herr seiner Sinne. Das machte mich am meisten wütend, denn die Verzweiflung, die Albträume und die Scham und Schuldgefühle, die dieser Mann bei mir hinterließ, waren und sind zum Teil immer noch da. Wie viele Frauen und Opfer halten diesem Druck nicht stand, werden sogar damit erpresst, wenn sie reden, dass man sie tötet, Ende vom Lied. Sie bringen sich um, weil ihnen niemand beisteht und zeigt, wie man mit den Emotionen, der Wut, dem Hass und der Angst umgeht. Wäre ich damals den klassischen Weg gegangen, wäre ich heute auch tot.

Doch ich habe nicht den klassischen Weg gewählt, ich habe zuerst versucht, mich meiner Familie anzuvertrauen, doch das war schwieriger, als alles allein durchzustehen. Keiner sieht, was in dir vorgeht, wie viele Kämpfe du jeden Tag mit dir ausmachst, wie viel Angst du hast, wie schlecht du schläfst und wie sehr du dich vom Leben und vor allem von den Menschen zurückziehst, aus Angst, noch mal so verletzt zu werden, aus Angst, einen Menschen jemals wieder so nah an dich heranzulassen. Oft braucht es einen solchen Auslöser, um zu verstehen, was deine Aufgabe oder deine Berufung im Leben ist. Für manche ist es eine Chance, wie für mich, und andere verlieren sich und versinken in Depression, Selbstmitleid, Angst, Schuldgefühlen und der unglaublichen Scham, weil es ihnen passiert ist.

Ich weiß noch genau, als ich es meiner Mama erzählte, sie sagte, das erzählen wir keinem. Mein Papa … für ihn war das so fremd und er sagte nur, das wird wieder aufhören. Meine Schwester sagte, es war ja klar, dass dir das passiert, so offen, wie du durch die Welt gehst.

Das war der Moment, der mir den Boden unter den Füßen wegzog, den Job hatte ich schon gekündigt, denn ich war psychisch nicht mehr in der Lage, dort zu arbeiten, zu groß der Druck und die Angst, er würde mich dort finden. Ich kündigte, ohne dass jemand wirklich wusste, wie ernst meine Lage war. Ich wollte kein Drama, denn schließlich kannten mich ja alle als die taffe, starke Frau. Der Sonnenschein, der in allem etwas Gutes sah und immer eine Lösung hatte, Regentage gab es so gut wie nie bei mir. Doch in mir sah es alles andere als sonnig aus. Die Dunkelheit zerfraß mich mehr und mehr und ich begriff, ich brauche Hilfe, denn meine Familie und Freunde konnten sie mir nicht geben, so viel stand fest. Doch was nun, wer konnte mir wirklich helfen? Es war an einem Sonntagnachmittag, einen Tag nach den Heiligen Drei Königen 2018, als ich beim Weißen Ring anrief, meine Finger zitterten, meine Stimme brach weg, als sich am anderen Ende ein Mann meldete. Ich war mir nicht sicher, ob ich es tun sollte, war es mein Untergang oder war es meine Rettung? Ich entschied mich für Letzteres, wenn ich etwas wusste, dann, dass Sterben und diese Erde zu verlassen leichter war, als zu leben. Doch zu leben schien mir die bessere Option, zu groß waren meine Träume und Wünsche, was ich noch erleben wollte. Und wenn ich es nicht für mich tue, dann für meine wundervollen Kinder, die ich irgendwann haben werde.

Meine Entschlossenheit war dieselbe wie auf der Bühne, es ist meine Geschichte und sie wird nicht heute enden. Schon am nächsten Tag hatte ich den Termin mit der Dame vom Weißen Ring, eine eigenständige Hilfsorganisation, die speziell für Kriminalitätsopfer und deren Familien da ist. Ab diesem Zeitpunkt fielen mir viele Dinge zu. Ich wusste, jetzt ist der Moment gekommen, in dem ich mein Leben in meine Hände nehmen musste, es war meine Verantwortung und ich hatte genug über mich ergehen lassen. Es waren immerhin zwei Jahre. Klingt für viele nicht lang, denn bei manchen Frauen dauert die Gewalt Jahrzehnte an. Doch ich wollte mich selbstständig machen, wollte damit Geld verdienen, das konnte ich aber nicht, wenn ich nicht gesund war und einen psychischen Knacks hatte.

Der Weiße Ring half mir dabei, bei der Polizei Anzeige zu erstatten, vermittelte mich an die richtigen Adressen von Ärzten und Psychologen. Aber ich merkte schnell, dass ich so nicht weiterkomme. Ich habe zwei Psychologen ausgesucht, doch das war mehr eine Farce, als dass es wirklich eine Hilfe war. Ich sollte immer nur reden und erzählen, doch eine wirkliche Antwort, Empfehlung oder Hilfe gab es nicht. Es schien, als hätten die selbst keine Ahnung und wären psychisch noch labiler als ich. Ich unterhielt mich lange mit meiner Oma, sie meinte: »Kindchen, dann kannst du dich auch mit mir unterhalten, bei mir kannst du wenigstens noch weinen, wirst in den Arm genommen und bekommst eine heiße Schokolade mit Sahne. Nur mit dem Unterschied, dass ich es vielleicht bald vergesse, weil ich Demenz habe.« Das war eine weit bessere Aussicht als eine klassische Therapie.

Es vergingen einige Monate und ich fokussierte mich auf mein Gründercoaching und den Aufbau meiner Existenz, wie auch immer das aussehen sollte. Ich wollte mit Ernährung starten, denn als Ayurveda-Therapeutin war mir die ayurvedische Psychologie sehr vertraut und sehr nützlich für meinen Heilungsprozess. Bis zu dem Zeitpunkt bestritt ich meinen Weg allein. Meine Familie dachte, es sei alles normal mit mir, ich hängte mich in meine Arbeit, denn als Existenzgründer muss man viel wissen und lernen, das kam mir gerade sehr recht. Auch meine Freunde ließ ich in dem Glauben, dass alles in Ordnung sei. Denn schließlich war ich ja Anja, ich konnte alles allein mit mir ausmachen, wie ich es immer getan hatte. Was war eigentlich dabei, mal um Hilfe zu bitten und zu sagen, dass nicht alles okay sei? Ich wusste jedoch sehr genau, dass ich eine tickende Zeitbombe war, denn irgendwann wollten die Emotionen auch mal gefühlt werden. Doch noch war es nicht an der Zeit für mich, diese Hürde zu nehmen.

Während der Speaker-Ausbildung hatte jeder noch mal die Möglichkeit, zwei Coaching-Stunden zu buchen, um sich optimal auf die Bühne vorbereiten zu können. Ob im Bereich Bühnenperformance, Rede, Dramaturgie, Präsenz, Ausdruck oder Schauspiel, blieb uns überlassen. Ich wollte diese Stunden eigentlich gar nicht in Anspruch nehmen, doch nach der Generalprobe war ich so verunsichert, dass ich es doch tat. Meine erste Stunde buchte ich bei der Schauspielerin Barbara Fernandez. Als Schauspielerin und Synchronsprecherin schien sie mir perfekt, denn ich wollte einmal eine unabhängige Meinung von einem Profi aus einem anderen Berufszweig, der nicht der klassische Speaker und Coach ist.

Gesagt, getan. Eine Woche vor dem Auftritt wagte ich es und machte einen Termin mit ihr. Ich bekam nützliche Tipps fürs Sprechtraining, für meine Haltung und meine Körpersprache. Sie war nicht wirklich zufrieden mit der Struktur meiner Rede, fand sie zu unorganisiert im Hinblick auf Dramaturgie und ihr fehlte auch der Bezug zu meiner persönlichen Geschichte, zu dem Zeitpunkt stand für mich fest, ich wollte meine persönliche Geschichte nicht erzählen. Ich hatte sie zu diesem Zeitpunkt nicht mal in einem der Workshops erzählt oder sonst jemandem im Rahmen der Speaker-Ausbildung anvertraut. So viel Angst machte mir das.

Die Tage vergingen. Ich bastelte weiter an meiner Rede und versuchte, mehr Spannungsbögen einzubauen. Je näher der Auftritt kam, desto nervöser wurde ich. Ich konnte nicht mehr richtig schlafen, und als hätte ich nicht schon genug Aufregung, meldete sich mein Stalker wieder. War das ein Zeichen, ein böses Omen? Panik stieg in mir auf, was wäre, wenn er an dem Abend da sein würde, was wäre, wenn er wüsste, was in mir vorging, dass ich darüber nachdachte, meine Geschichte zu erzählen? Ich malte mir jedes Horrorszenario aus. Für einen Moment versank ich wieder in der tiefen Angst, in der Panik, doch heute war ich imstande, meine Gedanken in eine völlig andere Richtung zu lenken. Ich wusste, es gab Menschen, die waren für mich da, unterstützen mich. Ich wusste, dass der Film, der gerade in meinem Kopf ablief, nur ein Albtraum war und dass so etwas nicht möglich sei. Ich verwarf den Gedanken wieder.

Doch es ließ mich nicht los. Ich konnte noch einen Termin machen. Ich habe mit mir gerungen, ob ich das tun sollte. Doch irgendetwas trieb mich an, es zu tun. Es war mitten in der Nacht, nur wenige Tage vor meinem Auftritt. Ich buchte meinen letzten Termin bei Henriette Frädrich, ehemalige TV-Redakteurin, Unternehmerin, Autorin und ebenfalls Rednerin. Sie kannte das Format bei GEDANKENtanken und es schien mir eine gute Idee. Ich folgte meinem Gefühl und buchte eine Stunde. Diese Stunde war nur einen Tag vor meinem Auftritt. Ich weiß nicht, was mich geritten hatte, doch was konnte schon passieren, dachte ich mir.

Ich hatte richtig gut geschlafen. Es war also ein Tag vor meinem Auftritt. Ich war gut gelaunt und freute mich, denn schließlich konnte ja nicht mehr viel schiefgehen. Ich musste vor dem Termin einige Fragen beantworten und sie wollte auch meinen Redeentwurf haben, um sich besser vorbereiten zu können. Das Gespräch verlief sehr gut, jedenfalls der Small Talk. Sie war sehr ehrlich zu mir. Sie sah mir in die Augen und sagte: »Anja, diese Rede klingt nicht nach dir. Was willst du auf der Bühne darstellen, was willst du präsentieren? Jemanden oder dich? Diese Rede, die du da geschrieben hast, was ist dein Leitmotiv dahinter? Ich vermisse deine Geschichte, Anja. Du hast eine tolle Stimme, eine tolle Ausstrahlung, doch der

Vortrag, so wie du ihn halten willst, ist ohne Nutzen, es sind zu viele Fragen darin, keine Struktur, mir fehlt die Kernbotschaft und ein ernsthaftes Leitmotiv.« Ich musste erst mal schlucken. Ich war fassungslos, sie verriss gerade meine Rede, in weniger als zwei Sekunden. Ich schluckte, musste mich zusammenreißen, um nicht loszuheulen. Damit hatte ich nicht gerechnet. Sie sah mich an, sie spürte, dass ich mit den Tränen kämpfte. Sie legte die Unterlagen weg und dann stellte sie mir eine sehr persönliche Frage: »Anja, ich vermisse jegliche Emotion, was versuchst du zu verbergen, was ist es, das du nicht erzählen willst? Sei dir im Klaren, diese Chance, morgen auf der Bühne zu stehen, hast du nur einmal. Doch willst du, dass die Leute dich kennenlernen, wer du wirklich bist, oder nicht?« Damit hatte sie mich. Es platzte aus mir heraus. Ich konnte die Tränen nicht mehr zurückhalten. Ich erzählte ihr meine Geschichte von meinem Stalker und von dem, was ich in den vergangenen 18 Monaten durchgemacht hatte. Sie lächelte mich an.

»Anja, das ist es, was auf die Bühne gehört, da ist Emotion drin, das ist ein Leitmotiv, das hat einen Nutzen für die Menschen, eine klare Kernbotschaft und vor allem, das bist du. Du bist eine wundervolle Frau und du könntest so vielen Menschen Mut machen mit deiner Geschichte. Denk darüber nach.» Wir arbeiteten noch ein paar Mindmaps aus, und sie machte mir so viel Mut, diese Geschichte zu erzählen. Bevor ich das Gespräch mit ihr beendete, wollte ich nur noch von ihr wissen, ob sie wüsste, ob es ein Problem sei, wenn man nach der Generalprobe seine Rede noch mal verändere. Aber sie machte mir Mut, dass dies häufiger der Fall sei, als man denkt.

Wir beendeten unser Gespräch. Jetzt war ich noch mehr verunsichert als vorher. Fuck, dachte ich, und was mache ich jetzt? Ich war bereits in Köln bei Claudia. Als sie von der Arbeit zurückkam, fragte sie entsetzt, was passiert sei. Wir machten zusammen Abendessen und ich erzählte ihr bei vielen Gläsern Wein, was passiert war. Scheiße, sagte sie, doch weißt du, dass es auch was Gutes hat, es hat einen Grund, warum du genau heute mit ihr noch ein Gespräch hattest. Weißt du was? Bevor du schlafen gehst, übergeben wir es dem lieben Gott und den Engeln, sollen sie für dich entscheiden, was das Richtige ist. Lass morgen dein Herz sprechen. Wir standen auf dem Balkon, und sie rauchte eine Zigarette. Ich sagte zu ihr, Claudia, lass uns beten. Sie grinste bis über beide Ohren, wir richteten beide den Blick in den Nachthimmel, die Luft war kalt und man konnte die Sterne so klar sehen wie lange nicht mehr. Plötzlich huschte eine Sternschnuppe vorüber. Ich wünschte mir etwas.

Ich wünschte mir, dass morgen genau das geschehen möge, was mir für meine Entwicklung am meisten bringen würde, und am meisten wünschte ich mir Heilung und Frieden für mich. Ich sandte noch ein Stoßgebet hinterher, dass mein Stalker nicht bei der Veranstaltung sein würde und ich beschützt und behütet sein möge.

So gingen wir schlafen und erst in den 120 Sekunden vor meinem Auftritt entschied ich, nicht irgendeine Geschichte zu erzählen, sondern genau meine. Ich hatte Glück, denn von meinem Stalker war während meiner ganzen Zeit, als ich in Köln war, nichts zu hören und nichts zu sehen.

Plötzlich riss mich ein Bellen aus meinen Gedanken. Wie vom Blitz getroffen war ich wieder am Rhein, ich stand immer noch an der gleichen Stelle, meinen Blick aufs Wasser gerichtet, die Sonne ging bereits unter und ich sah, wie aus der Ferne ein Hund auf mich zusteuerte. Für einen Moment spürte ich wieder diese Panik, dass jemand hinter mir war, schnell und hastig drehte ich mich um, schaute suchend hin und her, scannte panisch die Umgebung ab, doch weit und breit nix zu sehen. Ich war allein, außer dem Hund und dem Herrchen war niemand zu sehen. Vor lauter Erleichterung atmete ich tief auf. Dennoch war ich aufgewühlt und immer noch mit meinen Gedanken beim Vorabend. War es nun richtig gewesen? Das spielte keine Rolle, denn der Abend war gelaufen. Ich machte mich auf den Weg zurück zu Claudias Wohnung, es war unser vorerst letzter gemeinsamer Abend in Köln, bevor ich am Morgen zurück nach München aufbrechen würde.

Wieder zu Hause angekommen, war ich erst mal erleichtert, dass es vorbei war. Da niemand meiner Freunde und auch sonst nur wenige Menschen verstanden, wieso ich Unternehmerin und Coach werden wollte, hatte ich auch fast niemandem von meinem Auftritt erzählt. Mein derzeitiger Partner oder was auch immer ich für ihn zu diesem Zeitpunkt war, zeigte keinerlei Interesse an dem, was ich in Köln gemacht hatte oder während all der Workshops, die ich besuchte. Ich kam also zurück und hatte das gleiche Gefühl der Leere wie unmittelbar einen Tag nach meinem Auftritt in Köln. Ich konnte nicht erklären, woher diese Leere kam. Doch Fakt war, dass ich mich traurig fühlte und überhaupt nicht erleichtert. Jetzt hatte ich zwar meine Geschichte erzählt, doch es änderte rein gar nichts in meiner unmittelbaren Umgebung, denn die Einzigen, die meine Rede gehört hatten, waren meine Freundin Claudia und Ria aus Köln, meine engste Freundin Steffi aus München und meine Schwester Barbara. Irgendwie fühlte ich mich beschissen.

Meine Vision hatte sich erfüllt, doch wieso fühlte ich mich immer noch so hilflos, alleingelassen und voller Schuldgefühle und Scham?

Ich erzählte meiner Freundin Ursel von meiner Zeit in Köln und bat sie wegen der tiefen Leere und Traurigkeit um Hilfe. Es dauerte nicht lange, da sagte sie: »Anja, du musst deine Stimme benutzen, es reicht nicht, wenn du das nur einmal tust. Du hast dich entschieden, nicht mehr zu schweigen, dann schweige auch nicht länger. Kennst du die Geschichte der Suffragetten?» Sie begann zu erzählen. Es handelte sich damals um eine mehr oder weniger organisierte Gruppe von Frauenrechtlerinnen, welche in Großbritannien und den Vereinigten Staaten mit öffentlichem Widerstand und dem Stören offizieller Veranstaltungen bis hin zu Hungerstreiks für ein allgemeines Frauenwahlrecht eintraten. Doch ihre Hauptaufgabe bestand darin, ihre Stimmen zu erheben, um die Welt zu verändern. »Anja, wenn du weiterhin schweigst, wirst du nichts verändern können, das war der Schritt in die richtige Richtung. Also, ich kann dir nur weiterhelfen, wenn du deine Stimme auch benutzt, du bist auf dem richtigen Weg, die Welt zu verändern. Du weißt doch, Veränderung geschieht nicht über Nacht, sie braucht Zeit. Kopf hoch, mein Kind, lass dich nie entmutigen. Du weißt ja, wie deine Familie manchmal ist, sie sind einfach nicht da, wo du bist, und sie verstehen nicht immer alles, was du tust, dafür hast du ja mich und meine Sippe. Du musst nur um Hilfe fragen, dann sind wir für dich da.« Ich blickte ihr in die Augen und nickte: »Danke für deinen weisen Ratschlag, Ursel.«

Es war nun schon eine Woche her seit meinem Auftritt in Köln, als plötzlich eine Mitarbeiterin von GEDANKENtanken anrief. Es ging um das Feedback zu meinem Auftritt, das sie mit mir besprechen wollte. Wir plauderten eine Weile, und sie fragte mich, wie ich es empfunden habe und ob ich mit meinem Auftritt zufrieden war. Ich erzählte ihr ehrlich, wie befreit ich mich danach gefühlt hatte. Sie erzählte mir von dem Performance Score, den sich GEDANKENtanken ausgedacht hat, für die Weiterempfehlung meines Auftritts. Es wurde wohl an dem Abend noch eine Umfrage gestartet. Der Wert rangiert von -100 bis +100. Meiner lag bei -78, was wohl grottenschlecht war. Ab dem Moment, wo sie mir erklärte, wie das zustande kam, stieg ich aus. Ich verstand es überhaupt nicht. Es war für mich einfach nur eine unlogische Zahl. Ich bat sie, mir zu sagen, wie die Zuschauerstimmen waren. Das Feedback war durchwachsen. Alle waren sich einig, dass ich sehr selbstbewusst rüberkam und es ein gutes Thema sei. Sie las mir die weiteren

Meinungen vor, welche zu dem Scoring-Wert beitrugen. Es mangelte an Struktur, die Botschaft kam zu spät, keine Reihenfolge, man verlor während des Vortrags das Interesse, zu wenig emotional, aber noch viel Potenzial nach oben, zu unstrukturiert, Nonsens-Vortrag, Se-Coach mit toller Geschichte, wovon man mehr hören will, kein roter Faden bis hin zum Fremdschämen. Ich schluckte erst mal. Ich hatte ja mit Gegenwind gerechnet, doch das hatte ich nicht erwartet. Ich war ihr dankbar für die Offenheit und die Ehrlichkeit. Ich versuchte, sachlich und gefasst zu bleiben, denn schließlich konnte sie ja nichts dafür, dass ich meinen Vortrag einfach geändert hatte, bevor ich auf die Bühne ging. Dafür war es doch gar nicht so schlecht, dachte ich mir. Sie erklärte mir weiter, wann ich die Fotos vom Auftritt bekommen würde und wie lange es dauert, bis ich mein geschnittenes Videomaterial bekommen würde, das ich dann für mein Marketing beliebig verwenden durfte. Es bestand auch noch die Möglichkeit, dass GEDANKENtanken das Video des Auftritts promoten würde, dies war jedoch keine Garantie und kein Bestandteil des Vertrags. Sie wussten schon, wieso sie das nicht in den Vertrag aufnahmen. Es gab wohl ein internes Gremium, das beschlossen hatte, mein Video nicht in die Promotion aufzunehmen. Grund war genau der, den ich schon vermutet hatte: Ich hatte den Vortrag nach der Generalprobe verändert, ohne es abzusprechen, er war zu hart, zu wenig lustig, zu wenig charmant, zu groß war die Abweichung sowie die vulgäre, unstrukturierte Wortwahl und es fehlte wohl der rote Faden. Man kam zu dem Schluss, dass er nicht in das Konzept passt und deshalb nicht promotet wird. Jedoch darf ich das Videomaterial frei verwenden und selbst auf meinen sozialen Kanälen oder auch auf meiner Homepage promoten. Sie sagte auch, es hätte nichts mit mir als Person zu tun. Ich kam mir vor wie in einem grottenschlechten Vorstellungsgespräch. Sie bedankte sich noch für die Zusammenarbeit und somit war die Arbeit von GEDANKENtanken abgeschlossen. Mein Projekt Speaker-Ausbildung war hiermit offiziell beendet. Wir redeten noch ein wenig und dann legten wir auf.

Das Gespräch traf mich wie ein Faustschlag ins Gesicht. Es kam mir vor, als wäre alles umsonst gewesen. Danach fiel ich wieder in ein Loch, doch diesmal noch schlimmer als zuvor. Ich stellte ungefähr alles infrage, bis mich drei Tage später meine Freundin Gertraud anrief. »Anja, Liebes, wie geht es dir? Wir haben uns so lange nicht mehr gehört, wie war es in Köln? Wie war dein Auftritt? Erzähl mir alles!« Ich fing an, ihr von meinem Auftritt zu erzählen, von meiner Wut auf

Henriette, meine Reue darüber, dass ich meine Rede doch geändert hatte, meine Verzweiflung, erneute Schuldgefühle, nicht gut genug zu sein als Speakerin, meine Angst, meine Scham, so viel Geld dafür bezahlt zu haben. Ich erzählte ihr alles, was mich in dem Moment bewegte. Gefühlte Stunden später lachte sie und sagte: »Anja, das ist doch nicht so schlimm, ich habe eigentlich schon vorher gewusst, dass es so kommen wird, aber diese Erfahrung war so wichtig für dich. Weißt du, das zeigt eben, dass diese Plattform und diese Firma nur Mainstream sind, sie wollen kein Aufsehen erregen. Dein Thema polarisiert, das hätte wohl ihrem Ruf geschadet, vielleicht wollen sie nicht mit Sexualität und Tabus in Verbindung gebracht werden. Doch sieh es mal so, dann denken sie einfach zu klein für dich, dann musst du mit deinem Projekt international gehen, lass das Video übersetzen mit Untertiteln und egal, was die sagen und was irgendein Score sagt, der ist voll für'n Arsch, denn die Leute kennen dich nicht. Sie wissen nicht mal, wer du bist, die kennen dich nicht so, wie ich dich kenne, und sie sehen noch nicht, was ich sehe. Die Welt ist vielleicht noch nicht bereit für so viel Revolution von Frauen, wie du eine bist. Doch ich bin stolz auf dich, du hast den ersten Schritt getan, du hast deine Stimme benutzt, und glaube mir, das, was daraus entsteht, wird so groß, die kommen von ganz allein wieder auf dich zu. Lass das Universum mal arbeiten.« Ich glaubte nicht, was ich da hörte. Mein inneres Kind tanzte und jubelte, meine Seele war erfüllt und nun war es, als hätte Gertraud all meine Lebensgeister zum Leben erweckt. Es war, als hätte sie in mir eine Kraft geweckt, die sagen will: Welt, jetzt komme ich, ich zeige euch schon noch, was in mir steckt. In mir fing etwas an, zu wachsen und zu reifen. Ich weiß noch nicht, was, ich kann nur so viel verraten: Es lohnt sich, meinen Weg weiterzuverfolgen. Wir plauderten noch eine ganze Weile über Gott und die Welt.

Nach unserem Gespräch fühlte ich mich wesentlich besser und mein Entschluss stand fest. Mein Thema ist nicht Mainstream genug und daher für GEDANKENtanken nicht geeignet. Ich hatte zwar keine Ahnung, wohin das nun führen würde und was noch alles kommen würde, doch eines wusste ich: Schon bei dem ersten Workshop vergangenes Jahr im Juni, bei dem es um unsere Positionierung ging, sorgte ich für jede Menge Aufregung. 80 Prozent des Lerninhalts wurde in einem Onlinekurs mit verschiedenen Modulen zur Verfügung gestellt und von den Teilnehmern selbstständig erarbeitet, denn schließlich weiß ja nur ich, wofür ich stehe. Die Phase der Positionierung war für mich sehr spannend, ich lernte so viel über mich und meine Motivation, diese Reise zu beginnen, meine Ziele, meine Vision dahinter, warum ich auf die Bühne wollte. Ich lernte zum ersten Mal meine Persönlichkeit richtig kennen, meine Stärken, meine Schwächen. Lernte, wie wichtig Kompetenzen sind. Ich lernte viel über Unternehmertum, über Positionierung meines Unternehmens, über das Marketing und dessen Performance später nach außen sowie alles um die Promotion meines Geschäfts. Im Anschluss daran gab es einen Präsenz-Workshop in Köln, bei dem eine Präsentation gehalten wurde über das, was man erarbeitet hatte. Dort lautete das Feedback bereits, dass der Sex-Coach zu hart sei, und sie versuchten regelrecht, mir nahezulegen, mein Konzept und meine Positionierung zu verändern. Doch ich wich keinen Zentimeter davon ab, denn schließlich machte mich diese Geschichte aus. Doch auch in diesem Workshop hatte ich sie nicht erzählt, sondern nur angerissen.

Doch Fakt war, ich war dabei und das war alles, was zählte. Dank Sofie, denn sie hatte die Bewerbung für mich ausgefüllt, ohne dass ich es wusste, ganz nebenbei bei einem Telefonat. Sie fragte mich, ob ich mal darüber nachgedacht hatte, auf die Bühne zu gehen, denn da gehörte ich hin. Ich sagte, ja, vielleicht in drei bis fünf Jahren. Okay, und warum nicht jetzt, hakte sie weiter nach, stellte mir ein paar merkwürdige Fragen, doch ich vermutete nix Böses, derweil waren es alles Fragen des Bewerbungsformulars, welches sie dann einfach abschickte. Sie war sozusagen mein Schicksal.

Am nächsten Morgen hatte ich dann eine E-Mail in meinem Posteingang, dass die Bewerbungsfrist schon vorbei sei, sich aber jemand telefonisch bei mir melden würde. Ich verstand die Welt nicht mehr. Es meldete sich tatsächlich jemand und so kam es, dass meine Bewerbung eigentlich zu spät war, man mir jedoch eine Chance geben wolle und ich sollte doch binnen 24 Stunden ein Bewerbungsvideo schicken, wieso ich dabei sein müsse. Okay, dachte ich, das krieg ich hin. Da ich Landwirtin bin und wir gerade mitten in der Arbeit steckten, die Felder zu bestellen, dachte ich mir, entweder mache ich es gleich oder gar nicht. Während ich noch auf dem Traktor saß, holte ich mein Handy hervor, lief dann im Garten umher und nahm ein Video auf, schickte es ab und machte mich dann weiter an die Arbeit. Ich hatte eher das Gefühl, dass sie mich jetzt sowieso nicht mehr nehmen, doch das Gegenteil war der Fall. Das Video muss so eingeschlagen haben, dass ich schon am nächsten Morgen alle Vertragsunterlagen zugeschickt bekam, und so kam ich überhaupt dazu, Speakerin zu werden.

Die Zeit nach dem Auftritt verging, und auch wenn mein Video nicht promotet wurde, ergaben sich schon wenige Wochen danach wirklich tolle Projekte. Ich wurde tatsächlich als Speakerin für Events und sogar Kongresse gebucht, ich lernte, Verträge zu machen, Gagen auszuhandeln und fixierte tatsächlich meine ersten Aufträge. Ich stellte die ersten Rechnungen und konnte die ersten Geldeingänge verbuchen, bis Corona kam. Dann lernte ich, wie man Verträge ändert, Gagen zurückerstattet. Zusammen mit meiner Steuerberaterin hatte ich eine Menge zu tun, um die Events, die gar nicht mehr stattfinden konnten und abgesagt wurden, rückabzuwickeln. Die Krise war nun da, doch was bedeutete das für mich? Ich war noch nicht mal gestartet und schon sollte alles vorbei sein? Worin lag denn nun die Chance für mich? War die Speaker-Richtung doch nicht meine oder waren erst andere Erfahrungen für mich vonnöten? Doch wenn ich eines verstanden hatte, dann war das, Chancen zu erkennen und zu nutzen, und das hatte ich damals definitiv getan, als ich meine Zusage gab: »Ja, ich will dabei sein!« Denn dieses Ja war ein Ja zu mir.

Während der Präsenz-Workshops in Köln mit Frank Asmus und Christian Gaertner lernte ich so vieles. Ich habe gelernt, wie es ist, mit Kritik umzugehen. Wie man eine Keynote entwickelt und präsentiert. Ich lernte etwas über Dramaturgie als Autorin und Darstellerin meiner Rede, diese selbst zu inszenieren und Regie zu führen, bis das Ganze ein Meisterstück ist – und jeder weiß, wie lange Mozart und Beethoven für ihre Meisterwerke gebraucht haben. Für beide war das ein Lebenswerk.

Nur wenige Monate später, die nun seit meinem Auftritt zurückliegen, kann ich sagen, dass ich in meinem Leben noch mal eine Menge bewegt habe. Denn die wichtigste Lektion war, dass ich lernte, mich selbst noch mehr zu lieben und auf mein Herz zu hören. Ich habe gelernt, dass die schlimmsten Schmerzen, die dir Menschen zufügen können, oder gar Emotionen und Leid, das wir erfahren, nur Warnungen sind, sie wollen mir und auch dir zeigen, dass du etwas in deinem Leben verändern sollst. Dass du genau hinschauen sollst. Befasse dich mit deinen inneren Dämonen und Ängsten. Kämpfe nie gegen deine eigene Wahrheit, denn sonst bist du nicht authentisch. Ich habe das ein Leben lang gemacht, um anderen zu gefallen, um Anerkennung im Außen zu bekommen. Ich habe mich angepasst, doch eines kann ich dir sagen: Ich war selten wirklich authentisch. Ich habe vieles gemacht für andere, weil sie es so wollten, weil man es von mir verlangt hat oder weil ich zu viel Angst hatte, einfach ich selbst zu sein.

Ich habe am eigenen Leib erfahren, was es heißt, wenn Menschen dir ihre Wünsche und Träume aufzwingen und es gar nicht deine sind. Wenn du Dinge nur tust, um andere zu beeindrucken. Wenn du von Menschen erwartest, dass sie dich glücklich machen müssen, wenn du ihnen verzweifelt nachläufst, damit sie dir etwas Anerkennung und Liebe schenken, dabei ist es deine Aufgabe, dir beides selbst zu schenken. Denn das ist Respekt und wahre Selbstliebe.

Ich lerne, mein Leben so zu lieben, wie es ist, ohne mich mit anderen zu vergleichen, denn so, wie ich im Leben stehe, wird es kein anderer tun. So, wie ich auf der Bühne stehe und erzähle, kann es kein anderer. So wie ich die Dinge sehe und fühle, sieht und fühlt sie kein anderer. Alles, was mir gerade in Zeiten von Corona passiert, was mit dem anschaulich harten Feedback passierte, ist eine Aufforderung für mich, zu wachsen. Es ist mein Lernprozess für Reife, der nie aufhören wird, solange ich lebe.

Ich habe gelernt und verstanden, dass mir das Leben eine Menge Gelegenheiten zum Wachsen schenkt und ich bei jeder meiner Erfahrungen, ob gut oder schlecht, schön oder grausam, zu jeder Zeit am richtigen Ort sein werde, auch wenn ich zu diesem Zeitpunkt nicht erkennen kann, was das Gute daran sein soll. Doch ich weiß, alles geschieht aus einem bestimmten Grund. Ich darf nur noch mehr lernen, es einfach geschehen zu lassen. Denn nur so gewinnt man Selbstvertrauen in sich, seinen Weg und seine Fähigkeiten.

Ich habe gelernt, immer weiter an meine Träume und Wünsche zu glauben. Ich lasse mich manchmal meiner freien Zeit berauben, schmiede dennoch neue Pläne und neue Projekte für die Zukunft, lerne, mehr von dem zu tun, was mir wirklich Spaß und Freude bereitet. Ich liebe es, wenn mein Herz lacht, und egal auf welche Art und Weise, ich gebe das Tempo vor. Denn in der Einfachheit liegt das Geheimnis, das ist nicht nur bei einer Rede so, das kann auf das Leben übertragen werden, immer und zu jeder Zeit.

Das schmerzhafteste, was ich gelernt habe und bei dem ich festgestellt habe, dass auch das ein Prozess fürs Leben sein wird, ist, loszulassen, was mich krank macht. So habe ich meine Beziehung losgelassen, denn sie war nicht mehr gesund für mich. Ich trenne mich mehr und mehr von Menschen, Speisen, Dingen und

Situationen, die mir Energie rauben und mich runtergezogen haben. Denn hätte ich das damals nicht mit meinem Stalker getan, wäre ich heute nicht mehr hier. Das ist gesunder Egoismus. Denn alles, was mich von mir entfernt, hat nix mit Selbstliebe zu tun, sondern mit EGO. Doch alles, was mich mir näher bringt, ist wahre Selbstliebe.

Ich habe gelernt, nicht immer alles allein machen zu müssen, nicht immer recht haben zu wollen. Das trägt dazu bei, dass ich mich weniger irre, und macht mich noch bescheidener und bodenständiger, und das braucht man in einer Welt, in der es immer mehr um höher, größer, schneller und weiter geht. Der Leistungsdruck wächst von Tag zu Tag, doch auch hier ist es so, wie du entscheidest, ob du in dem Zug mitfährst oder vorher aussteigst.

Ich habe gelernt, mehr im Hier und Jetzt zu leben und nicht länger in der Vergangenheit oder mir gar Sorgen um die Zukunft zu machen. Vergebung sorgt dafür, dass ich jeden Augenblick noch mehr genieße, denn alles findet nun mal in diesem Augenblick statt, und das tagein, tagaus. Das ist wahre Erfüllung, nicht im Morgen und nicht im Gestern zu leben.

Ich habe gelernt und erkannt, dass mein ständiges Nachdenken und Grübeln krank machen kann. Dass mich Angst in den Abgrund treibt und von meinem Herzen trennt. Doch wenn ich meinen Verstand als wertvollen Verbündeten nehme und beides miteinander verbinde, handle ich nach der Weisheit meines Herzens.

Doch die allerwichtigste Lektion war: dass ich begonnen hatte, mich selbst zu lieben. Und ab diesem Zeitpunkt begriff ich, dass ich alles in mir habe. Menschen können ihre Meinung frei äußern, sie müssen mich und meine Geschichte nicht mögen, sie haben andere Konflikte, Probleme und Auseinandersetzungen. Sterne knallen schließlich auch aufeinander und dabei entstehen neue Welten, ich muss nur lernen, mich noch mehr zu lieben, dann entstehen auch bei mir noch Abertausende neue Welten. Denn das ist es, worum es im Leben wirklich geht, und das ein Leben lang: sich jeden Tag aufs Neue lieben zu lernen, denn ich habe noch keinen Menschen gesehen, der an zu viel Selbstliebe, zu vielen Komplimenten, zu vielen Berührungen, zu vielen Küssen, zu viel Liebe gestorben ist.

ÜBER ANJA MACK

Anja Mack ist im Münchner Osten zu Hause – »ein Landkind«. Als Unternehmerin und Coach für Sexualität arbeitet sie in den unterschiedlichsten Bereichen. Mit ihrer aufgeweckten, empathischen, unglaublich herzlichen und verlässlichen Art weiß sie genau, was sie will. Getreu nach dem Leitspruch »Cut the shit« setzt sie sich für Gewalt gegen Frauen, eine bessere sexuelle Aufklärung und auch dafür ein, sich selbst lieben zu lernen und anzunehmen.

Anja Mack über Ulrich Olbrisch

Sexualität und Geld haben mehr miteinander gemeinsam, als wir Menschen glauben. So wie wir Geld mit gewissen Mängeln assoziieren, tun Menschen das auch mit der Sexualität. Sie können entweder ein Leben in Fülle führen oder in Armut. Sie können erfüllt sein oder innerlich leer. Sie können ein erfülltes Sexleben haben oder nicht. Ebenso können sie ein volles Bankkonto haben. Wie ich stellte auch Ulrich immer unbequeme Fragen im Leben, die ihm aber letzten Endes ein enormes Wissen in Sachen Geld und Finanzen einbrachten und ein volles Bankkonto. Wieso das lange eine Schwäche für ihn war und heute zu einer Stärke geworden ist, lesen Sie im nächsten Kapitel. Ich bin der Meinung, so wie man Sexualität erleben muss, damit Sie feststellen können, was Sie mögen und was nicht, so müssen Sie auch Finanzprodukte kennen und verstehen lernen. Denn ein Leben ohne Geld ist genauso traurig wie ein Leben ohne Berührung und Hingabe. Jeder Mensch, der sagt, Geld ist im Leben nicht wichtig, lügt. Denn Geld zu haben kann Sie genauso erfüllen wie ein Orgasmus beim Sex. Kein Geld zu haben kann Sie traurig, krank und unglücklich machen. Also wird es nun Zeit, sich auch mit Geldanlagen, Vermögen und diversen anderen Geldformen vertraut zu machen. Fangen Sie an, Geld zu lieben, und Sie werden mehr davon in Ihr Leben ziehen. Auf die gleiche Weise werden sich auch Ihre Gesundheit und Ihr Sexleben verbessern. Wir kreieren immer von innen nach außen, somit liegt es in unserer Eigenverantwortung, uns dies beizubringen. Denn vergessen Sie nie, es wird keiner in Ihr Leben kommen und es für Sie besser machen, das musste auch Ulrich immer wieder feststellen.

Kapitel 7

ULRICH OLBRISCH

EIGENVERANTWORTUNG – VOM LIEBEN GELD UND DER GESUNDHEIT

Es gibt Tage im Leben, die für die Ewigkeit ins Gedächtnis gebrannt sind. Bei vielen ist zum Beispiel der Tag, als Prinzessin Diana tödlich verunglückte, ein solcher. Fast jedem sagt heute das Datum 9/11 etwas. Aber auch im Privatleben gibt es Tage, die nie in Vergessenheit geraten. Der Gang vor den Traualtar (auch wenn das genaue Datum manchmal nicht präsent ist) zählt für viele genauso dazu wie die Geburt des Kindes. Es sind genau diese Momente, die den Lebensweg beeinflussen oder verändern. In der Biografie einer Schauspielerin habe ich einmal gelesen, war es der Moment, als sie zum ersten Mal ihr Gesicht in Übergröße auf einer Kinoleinwand sah. Erst da hat sie wirklich gespürt, dass sie ihren Lebenstraum erreicht hatte. Es sind »magische Momente«, die auch nach Jahren noch abrufbar sind. Ich bin fest davon überzeugt, dass es genau diese Momente sind, die darüber entscheiden, ob wir irgendwann auf ein glückliches oder nur auf ein durchschnittliches Leben zurückblicken. Wobei natürlich zu diesen magischen Momenten auch Stunden der Trauer, der Angst oder gar Verzweiflung gehören. Schlussendlich ist es die ganze Bandbreite der Emotionen, von Himmel hoch jauchzend bis zu Tode betrübt, die unsere Zeit auf Erden im wahrsten Sinne des Wortes lebenswert macht. Auch wenn es sicher nicht einer der herausragenden Momente war, von dem ich Ihnen im Folgenden erzählen möchte, so ist es doch einer von denen, die mir im Gedächtnis geblieben sind und die mein Leben noch einmal verändert haben. Es begann mit einer Werbemail, wie sie jeder von uns wahrscheinlich schon viel zu oft bekommen hat. Der Absender: GEDANKENtanken (heute Greator). Der Inhalt: Wir suchen neue Gesichter und neue Themen. Zu diesem Zeitpunkt war ich bereits seit einer gefühlten Ewigkeit als Finanzberater tätig und beschäftigte mich seit rund zehn Jahren intensiv mit den sogenannten Leistungsparametern im Blut. Ich hatte alles zum Thema Persönlichkeitsentwicklung, was mir noch halbwegs fundiert vorkam, gelesen, unzählige Seminare besucht und auch gehalten. Ohne Übertreibung kann ich behaupten, dass ich gerne und oft als Ratgeber in vielerlei Hinsicht gesucht wurde. Hier war also die Möglichkeit, ein viel breiteres Publikum zu erreichen. Aber wollte ich das wirklich? In die Öffentlichkeit treten und sich denen aussetzen, die viel Energie darauf verschwenden, alles und jeden zu kritisieren? Als Chancen-Denker fiel die Entscheidung innerhalb von wenigen Minuten. Wenn mir die Chance geboten wird, meine Herzensthemen auf die Bühne und somit auch in die (virtuelle) Welt zu bringen, dann muss ich diese nutzen. Warum diese beiden Themen aus meiner Sicht so wichtig sind? Weil jeder, ausnahmslos jeder, davon betroffen ist. Ob jemand Lust darauf hat, sein Zeitmanagement zu verbessern, sich für Umweltschutz, im Bereich Klimawandel, vegane Ernährung oder was auch immer einzusetzen, hängt viel von der persönlichen Einstellung und Begeisterungsfähigkeit ab. Die privaten Finanzen und die eigene Leistungsfähigkeit sind aber unmittelbar damit verbunden, sozusagen das Fundament des Lebens. Nicht umsonst sind Gesundheit und Geld in der Maslowschen Bedürfnispyramide in den untersten Ebenen zu finden. Mein Antrieb und Wunsch ist es, Ihnen eine andere Perspektive auf die Themen Geld und Gesundheit zu geben, sodass vielleicht ein wenig meiner Begeisterung auf Sie überspringt. Beginnen wir mit ein paar Fakten:

Laut Statista besaßen 2019 die Bundesbürger 446 Millionen Versicherungsverträge und 26 Millionen Bausparverträge. Bei rund 83 Millionen Einwohnern bedeutet das also, JEDER besaß im Schnitt 5,67 Verträge.[28] Vom Neugeborenen bis hin zum Ruheständler. Kein Wunder also, dass sich nicht nur die Versicherungen, Banken und Bausparkassen selbst um diesen Markt bemühen, sondern auch eine nicht zählbare Masse von Gelegenheitsvermittlern, Vertriebsfirmen, Maklern und sonstigen Vertriebsmitarbeitern. Oft sind es Menschen aus dem eigenen Umfeld, die mit guten Tipps oder Ratschlägen entweder selbst einen Vertrag vermitteln oder aber zumindest jemanden kennen, der tolle Angebote hat. Bis Anfang der 1990er-Jahre gab es noch eine starke Bindung zwischen Kunden und Gesellschaften. Waren die Eltern bei der Pfefferminzia, haben logischerweise auch die Kinder ihre Verträge der Pfefferminzia anvertraut.[29] Mir selbst ist es zu Beginn meiner beruflichen Laufbahn nicht anders ergangen. Nach Ablauf der Probezeit stand die erste Entscheidung über einen längerfristigen Vertrag an, denn nun konnte ich vermögenswirksame Leistungen vom Arbeitgeber bekommen. Es kam, wie es kommen musste – ein Verwandter war bei einer Versicherungsagentur und von dem bekam ich meinen ersten Versicherungsvertrag. Eine Lebensversicherung! Mir war zwar nicht klar, warum ich im Alter von gerade mal 17 Jahren schon mein Leben absichern sollte, aber das klang an besagtem Nachmittag alles so logisch, und mangels Information und Auswahl unterzeichnete ich also meinen ersten Vertrag … Ein sehr teurer Nachmittag, wie ich später herausfinden sollte.

So wie mir damals geht es heute noch vielen jungen Menschen, die ihre Schullaufbahn beenden. Sie haben gelernt, wie man Gedichte interpretiert, wie Gleichungen mit zwei Unbekannten gelöst werden oder wie ein Gänseblümchen seziert wird. Aber wie macht man eine Steuererklärung? Worauf sollte ich achten, wenn ich ein Girokonto eröffne? Wie lege ich Geld gewinnbringend an? Welche Versicherungen brauche ich in welchem Lebensabschnitt? Auf diese Fragen können, aus meiner Sicht, die wenigsten eine Antwort geben. Alles, was ab dann passiert, nenne ich gerne mit einem Augenzwinkern das gesunde Halbwissen, denn irgendwie wurschteln sich ja die meisten Menschen auch durch. Trotzdem sollte die Frage erlaubt sein, warum in Deutschland ein nicht kleiner Teil unserer Rentner als »arm« gilt. Warum es in unserem angeblich so reichen Land weniger Immobilieneigentum gibt (51,5 Prozent) als zum Beispiel in Norwegen (81,3 Prozent). Ein letztes Beispiel: 2017 hatte etwa 6 Prozent der Bundesbürger Aktien, in den USA dagegen 25 Prozent.[30] Liegt es vielleicht daran, dass »man« in Deutschland über Geld nicht spricht? Lassen Sie sich auf den nächsten Seiten inspirieren, informieren und nutzen Sie 30 Jahre Erfahrung im Finanzmarkt, um bessere Entscheidungen zu treffen und somit dafür zu sorgen, dass auch Sie finanzielle Freiheit erreichen.

Von Fehlern und Chancen

Einige Jahre, nachdem ich meinen ersten Vertrag unterzeichnet hatte (Fehler 1), brav jeden Monat meine damals noch 78 D-Mark (39,88 Euro) überwiesen wurden, hatte ich einen Plan: Ich wollte mit zwei Freunden zusammen ein Wohnmobil kaufen, um es zu vermieten. Die Idee: Jeder von uns gibt 20 000 D-Mark, um das Projekt zu starten. Also bin ich zur Bank, um einen Kredit zu beantragen (kein Fehler). Dieser sollte mir aber nur unter der Auflage bewilligt werden, dass ich ein gewisses Eigenkapital mitbrachte. Wenn ich mich richtig erinnere, ging es damals bei einem Darlehen von 20 000 D-Mark um mindestens 1000 D-Mark an Eigenkapital. Außer meiner Lebensversicherung hatte ich allerdings keine weiteren Sparanlagen (definitiv Fehler 2), denn von meiner Ausbildungsvergütung blieb halt am

Ende des Monats nichts mehr übrig. Da mir dieses Projekt aber wirklich wichtig war, fasste ich den Entschluss, bei der Versicherung nachzufragen, ob ich mir nicht Geld aus meiner Police auszahlen lassen könne. Denn, so mein Gedanke, ich hatte ja schon 2,5 Jahre einbezahlt, was in meinen Augen hieß: 936 D-Mark x 30 Monate = 2340 D-Mark. Die Antwort der Gesellschaft kam prompt und sehr deutlich: Eine Auszahlung wäre in meinem Vertrag nicht vorgesehen. Sie könnten maximal ein Policendarlehen herausgeben, aber dafür wäre der Wert meiner Police noch nicht hoch genug. Alternativ käme nur eine Kündigung infrage, der sogenannte Rückkaufswert läge aber leider erst bei etwa 600 D-Mark. Wie bitte? Hatte mir der Vertreter nicht erzählt, dieser Vertrag wäre eine gute und sichere Anlage? Wie waren denn dann 1700 D-Mark Verlust entstanden? Um die Geschichte abzukürzen: Darüber, dass beim Abschluss meiner Versicherung erst einmal unglaubliche Gebühren berechnet wurden, hat der Vertreter kein Wort verloren. Weitere teilweise extreme Fehlentscheidungen sollten in den kommenden Jahren folgen und dafür sorgen, dass sich mein Vermögen immer eher im roten Bereich als im schwarzen, also positiven Bereich befand. Zu diesem Zeitpunkt habe ich alles, was mir als Einkommensmöglichkeit geboten wurde, angehört und getestet. Selbst die absurdesten Ideen, wie zum Beispiel eine Roulette-Strategie (die garantiert funktioniert), alle möglichen Varianten von Kettenbriefsystemen oder Schneeballsystemen habe ich mir in oft stundenlangen Gesprächen oder Veranstaltungen angehört und manche sogar (mit deutlichen Verlusten) ausprobiert.

Der Start in die Finanzdienstleistung

Bis ich 1989 in einer Veranstaltung eines damals noch sehr jungen Unternehmens der Finanzbranche saß. Beeindruckt war ich nicht nur von den Einkommens- und Karrierechancen, sondern dort wurde vor allem ein wichtiger Nerv bei mir getroffen: mein mittlerweile tief verwurzelter Groll gegen alles, was mit Banken, Versicherungen und Bausparkassen zu tun hatte. Mir wurde an diesem Abend nämlich zum ersten Mal aufgezeigt, warum ich bisher keine vernünftige Beratung bekommen hatte. Vereinfacht ausgedrückt lautete die Erklärung: Der Kunde bekommt nicht das, was er braucht, sondern das, was sich Gesellschaften ausdenken. Diese Produkte werden dann an den Vertrieb gegeben und die suchen sich dafür Kunden. Ein Paradebeispiel aus der Werbung über viele Jahre hinweg: Herr Kaiser von der XY Versicherung spaziert durch die Gegend und erklärt jedem, wie wichtig und sinnvoll eine Lebensversicherung ist. In diesem Unternehmen sollte genau das auf den Kopf gestellt werden. Wie beim Arzt: Erst Untersuchung, dann Diagnose, dann Medikament. In der Finanzwelt: Erst Daten erheben, dann auswerten und prüfen und dann erst die Beratung. Der entscheidende Unterschied war eine Unabhängigkeit, die es damals in dieser Form sonst nicht gab. Es war möglich, (fast) alle Versicherungen, Banken, Bausparkassen und Investmentfonds anzubieten. Darüber hinaus auch noch Kapitalanlagen wie geschlossene Fonds, vermietete Immobilien und, und, und. Eine geniale Idee, von der ich sofort begeistert war. Mein größtes Problem war der Einstieg, denn um an die ersten »Kunden« zu kommen, sollte das eigene Umfeld aktiviert werden. Das war bei mir a) schlecht machbar, da ich zu dieser Zeit meinen Wehrdienst ableistete und daher nicht in meiner Heimat war, und b) das für mich aus persönlichen Gründen nicht infrage kam. Ich habe immer großen Wert darauf gelegt, ohne Hilfe aus meinem Umfeld auszukommen. Das würde ich für keinen Job der Welt ändern. Mir blieb also nur eine Möglichkeit: Die sogenannte Kaltakquise (Wer damit nichts anfangen kann: Man nehme das Telefonbuch und rufe wildfremde Menschen an, um denen die eigene Dienstleistung schmackhaft zu machen). Was für die meisten Kolleg*innen die Hölle war – ich fand es wunderbar. Ich habe die Kaltakquise in den nächsten Jahren perfektioniert, denn für mich bedeutete dies nicht nur unbegrenzte Ansprechpartner, sondern es wurde auch die vielleicht wichtigste Fähigkeit trainiert, die damals wie heute in jeder Branche überlebenswichtig ist: Kommunikation. Parallel zu der wirklich umfassenden Ausbildung zu allen Finanzprodukten hatten wir eine Vielzahl an Seminaren zu Themen wie Persönlichkeitsentwicklung, Zeitmanagement, Personalführung und natürlich Verkauf. Ich bin absolut davon überzeugt, dass mir diese Ausbildung nicht nur im Beruf, sondern in allen Lebensbereichen unglaubliche Erkenntnisse und Einsichten verschafft hat. Selbst wenn es nur der Impuls gewesen sein sollte, sich mit diesen Themen eingehender zu beschäftigen, hat es seinen Zweck erfüllt. Wer jetzt erwartet, dass nun die unfassbare Geschichte eines wahnsinnig erfolgreichen Finanzberaters folgt, den muss ich leider enttäuschen. Denn, aus heutiger Sicht völlig klar, standen mir immer persönliche Schwächen im Weg, die verhinderten, dass ich mein Potenzial in den ersten Jahren voll entfalten konnte. Die erste große Schwäche, die ich mir irgendwann eingestehen musste, war die mangelnde Fähigkeit zu Umsetzung. In dem Moment, in dem ich einen Kunden überzeugt hatte von meiner Dienstleistung oder einem Produkt, verlor ich das Interesse. Rückblickend betrachtet war es, als ob ich nur testen wolle, ob ich jemanden überzeugen *kann*. Dümmer geht es überhaupt nicht. Ich habe Termine vereinbart, ein Erstgespräch geführt, um den Interessenten zu begeistern, vielleicht sogar noch die Datenerhebung und die Beratung durchgeführt und wenn der Kunde dann überzeugt war – LANGWEILIG! Es hat sogar Kunden gegeben (bei denen ich mich ausdrücklich entschuldigen möchte), die haben nach der Beratung nie wieder etwas von mir gehört. Was eine absolute Katastrophe war, denn bis zu diesem Zeitpunkt im Beratungsprozess hatte ich noch nicht einen einzigen Euro verdient. Es gab nämlich kein Festgehalt, sondern ausschließlich Provision … Eine teure Lehrzeit. Meine ureigene Schwäche wurde umso schlimmer, je besser ich in den nötigen Fähigkeiten wurde. Ich war einer von den Menschen, die perfekte Beratungen durchführen, jede noch so detaillierte Frage beantworten konnten, die aber immer deutlich unter ihren Möglichkeiten geblieben sind. Sieben direkte Führungskräfte sah ich kommen und gehen, Hunderte Kolleg*innen habe ich in Seminaren und Veranstaltungen kennengelernt – meine Schwäche, meine Motivation oder meinen persönlichen Antrieb hat leider keiner meiner Führungskräfte erkannt. Stattdessen wurde immer versucht, mich durch klassische Motivationsmethoden zu begeistern. Für mich und mein weiteres Leben habe ich dadurch gelernt, dass Führungskraft kein Titel ist, sondern eine Fähigkeit, die leider viele nicht wirklich beherrschen. Aus Sicht meiner »Führungskräfte« hatte ich eine noch viel größere Schwäche, die ich heute aber sogar als Stärke betrachte. Ich war immer schon unbequem. Ich habe immer schon alles hinterfragt und wollte genau wissen, warum dieses oder jenes gemacht wird. Um es an einem simplen Beispiel zu verdeutlichen: Warum soll ich im Auto einen Sicherheitsgurt tragen? Sollte es mir nicht selbst überlassen sein, ob ich mein Leben riskiere, weil ich keinen Gurt trage? Natürlich weiß ich, dass es auch Unfälle gegeben hat, bei denen Menschen ihr Leben verloren haben, weil sie nicht angeschnallt waren, aber muss nicht jeder selbst die Verantwortung für sich und sein Leben übernehmen? Für mich (und diese Meinung muss niemand teilen) besteht eine große Gefahr darin, Verantwortung immer weiter abzugeben, was aber auch bedeutet, dass ich bereit sein muss, die Konsequenzen zu tragen. In Bezug auf meine Tätigkeit als Finanzberater brachte das ein enormes Problem mit sich, denn – so dumm das vielleicht auch klingen mag – ich war nie ein Versicherungsfreund. Die meisten Haushalte, mit denen ich im Laufe der Jahre zusammengearbeitet habe, waren eher über- als unterversichert. Versicherungen sollten ursprünglich mal ein Risiko abdecken, das der Einzelne nicht tragen kann. Irgendwann ging dieser Absicherungsgedanke aber verloren und Versicherungen wurden als Instrument des Kapitalaufbaus, der Immobilienfinanzierung, des Sparens für die Kinder, im Grunde als Allheilmittel genutzt. Das finanziell interessanteste Produkt für den Vermittler war zu dieser Zeit – wie könnte es anders sein – die Lebensversicherung. Natürlich gibt es Situationen, in denen eine solche Police auch Vorteile gebracht hat, aber in den allermeisten Fällen war dieses Produkt einfach nicht geeignet, um Vermögen aufzubauen. Hohe Kosten, unflexibel, lange Laufzeit, mangelnde Verfügbarkeit, um nur ein paar der Nachteile zu nennen. Hier kommt die Zwickmühle, in der sich damals (und ich bin sicher, auch heute noch) viele Berater befanden. Ein finanziell sehr attraktives Produkt für den Vermittler mit durchschnittlicher bis schlechter Rendite für die Kunden … Um die Nachteile zu kaschieren, sind Unsummen in sehr wirksame PR geflossen und auch die Vermittler wurden mit immer neuen Anreizen dazu verleitet, diese Produkte an Mann und Frau zu bringen. Damit mich keiner falsch versteht: Jedes Produkt in Deutschland kann in der richtigen Größe, beim richtigen Anlegertyp durchaus eine Daseinsberechtigung haben. Allerdings hat mir meine Tätigkeit gezeigt, dass zwischen Theorie und Realität eine viel zu große Lücke klafft. Habe ich deshalb keine Fehler gemacht? Doch, natürlich. Auch ich habe Produkte angeboten, von denen ich sehr überzeugt war. Die trotzdem irgendwann nicht das Ergebnis gebracht haben, was ursprünglich geplant war. Eines kann ich aber mit Sicherheit sagen: In allen Beratungen habe ich darauf geachtet, dass genügend kurzfristig verfügbare Gelder vorhanden waren und eine breite Streuung vorlag.

Das Drei-Stufen-Modell

Liquides, schnell verfügbares Vermögen war und ist grundsätzlich die Basis eines jeden Vermögensaufbaus. Idealerweise startet niemand einen längerfristigen Vertrag, bevor er nicht mindestens sechs »Monatskosten« kurzfristig verfügbar hat. Ein Beispiel: Sie haben monatliche Kosten für Wohnung, Auto, Lebenshaltung et cetera von 1500 Euro. Dann lautet meine Empfehlung: 9000 Euro müssen jederzeit kurzfristig verfügbar sein. Wer diese finanzielle Basis gelegt hat, kann an der nächsten Stufe arbeiten: die finanzielle Freiheit. Bedeutet für mich: So viel Geld angelegt zu haben, dass ich für mindestens zwei Jahre komplett aussteigen könnte, ohne mich finanziell einschränken zu müssen. Abschließend kommt das höchste Ziel: finanzielle Unabhängigkeit, die erreicht ist, wenn ich von den Erträgen meiner Anlagen und Investments leben kann. Auch hier ein Beispiel: Ein Arbeitnehmer hat heute ein Nettoeinkommen von 1500 Euro. Dann bedeutet dies für die finanzielle Unabhängigkeit: 1500 Euro x 12 Monate = 18000 Euro jährliche Einkünfte aus Zinsen / Mieten / Ausschüttungen. Bei einer angenommenen Verzinsung von 5 Prozent heißt das: Es wird ein Vermögen von 360000 Euro benötigt. Bewusst weggelassen habe ich hierbei wichtige Dinge wie Versteuerung, Inflation et cetera. Jetzt möchte ich nicht zu viele Zahlenspiele machen, aber es ist wichtig, sich solche Zahlen vor Augen zu führen. Was muss ich also tun, um zum Beispiel 360000 Euro Vermögen zu schaffen? Die wichtigste aller Regeln lautet: Ihr Geld muss genauso hart arbeiten wie sie selbst.

Die Macht des Zinseszinses

Es ist eklatant wichtig, sich die Macht des Zinseszinses vor Augen zu führen. Minimale Unterschiede bewirken hier bei langen Laufzeiten unglaubliche Unterschiede. Bleiben wir bei dem vorgenannten Beispiel. Unterstellen wir also, dass 360000 Euro zu Rentenbeginn (67 Jahre) zur Verfügung stehen sollen, was eine Ansparzeit von 37 Jahren bedeutet. Bei einem Sparzins von 5 Prozent pro Jahr ist dafür ein Aufwand von 288 Euro nötig! Nur 1 Prozent mehr an Zinsen reduziert die Summe auf 229 Euro! Jetzt wird sicher der eine oder andere einwenden: Heute bekommt man aber keine 5 Prozent Zinsen mehr und 6 Prozent schon gar nicht. Stimmt, wenn Sie weiterhin Ihr Geld auf Sparkonten legen und Festgeld akzeptieren. Was wäre aber, wenn Sie stattdessen in einen Investmentfonds investiert hätten? Nehmen Sie zum Beispiel einen der ältesten Investmentfonds in Deutschland, den DWS Investa. Aufgelegt am 17. Dezember 1956 (ja, so lange gibt es schon die Möglichkeit, über Investmentfonds zu investieren) hat dieser Fonds bis heute im Durchschnitt eine jährliche Wertentwicklung von 8,93 Prozent[31] geschafft. Eine Ausnahme? Nein. Der Frankfurt Effekten Fonds als weiteres Beispiel hat seit seiner Erstausgabe am 27.05.1974 pro Jahr 7,8 Prozent geschafft.[32] Natürlich hat es zwischendurch auch Phasen gegeben, in denen Verluste aufgetreten sind, das gehört zum Wesen des Investmentmarktes dazu, aber die langfristige Wertentwicklung spricht eine sehr deutliche Sprache. Das Fazit lautet also: Nicht sparen, sondern investieren. Nicht spekulieren, sondern einfache, simple Strategien verfolgen. Keine Trends/Hypes mitmachen, sondern sachlich, kontinuierlich und diszipliniert seine Ersparnisse arbeiten lassen. Für alle, die mit Investmentfonds nichts anfangen können, eine ganz kurze und sehr vereinfachte Erklärung, wie ein solcher Fonds funktioniert und worauf es zu achten gilt: Ein Investmentfonds ist im Grunde genommen nichts anderes als ein Sammelbecken (überwiegend) privater Anleger. Jeder dieser Anleger stellt sein Kapital zur Verfügung (das kann durch Einmalzahlungen, aber auch durch monatliche Sparbeiträge erfolgen) und daraus ergibt sich das Fondsvermögen. Dieses Fondsvermögen wird nun von professionellen Experten verwaltet und nach vorher definierten Schwerpunkten investiert.[33] Der Vielfalt ist dabei keine Grenze gesetzt. Es gibt Fonds, die den deutschen Aktienmarkt als Schwerpunkt haben, andere konzentrieren sich auf Unternehmen in der Medizin und wieder andere investieren vor allem in Unternehmen, die eine überdurchschnittliche Dividende ausschütten. Das gesamte Fondsvermögen wird dann in Anteile umgerechnet und der Preis dieser Anteile wird täglich festgelegt und veröffentlicht. Nehmen wir zum besseren Verständnis an, es wären insgesamt 20 000 Euro in einem solchen Sammelbecken und dazu werden 200 Anteile (je 100 Euro) ausgegeben. Eine Einzahlung von 1000 Euro entspricht somit zehn Anteilen. Einige Zeit später möchte dieser Anleger seine Anteile wieder abgeben. Aus den ursprünglich 20 000 Euro sind nun 20 800 Euro geworden, dann bekommt dieser Anleger also 1040 Euro ausbezahlt. Das stimmt natürlich nicht ganz, denn die Verwaltung, das Fondsmanagement, der Kauf und Verkauf von Aktien kosten natürlich auch Geld, die der Fonds entsprechend berechnet. Auch aus diesem Grunde gibt es zu jedem Fonds meist zwei Preise: Den Ausgabepreis und den Rücknahmepreis. Ich möchte an dieser Stelle aber nicht zu sehr in die Tiefe gehen, sondern lieber noch auf eine besondere Art von Fonds hinweisen, die sogenannten ETFs. ETFs sind Fonds, die nicht aktiv verwaltet werden, sondern lediglich einen vorgegebenen Index nachbilden. Auch hier ein Beispiel: Der DAX 30 als Index umfasst die 30 größten Aktiengesellschaften in Deutschland, gemessen an ihrem Börsenwert (Anzahl aller Aktien x aktueller Kurs/Aktie). Ein ETF auf den DAX 30 würde exakt diesen Index abbilden. Das ist natürlich günstiger als ein aktiv gemanagter Fonds, denn hier müssen keine Entscheidungen getroffen werden, welche Aktien in welcher Stückzahl gekauft werden. Es werden keine Absicherungsgeschäfte für zum Beispiel Währungsschwankungen getroffen und so weiter. Dadurch bildet ein ETF auch Schwächephasen an den Börsen sehr genau ab, die ein Fonds eventuell sogar in der Lage wäre, positiv zu nutzen.[34] Ich möchte mich an den vielen Diskussionen darüber, welche Variante für den Anleger besser ist, gar nicht beteiligen, denn ich bin der festen Überzeugung, dass es hier keine Universallösung gibt. Ein sehr erfolgreicher Mensch hat dazu einmal treffend formuliert: Lieber ein Fonds mit 7 Prozent falsch erklärt als ein Sparbuch mit 0 Prozent richtig. Dem schließe ich mich gern an. Fazit: Investmentfonds, gleich welcher Art, sind hervorragende Instrumente, um an den Erfolgsgeschichten der meisten großen Gesellschaften teilhaben zu können. Der Anleger bleibt flexibel durch die tägliche Verkaufsmöglichkeit, der Kostenrahmen ist klar definiert und die Ergebnisse der Vergangenheit sprechen eine sehr deutliche Sprache. Das Faszinierende an dieser Form der Anlage für mich als Berater war und ist immer noch: Der eigentliche Vorteil wird leider sehr oft auch zum größten Nachteil. Was meine ich damit? In schätzungsweise 70 bis 80 Prozent meiner Beratungen wird eine gesicherte Altersvorsorge als eines der Kernziele genannt, was angesichts der drohenden Entwicklung in Bezug auf unsere Sozialsysteme mehr als gerechtfertigt erscheint. Auch immer mehr Berufsanfänger machen sich zum Glück bereits Gedanken über die arbeitsfreien Jahre. Die Idee eines Kapitalaufbaus über Fonds trifft meist auf große Zustimmung und nach sorgfältiger Überlegung wird dann meistens tatsächlich ein Fondssparplan gestartet. Langfristig gedacht. Zur Altersvorsorge. Etwa 3,5 Jahre lang! Kein Witz. Nach etwa 3,5 Jahren wird sehr häufig das Ziel »Altersvorsorge« zugunsten kurzfristiger Ziele wie zum Beispiel »neues Auto«, »Urlaub« oder »neue Wohnung« geopfert. Nicht, weil die Altersvorsorge plötzlich geregelt ist, durch Lottogewinn, Erbschaft oder sonstigen Reichtum, sondern einfach, weil der Mensch Verdrängungskünstler ist.

Die Rente ist ja noch so weit weg …

Wer weiß, ob ich überhaupt so alt werde …

So viel Gewinn ist ja jetzt auch noch nicht entstanden …

Verständlich, nachvollziehbar und trotzdem meist der Anfang vom Ende. Denn nach der ersten Auszahlung (Zitat: »Der Sparplan läuft ja weiter« …) folgen weitere in immer kürzeren Abständen, bis auch der Sparplan selbst eingestellt wird. Altersvorsorge ist aber kein Sprint, es ist ein Marathon. Vielleicht ist das auch ein Grund, warum in Deutschland die klassische Renten- oder Lebensversicherung so erfolgreich war und ist. Jedem war bewusst, dass eine solche Police, sollte sie frühzeitig beendet werden, enorme Verluste bringt.[35] Es ist unglaublich spannend, diese schlafenden Vermögenswerte einmal zu analysieren.

Das Prinzip »Laterne«

Damit sind wir bei einem weiteren, extrem wichtigen Punkt der privaten Finanzplanung. In sehr vielen Haushalten habe ich etwas vorgefunden, was ich gern das Prinzip »Laterne« genannt habe. Jeder Hund kommt vorbei, hebt sein Bein, macht sein Geschäft und läuft weiter. Exakt so sehen viele Versicherungsordner aus. Da kam irgendwann mal ein Kontrakt zustande, der nette Herr oder die nette Dame hat den einen oder anderen Vertrag abgeschlossen und ward nicht mehr gesehen. Dann kommt der oder die Nächste, verändert oder ergänzt Bestehendes und schließt noch etwas Neues ab. Hin und wieder wird der Kunde selbst aktiv, weil er durch den Werbespot irgendeines Vergleichsportals überlegt hat, seine Autoversicherung mal zu überprüfen, und schon landet eine weitere Gesellschaft im Ordner. Was aber meistens fehlt, ist auch hier Struktur, Prüfung und übergeordnetes Denken. Ein Vertrag, der für einen Single völlig überflüssig sein kann, ist als Ehemann oder Vater plötzlich unabdingbar. Gesellschaften, die vor Jahren ein tolles Preis-Leistungs-Verhältnis hatten, liegen heute vielleicht nur noch im Mittelfeld. Meine dringende Empfehlung lautet deshalb: regelmäßige Prüfung der Verträge. Ich weiß, das macht keinen Spaß. Ich weiß auch, dass die meisten nicht einmal eine exakte Auflistung aller bestehenden Verträge haben. Sie würden mir nicht glauben, was ich schon alles »gefunden« habe, wenn ich mit Kunden zusammen die Ordner (manchmal auch Kisten oder Wäschekörbe) durchforste, Kontoauszüge überprüfe und teilweise erst nach Rückfrage bei den Gesellschaften festgestellt werden kann, welche Leistungen aktuell noch versichert sind. Das mag auf den ersten Blick nicht weiter schlimm sein, denn für die meisten geht es »nur« darum, zu prüfen, ob es eine andere Gesellschaft gibt, die meinen Vertrag »günstiger« anbietet. Aber auch hier liegt das Problem oft weit in der Zukunft. Lassen Sie mich das an einem oft bemühten Beispiel erklären: Bis Ende 2004 wurden klassische Lebens- oder Rentenversicherungen unter normalen Bedingungen steuerfrei ausbezahlt und genossen somit einen deutlichen Vorteil gegenüber anderen Anlageformen. Interessant wurde das insbesondere in einer Immobilienfinanzierung, denn eine solche Versicherung wurde von fast allen Banken als sogenannter Tilgungsersatz akzeptiert.[36] Bedeutet: Während der Finanzierung wurden an die Bank nur die Zinsen für das Darlehn bezahlt, die Tilgung erfolgte am Ende der Laufzeit der Lebensversicherung in einer Summe. Genau hier lag die Gefahr, denn es wurde mit der Ablaufleistung der Versicherung kalkuliert, die aber neben den garantierten Werten auch Gewinne und Überschüsse der Gesellschaft enthielt. Diese waren aber nie garantiert! Wer die jährlichen Schreiben der Gesellschaft nur abgeheftet hat, ohne zu prüfen, ob die Ablaufleistung noch der ursprünglichen Planung entsprach, der erlebte in vielen Fällen ein böses Erwachen. Am Ende der Versicherung wurden dann statt der geplanten 200 000 Euro nur 170 000 Euro ausbezahlt, weil sich das Zinsniveau verändert hatte, Rahmenbedingungen anders waren oder die Gesellschaft vielleicht einfach zu optimistisch geplant hatte. Die fehlenden 30 000 Euro musste der Kunde dann also zusätzlich aufbringen. Gerade in der seit Jahren andauernden Niedrigzinsphase erleben Kunden oft schleichenden Kapitalverlust in Verträgen, die der Altersvorsorge dienen sollen. Vor wenigen Wochen erst stieß ich in einer Beratung auf folgendes Phänomen: 2018 geschätzte Ablaufleistung 250 000 Euro – 2020 geschätzte Ablaufleistung 240 000 Euro, und das, obwohl monatlich 200 Euro eingezahlt wurden (4 800 Euro). Da muss ich als Kunde schon enorm viel Vertrauen in eine Gesellschaft haben, um zu hoffen, dass sich dieses Blatt noch mal zu meinen Gunsten wendet. An dieser Stelle sei noch einmal darauf hingewiesen: Der Gesellschaft hier einen Vorwurf zu machen, wäre in den meisten Fällen unsachlich und nicht fair, was zu begründen den Rahmen hier aber sprengen würde. Auch in diesem Punkt ist im Grunde genommen wieder die Eigenverantwortung das Thema. Es ist IHR Geld, IHRE Altersvorsorge oder IHRE Finanzierung.

Wie Sie einen guten Berater finden und wovor Sie sich hüten sollten

Was nicht bedeutet, dass Sie sich keinen Ratgeber an die Seite holen sollen. Im Gegenteil – wie im Sport, in der Wirtschaft oder der Ernährung kann ein Coach an Ihrer Seite vieles einfacher, besser und leichter machen. Wenn Ihr Auto einen Defekt anzeigt, dann werden Sie wahrscheinlich nicht im Selbststudium anfangen, Kfz-Elektronik zu studieren, sondern Sie suchen sich jemanden, der das gelernt hat. Warum nutzen Sie dieses Vorgehen nicht auch in finanziellen Angelegenheiten? Hier sind vier Punkte, die Sie meiner Ansicht nach beachten sollten, wenn Sie sich beraten lassen möchten.

1.) Vertrauen Sie Ihrem Bauchgefühl. Im besten Fall werden Sie 20, 30 oder mehr Jahre miteinander zu tun haben. Da ist eine gute persönliche Basis wichtig. Die Beziehung zwischen mir und meinen Kunden hat in vielen Fällen länger gehalten als die Beziehung zum Lebensgefährten oder dem Ehepartner.

2.) Prüfen Sie, wer diesen Berater bezahlt. Ein Vertreter der Zitronia Versicherung wird Sie niemals objektiv beraten können. Ein Bankangestellter steht aus gutem Grund auf der anderen Seite des Kunden(abwehr)schalters. Nicht ganz so offensichtlich ist es bei Vermittlungsgesellschaften, aber auch hier sind die Kapitalgeber meist sehr präsent.

3.) Ein guter Berater stellt sich der Konkurrenz. Wer ein wirklich gutes Angebot für Sie hat, wird dies auch gegenüber anderen Anbietern beweisen können. Sie erhalten dadurch aber Fakten von Beratern »auf Augenhöhe«. Ein Gespräch mit zwei konkurrierenden Gesellschaften kann ungemein lehrreich sein.

4.) Ein ehrlicher Berater wird Sie in keinem Fall drängen. Es gibt, aus meiner Erfahrung, keine Entscheidung von weitreichender Bedeutung, die unter Zeitdruck gefällt werden muss. Ihre finanziellen Entscheidungen sind keine Not–OPs! Weit über 90 Prozent der schnell getroffenen Entscheidungen, die ich bei Kunden gesehen habe, stellten sich als Fehlinvestment heraus. Gerade die zum Jahresende oft vermittelten »Steuersparobjekte« bergen unglaubliche Chancen, große Teile seines Vermögens zu vernichten.

Je komplexer ein Angebot ist, desto größer die Chance, wesentliche Teile im Prospekt zu verstecken. Je länger Sie in einem Vertrag gebunden sind, desto intensiver sollte die Prüfung sein. Denn neben den Risiken, die das Produkt von sich aus mitbringt, gibt es eine Menge Unwägbarkeiten, die Sie und ich heute noch gar nicht auf dem Schirm haben. Heute kaufen Sie einen Anteil an einem Bürogebäude, welches aber vielleicht in zehn Jahren aufgrund der immer stärker werdenden Tendenz zum »Arbeiten von überall« gar nicht mehr benötigt wird. Skandale über in Konkurs gegangene Anlegerprojekte tauchen in hübscher Regelmäßigkeit kurz in den Nachrichten auf und verschwinden meist auch genauso schnell wieder. Die finanziellen Folgen für Menschen, die teilweise enorme Summen investiert haben, verschwinden aber nicht mehr.

Das Zwei- oder Mehrkonten-Modell

In Veranstaltungen werde ich immer wieder gefragt: »Wo kann ich noch mehr einsparen?« Meine Antwort darauf: »Fang doch erst mal mit dem an, was du schon gespart hast.« Selten verstehen die Teilnehmer auf Anhieb, was ich damit sagen möchte. Wer beispielsweise behauptet, er hätte in der Kfz-Versicherung 100 Euro gespart, lügt meistens! Nicht böswillig, aber dennoch ist es eine Lüge, denn nur, wer die Ersparnis tatsächlich auf sein Sparkonto einzahlt, der hat tatsächlich gespart, richtig? Wer aufhört, zu rauchen, seine täglichen Ausgaben für Nikotin aber nicht »beiseite«legt, fördert zwar seine Gesundheit, nicht aber sein Vermögen. Aus diesem und vielen anderen Gründen empfehle ich ein zweites (wichtig: kostenloses) Konto. Im Idealfall richten Sie ein Konto ein, vernichten die zugehörigen Karten und Zugangsdaten und behalten ausschließlich die IBAN. Jetzt wird es spannend. Alle Gelder, die Sie zukünftig »sparen«, überweisen Sie jetzt auf dieses Konto. Es gibt so unendlich viele Möglichkeiten, was an Geldern kommen kann, die **nicht** in den normalen Haushalt gehören. Steuerrückerstattung, Nebenkostenabrechnung, Beitragsrückerstattung, was auch immer. Dinge, die Sie nicht mehr benötigen, per Inserat verkauft? Prima, ab damit auf Ihr »Sonderkonto«. Lohnerhöhung bekommen? Wunderbar, die Hälfte per Dauerauftrag auf Ihr Vermögenskonto. Sie verstehen sicher, worauf ich hinaus will. Auf diese Art und Weise schaffen Sie zusätzliche Mittel, die sonst verloren wären, ohne sich einschränken zu müssen. Man muss es nur zur Routine werden lassen.

Steuern und Vermögen

Wie würde es Ihnen eigentlich gefallen, wenn der Staat einen Teil Ihrer Altersvorsorge übernehmen würde? Sie in der Lage wären, gezahlte Steuern in privates Vermögen umzuwandeln? Geht nicht? Doch, denn alle Jahre wieder ... ruft die Steuererklärung. Für viele eine Zeit des Grauens, denn spätestens hier ist man gezwungen, sich mit den Finanzen zu beschäftigen. Selbst wenn es durch Computerprogramme heute wesentlich leichter geworden ist, seine Erklärung an das Finanzamt zu senden, macht das kaum jemand wirklich gerne. Egal wie man es auch anstellt, ob über einen Steuerberater oder in Eigenregie, es kostet Zeit und meistens viele Nerven. Trotzdem sind auch in einer Steuererklärung unter Umständen noch Reserven versteckt, die es zu nutzen gilt. Lassen Sie sich nicht abschrecken oder irritieren, wenn Sie in den Nachrichten hören, dass eine staatlich geförderte Altersvorsorge (wie zum Beispiel Riester oder Rürup) zu teuer oder unsinnig ist. Solche pauschalen Aussagen entbehren meistens jeglicher Grundlage. Die Frage ist vielmehr: Passt das entsprechende Produkt zum Kunden und ist es richtig dimensioniert? Wohnungsbauprämie, Arbeitnehmer-Sparzulage, Altersvorsorgezulage sind nur drei von vielen Möglichkeiten, staatliche Zuschüsse zu bekommen. Ein guter Berater ist in der Lage, Sie über die wichtigsten Möglichkeiten zu informieren und diese auch zu berechnen.

Die Kostenfalle

Ein blinder Fleck bei vielen Anlegern ist meist die Unkenntnis über enthaltene Kosten. Dabei entscheiden die Kosten und Gebühren oft genug darüber, ob ein Investment erfolgreich wird oder nicht. Einer Kundin von mir wurde beispielsweise mal der Kauf einer vermieteten Wohnung empfohlen. Das, was im Prospekt an Auszahlungen in Aussicht gestellt wurde, war auch durchaus akzeptabel. Beim Blick auf die Kosten stellte sich dann aber heraus, dass rund ein Drittel des Kaufpreises verwendet wurde, um das Projekt zu vermarkten und umzusetzen. Somit war es fast unmöglich, die Wohnung irgendwann wieder mit Gewinn zu verkaufen. Aber auch im Kleinen sind die Kosten nicht zu vernachlässigen. Versicherungen sind meist als Jahresbeitrag berechnet und kalkuliert. Der Aufschlag für eine monatliche Zahlung liegt dann nicht selten bei 5 Prozent des Beitrags. Aus einer Jahresprämie von 1000 Euro für Ihr Versicherungspaket werden so 1 050 Euro. Jetzt sind 50 Euro sicher noch kein Vermögen, aber einige Versicherungen bezahlen Sie halt lebenslang. 40 Jahre x 50 Euro sind schon ohne Verzinsung 2 000 Euro, und das hört sich schon anders an, oder?

Ein Appell

Seit Langem sehe ich, gerade in der Finanzwirtschaft, einen unglaublichen Drang der Regierungen, totale Kontrolle zu schaffen. Eines der Kernthemen, die in den letzten Jahren mit viel Eifer und medialer Unterstützung vorangetrieben werden, ist die Abschaffung des Bargelds. Spätestens seit die 500-Euro-Note abgeschafft wurde, sollte aber jedem klar werden, dass dies ein ernst zu nehmendes Thema ist. Natürlich ist es bequem, wenn ich nur noch meine Karte, meine Uhr oder mein Handy ans Terminal halten muss, um zu bezahlen, was dabei aber völlig außer Acht gelassen wird, sind die Risiken, die sich dabei ergeben. Wenn jeder einzelne Cent, den ich ausgebe, erfasst ist und nachverfolgt werden kann, ist der gläserne Bürger, über den vor Jahren noch spöttisch gelächelt wurde, Realität. Jetzt kann man natürlich sagen: »Ich habe doch nichts zu verstecken«, … aber dem möchte ich die Worte von Edward Snowden in Erinnerung rufen: »Zu argumentieren, dass Sie keine Privatsphäre brauchen, weil Sie nichts zu verbergen haben, ist so, als würden Sie sagen, dass Sie keine Freiheit der Meinungsäußerung brauchen, weil Sie nichts zu sagen haben.«[37] Ich habe gerade in den letzten Jahren immer häufiger miterleben dürfen, wie Bankkunden telefonisch aufgefordert wurden, einzelne Transaktionen auf ihrem Konto zu begründen, oder Konten ohne Begründung gekündigt wurden. Wenn wir aber schon solche Kontrollen haben, wie könnte das dann ohne Bargeld aussehen? Wenn aufgrund irgendwelcher Mechanismen Ihr Konto plötzlich nicht mehr zugänglich ist (glauben Sie an die 100-prozentige Sicherheit von EDV?) – Sie wären plötzlich nicht mehr in der Lage, einkaufen zu gehen oder Ihren laufenden Verpflichtungen nachzukommen. Sie könnten durch einen einzigen Mausklick finanziell ausgeknockt werden. Schon allein aus diesem Grunde sollte jeder auch einen Teil seines Vermögens zum Beispiel in Gold verfügbar haben. Nicht als Kapitalanlage, sondern als Sicherheit für Krisen. Die letzte

Finanzkrise hat allen vor Augen geführt, wie fragil unser System ist. Der Zusammenbruch war damals wahrscheinlicher als die Stabilisierung. Heute dreht sich das Finanzkarussell schneller als je zuvor. Jeder weiß aber auch genau, was passiert, wenn sich das Karussell immer schneller dreht – irgendwann fliegen die ersten runter und das sind meistens nicht die »Großen« …

Warum Geld und Gesundheit so viel miteinander zu tun haben

Eine häufige Frage, die mir immer wieder gestellt wird, lautet: Wie passen Finanzberatung und das Thema Gesundheit überhaupt zusammen? Ist es ohne medizinische Ausbildung überhaupt legitim, dieses Thema in Vorträgen und Seminaren zu behandeln? Ist es vielleicht sogar gefährlich? Um eines direkt klarzustellen: Meine Ideen, Ausführungen und Anregungen sind das Ergebnis privater Recherchen und eigener Erlebnisse. Es hat keinen Anspruch auf Vollständigkeit, zumal sich auch in diesem Bereich ständig neue Erkenntnisse ergeben. Dennoch bin ich zutiefst davon überzeugt, dass (wie bei den privaten Finanzen) gesammeltes Wissen, Zahlen, Daten und Fakten eine extrem positive Auswirkung auf das Leben haben können. Der Grundgedanke ist genauso banal wie wichtig: Messen = Wissen. Was ist damit gemeint? Nur wenn ich meinen aktuellen Zustand kenne, weiß, welche Defizite vorhanden sind und was ich tun muss, um diese Defizite auszugleichen, nur dann kann ich vom aktuellen Zustand in einen anderen, einen besseren Zustand gelangen. Und noch etwas möchte ich voranstellen. Es ist NIE die eine Aminosäure, das eine Vitamin oder der eine Mineralstoff. Es ist immer eine Kombination, denn an jedem einzelnen Vorgang im Körper sind zig Stoffe beteiligt. Lassen Sie mich einen anderen Vergleich ziehen: Wenn Sie eine längere Reise planen, dann werden Sie wahrscheinlich vorher diverse Dinge prüfen. Vielleicht stellen Sie sich eine Liste zusammen mit den Dingen, die Sie einpacken möchten. Sie prüfen, ob Ihre Reisedokumente vorhanden und gültig sind, Sie recherchieren, ob für Ihr gewähltes Reiseland ein Visum benötigt wird oder ob eine Impfung ratsam ist. Fahren Sie mit dem Auto, werden Sie Reifen, Öl und Benzin kontrollieren. Nichts von all diesen Dingen schützt Sie davor, etwas vergessen zu haben oder eine Panne zu erleiden, aber Sie senken erheblich die Wahrscheinlichkeit, dass Ihnen etwas Unvorhergesehenes passiert. Jetzt stellen Sie sich bitte vor, es gäbe die Möglichkeit, das Risiko, an Depression, Burn-out, Krebs oder Ähnlichem zu erkranken, drastisch zu senken. Sie hätten eine Chance, diese Dinge nicht nur zu verhindern, sondern im Gegenzug auch noch mehr Energie, Lebensfreude und Leistungsfähigkeit zu bekommen. Das alles Entscheidende ist aber: SIE müssen es tun. SIE müssen sich um die entsprechenden Informationen kümmern. SIE müssen die Konsequenz an den Tag legen, es immer und immer wieder zu prüfen und anzupassen. Ich erinnere mich an den wunderbaren Satz eines Arztes, der seinem Publikum die Vorteile des Joggens näherbringen wollte. Auf die Frage eines Zuhörers: »Heißt das, ich soll JEDEN Tag laufen?« antwortete er ganz charmant: »Nein, nur an den Tagen, an denen Sie etwas essen!« In diesem Dialog liegt die Essenz unserer Gesundheit. Wir alle wissen doch genau, dass wir uns nicht wirklich gesund ernähren. Wir alle wissen, dass es Lebensmittel gibt, bei denen die Verpackung wahrscheinlich mehr Nährstoffe hat als der Inhalt. Es ist kein Geheimnis, dass in den Früchten, die einmal um den Erdball geflogen sind, nur noch ein Bruchteil der Vitamine vorhanden ist, die wir uns erhoffen. Vom Zuckerkonsum fangen wir an dieser Stelle gar nicht erst an. Das alles ist uns bewusst. Trotzdem fällt es uns unglaublich schwer, einen anderen, besseren Lebensstil umzusetzen. Unsere Ernährung wirklich ausgewogen und nährstoffreich zu gestalten. Und jetzt? Jetzt verrate ich Ihnen ein Geheimnis, welches mir schon zigfach bestätigt wurde. Drehen Sie den Spieß einfach um. Ihr Körper hat durch normalen Verlust, fehlerhafte Ernährung, Krankheiten und Umwelteinflüsse viele Stoffe, die ich so gern als »Leistungsparameter« bezeichne, verloren. Wenn Sie jetzt genau diese Stoffe ergänzen und die Depots in Ihrem Körper wieder auffüllen, passiert etwas Faszinierendes. Sie haben plötzlich wieder Reserven, die Ihr Körper intuitiv nutzt. So unglaublich es klingen mag, aber Sie werden ohne bewusstes Zutun plötzlich Ihre Gewohnheiten verändern. Es schleicht sich Bewegungsfreude in den Alltag. Der fast zwanghafte Griff zu zuckerhaltigen Speisen geht verloren. Sie kehren Stück für Stück wieder zu einem gesunden Leben zurück. Klingt zu schön, um wahr zu sein? Dann haben Sie jetzt zwei Möglichkeiten. Sie können in Ihrem Glauben verharren oder Sie testen es aus. Aus meiner Erfahrung kann ich Ihnen eines versprechen: Niemand, der diesen Test gemacht hat, fühlte sich anschließend schlechter als vorher. Es geht ausschließlich darum, einige Blutwerte zu testen und anschließend zu ergänzen. Vielleicht hilft Ihnen zum Abschluss meine persönliche Vorstellung vom menschlichen Körper: Alle, wie wir da sind, sind einmal entstanden aus dem, was Ihre Mutter an Stoffen zur Verfügung hatte (okay, und ein bisschen vom Vater). Da war kein 3-D-Drucker im Spiel, der den einen oder anderen Knochen hinzugefügt hat. Wenn das aber so ist, dann bedeutet das (für mich) im Umkehrschluss, dass unser Körper auch (fast) alles reparieren können müsste. Die einzige Bedingung besteht meines Erachtens darin, dass er alle notwendigen Stoffe in ausreichendem Maße, wenn nicht sogar im Überfluss, zur Verfügung haben muss. Wie beim Aufbau eines Bücherregals. Fehlt die Tüte mit den Schrauben, werden Sie kein stabiles Bücherregal hinkriegen. Also lassen Sie uns einen Blick auf einige der wichtigen Stoffe werfen. Wichtig: Im Folgenden werde ich nur exemplarisch einige Stoffe aufgreifen. Ich begrenze mich hier auf die Stoffe, die aus meiner persönlichen Einschätzung am ehesten überprüft werden sollten, weil Mangelerscheinungen dort regelmäßig anzutreffen sind.

Die Aminosäuren

Der Mensch besteht aus 47 essenziellen Substanzen.[38] Fehlt eine einzige, war es das. Dann macht der Mensch von seinem Recht auf Ableben Gebrauch. So einfach kann es sein. Aufgelistet sind das: 13 Vitamine, 22 Mineralien und Spurenelemente, zwei Fettsäuren, zehn Aminosäuren.

Wenn wir uns die zehn essenziellen Aminosäuren anschauen, fällt sofort auf, dass der Mensch acht davon nicht selbst herstellen kann. Die zwei verbleibenden kann er nur in geringem Maße selbst herstellen. Sie müssen also über die Ernährung zugeführt werden. Was, wie schon zuvor erwähnt, teilweise schwierig, wenn nicht sogar unmöglich geworden ist. Weil Aminosäure aber so ein medizinischer Begriff ist, möchte ich Ihnen das gerne ein bisschen übersetzen.

Carnitin

Nehmen wir einmal an, Sie sind zum Jahreswechsel mal wieder auf die Waage gestolpert und haben festgestellt, dass auch im letzten Jahr wieder etwas dazugekommen ist. Der Vorsatz ist schnell gefasst: 2 bis 3 Kilo sollen runter. Idealerweise wollen Sie Fett verlieren und nicht nur Wasser oder sogar die meist ohnehin zu schwach ausgeprägten Muskeln. Um Fett verbrennen zu können, muss Ihr Körper aber über ausreichend Carnitin verfügen, denn dieser Stoff transportiert das Fett in die Zelle, wo es verbrannt wird. Ohne Carnitin keine Fettverbrennung. Um ausreichend Carnitin zu haben, sind die Aminosäuren Lysin und Methionin erforderlich.[39] Haben Sie davon also zu wenig, können Sie extrem diszipliniert sein, sich penibel an Essenspläne halten, Ihr Körper ist schlichtweg nicht in der Lage, Fett zu verbrennen. Mit einer der Gründe, warum so viele Menschen durch Diäten in die Jo-Jo-Falle tappen. Bleiben wir bei diesem Beispiel: Sie wollen den überflüssigen Kilos also nicht nur durch Nahrungsentzug, sondern auch durch Sport den Kampf ansagen. Effektiv, günstig und überall machbar ist Laufen. Was vielen Menschen aber nicht bekannt ist, ist die Tatsache, dass Laufen tatsächlich gefährlich ist. Bevor Sie jetzt aber die Laufschuhe gleich in die Ecke werfen, hier die Erklärung: Durch Laufen erhöhen Sie dramatisch Ihren Sauerstoffdurchsatz. Dadurch haben Sie auch vermehrt freie Radikale im Blut. Wie der Name vermuten lässt, nicht ganz so sympathische Bestandteile des Blutes, aber ungemein wichtig.

Die BCAAs Leucin, Isoleucin, Valin

Freie Radikale können Zellen zerstören, Gewebe schädigen und so weiter. Genau dagegen helfen dann die sogenannten BCCAs. BCAAs sind die drei ganz besonderen Aminosäuren Leucin, Isoleucin und Valin. Diese drei sind nicht nur verantwortlich für die Anzahl der Kraftwerke in Ihren Muskeln, sie stärken auch Ihr Abwehrsystem.[40] Sie haben also, bei ausreichend BCAAs im Blut, mehr Kraft im Muskel. Leider gilt aber auch der umgekehrte Fall. Haben Sie zu wenig BCAAs, fehlt nicht nur die Kraft im Muskel, sondern Ihnen fehlt auch schlichtweg die Ausdauer. Nicht umsonst finden sich immer neue Getränkevarianten, die mit BCAAs werben, auch wenn in diesen Getränken meist sehr wenig dieser edlen Stoffe vorhanden ist.

Arginin

Eine weitere besondere Perle unter den Aminosäuren ist Arginin. Arginin ist in Ihrem Körper verantwortlich für die Durchblutung, indem es ein Gas (NO) bildet, welches die Blutgefäße aktiv weit stellen kann.[41] Wenn Sie also beispielsweise einen

Partner zu Hause haben, der gerade in den Wintermonaten über kalte Hände oder Füße klagt, könnte das an zu niedrigem Argininspiegel liegen. Bei einem Mangel kann ein kleiner zusätzlicher Auslöser dann dazu führen, dass die Blutzufuhr an wichtigen Stellen im Körper gestört wird und die betroffene Person einfach umfällt. Arginin kann aber noch mehr. Das Immunsystem arbeitet besser, Wunden heilen schneller und Ihre Gefäße bleiben jung, geschmeidig und elastisch. Lassen Sie uns zum Abschluss noch eine weitere spannende Aminosäure betrachten: Tryptophan.[42] Kennen Sie solche Abende, an denen Sie im Bett liegen, eigentlich hundemüde sind und das Gedankenkarussell Sie aber trotzdem nicht einschlafen lässt? Eine zusätzliche Portion Tryptophan kann hier Wunder wirken. Aus Tryptophan bildet der Körper nämlich Serotonin, das Hormon, welches für innere Ruhe, gute Laune und süße Träume sorgt. Stress jeglicher Art führt aber leider dazu, dass Ihr Tryptophanspeicher über kurz oder lang den roten Bereich erreicht, was dann häufig in Burnout oder Depression endet. Bevor es so weit kommt, lieber mal messen lassen.

Die Vitamine

Vitamin C

Interessant wird es für mich immer dann, wenn ich auf Dinge aufmerksam werde, die mir bis dahin unbekannt waren. So zum Beispiel die Tatsache, dass wir (im Gegensatz zu den meisten Säugetieren) Vitamin C nicht selbst herstellen können. Müssen wir also auch über die Nahrung zu uns nehmen. Die Deutsche Gesellschaft für Ernährung empfiehlt für einen männlichen Erwachsenen 110 Milligramm pro Tag (Frauen werden nur 95 Milligramm empfohlen).[43] Jetzt raten Sie mal, wie viel Vitamin C ein Tier pro Tag produziert? Ein Hund produziert 40 Milligramm je Kilogramm Gewicht. Auf einen Menschen von 70 Kilogramm umgerechnet wären das also fast 3 Gramm! Ein Schwein produziert 10 Gramm pro Tag! Über kaum ein Vitamin wurde so viel publiziert wie über Vitamin C. In der Datenbank pubmed sind unter dem Schlagwort Vitamin C 67000 Einträge zu finden.[44] Wie fast immer gibt es natürlich auch Stimmen, die von einer zusätzlichen Einnahme von Vitamin C abraten. Andere empfehlen, die tägliche Dosis drastisch zu erhöhen. Bei Erkältungen zweifelt heute kaum noch jemand die positive Wirkung von Vitamin C an. Krebs ist da schon eine andere Sache. Dennoch haben Studien bewiesen, dass Vitamin C nicht nur das Risiko, an bestimmten Krebsarten zu erkranken, drastisch senken kann, sondern sich auch in der Behandlung als äußerst effektiv erwiesen hat.[45] Jetzt bin ich ein sehr praktischer Mensch, der immer abwägt zwischen den Nachteilen und eventuellen Vorteilen. Wenn also eine (aus meiner Sicht) mehr als realistische Chance besteht, dass durch die zusätzliche Einnahme von Vitamin C diverse Krankheiten verhindert (zumindest aber gemildert) werden, warum sollte ich mir diese Chance dann entgehen lassen? Zumal Vitamin C ein wasserlösliches Vitamin und eine Überdosierung somit ausgeschlossen ist. Die Kosten dafür sind geradezu lächerlich. Für meine drei Tabletten mit jeweils 1000 Milligramm Vitamin C investiere ich pro Tag gerade mal 20 Cent – im Monat also 6 Euro. Ein letzter Hinweis noch zu Vitamin C: Wussten Sie, dass in Tränenflüssigkeit die Konzentration von Vitamin C 50-mal höher ist als im Blut? In der Linse ist die Konzentration sogar noch höher. Was passiert also, wenn Sie über Jahre oder Jahrzehnte zu wenig von diesem edlen Stoff zu sich nehmen? Die Konzentration sinkt, die Linse trübt ein und wird lichtundurchlässig. Ein Mehr an Vitamin C scheint mir da durchaus sinnvoll.

Vitamin D3

2013 habe ich erstmals meine Leistungsparameter bestimmen, also mein Blut professionell analysieren lassen. Mein Vitamin-D3-Wert lag damals bei 16 nmol/l. Alles unter 30 nmol/l gilt als schwerer Mangel. Wäre ich jemals auf die Idee gekommen, dass die vielen, kleinen Zipperlein, die sich ja im Laufe der Jahre so einschleichen, die Müdigkeit, die Erschöpfung, die Rückenschmerzen, damit in Verbindung stehen könnten? Niemals. Durch regelmäßige Einnahme von D3 stieg mein Wert langsam an. 2015 lag er bei 53 nnmol/l, 2020 bei 241 nmol/l. Damit liege ich jetzt deutlich über dem empfohlenen Wert! Ich habe meinen Wert aber bewusst so weit angehoben, weil alle mir zur Verfügung stehenden Quellen bestätigen, dass für einen wirksamen Krebsschutz 200 nmol/l nötig sind. Zum Beispiel hier: http://ar.iiarjournals.org/content/31/2/607.full. Außerdem habe ich mich durch das Buch von Jeff T. Bowles *Hochdosiert*[46] bestätigt gesehen, dass viele Probleme, die zunächst gar nicht auf einen Mangel an Vitamin D3 zurückgeführt wurden, ihren Ursprung durchaus genau dort haben können. Zu betonen ist an dieser Stelle unbedingt, dass eine Einnahme von Vitamin D3 nur in Verbindung mit K2 erfolgen sollte. K2 sorgt dafür, dass Ihr Kalzium in den Knochen bleibt. Eine ganz besondere Bestätigung zur Einnahme von Vitamin D3 habe ich 2020 bekommen, als die Welt infolge des Coronavirus kopfstand. Da wurde aus der Schweizer Ortschaft Elgg berichtet, dass es in einem Pflegeheim zu 56 Infektionen gekommen sei, davon 25 hochbetagte Bewohner. Trotzdem kam es zu keinem Todesfall und keiner Hospitalisierung. Des Rätsels Lösung: Die Bewohner bekamen täglich 800 i.E. (internationale Einheiten) Vitamin D3! Vergleichbare positive Ergebnisse wurden auch aus Frankreich und Spanien berichtet.[47] Ob das der entscheidende Unterschied war, kann ich nicht beurteilen, aber schlussendlich bleibt es dabei: Ein gesundes, starkes Immunsystem braucht (auch) Vitamin D3!

Mineralien und Spurenelemente

Magnesium

Sobald Ihr Körper Stress empfindet, verlangt er nach mehr Magnesium. Das kennen vor allem Sportler, die mit Muskelkrämpfen zu tun haben. Magnesium sorgt dafür, dass die Muskeln entspannt bleiben, die Blutgefäße geöffnet sind und das Herz entspannt und gleichmäßig schlägt. Aber nicht nur bei körperlicher, sondern auch bei starker geistiger Tätigkeit brauchen Sie ausreichend Magnesium, schließlich verbraucht Ihr Gehirn bis zu 30 Prozent der gesamten Körperenergie. Ein hoher Magnesiumspiegel unterstützt Sie dabei, ruhig zu bleiben, wenn es drauf ankommt, indem es die Sauerstoffversorgung in den Zellen verbessert. Um nur die offiziell gewünschten 400 Milligramm pro Tag durch Ernährung zu sich zu nehmen, müssten Sie aber beispielsweise elf Bananen oder 1 Kilogramm Käse pro Tag essen. Wer das nicht schafft, sollte dann doch, so wie ich auch, lieber am Abend Kapseln aus der Apotheke zu sich nehmen. Hilft außerdem auch für einen erholsamen Schlaf. Typische Anzeichen von Magnesiummangel sind zum Beispiel Tinnitus oder Migräne, Herzrasen oder chronische Müdigkeit.

Selen

Sicher einer der Stoffe, die fast nie erfasst werden, sollte doch einmal eine Blutuntersuchung gemacht werden. Dabei ist Selen DER Stoff, wenn es darum geht, giftige Stoffe im Körper zu binden und auszuleiten. Wer sich dazu noch die Frage stellen sollte, warum in anderen Ländern die Menschen eine solche Leichtigkeit versprühen, dem sei gesagt, dass in diesen Ländern drei- bis viermal höhere Selenwerte »normal« sind.[48] An Krebs zu erkranken, ist immer noch die größte Sorge der Bundesbürger, weshalb hier auch noch erwähnt sei, dass durch Selen das Risiko, an bestimmten Krebsarten zu erkranken, drastisch gesenkt werden kann. Mit drastisch meine ich hier ein 70 Prozent geringeres Risiko, an Prostatakrebs zu erkranken, wenn der Selen Wert im Blut hoch ist. Bei Speiseröhrenkrebs immer noch 56 Prozent. Für mich bedeutet das nichts anderes als 70 Prozent weniger Leid, 56 Prozent weniger Schmerz, Operationen und Schicksale. Lohnt es sich bei solchen Aussichten nicht vielleicht doch, mal darüber nachzudenken, ob wir unserer Gesundheit genügend Aufmerksamkeit schenken?

Zink

Vielleicht denken Sie bei Zink zunächst an Creme? Völlig richtig. Zink gilt als Wunderwaffe gegen Hautkrankheiten wie Ekzeme oder Neurodermitis, ist aber auch für Haare und Finger- oder Fußnägel von entscheidender Bedeutung. Zink spielt, in Verbindung mit Eiweiß, dazu noch eine entscheidende Rolle in der Bildung von Testosteron. Sie wissen schon, das männliche Sexualhormon, das aber auch für Power, Elan und Durchsetzungskraft verantwortlich ist. Viel entscheidender ist aber das Zusammenspiel von Zink mit Tryptophan (einer Aminosäure). Denn durch Tryptophan und Zink bildet der Körper Serotonin, das Glückshormon. Dieses lässt Sie entspannt lächeln, den entscheidenden innerlichen Schritt zurücktreten. Anders ausgedrückt: Souveränität. Funktioniert aber nur, wenn Ihr Zinkspiegel hoch genug ist.[49] Jede Erkältung, jeder Schnupfen, jedes Virus kann Ihren Zinkwert aber innerhalb von wenigen Tagen ins Bodenlose fallen lassen. Vielleicht erklärt sich so die Männergrippe, die ja viel schlimmer ist als die Erkältung, die Frauen befällt. Ohne Zink ist das Immunsystem schlapp, gibt es kein

Serotonin und kein Testosteron, dann kann es schon mal passieren, dass Männer sich am Ende ihrer Tage wähnen …

Fazit: Jeder einzelne Stoff hat seine ganz besondere Bedeutung und Wirkung. Meist sind es aber verschiedene Stoffe, die im Zusammenspiel ihre volle Kraft entfalten – oder halt eben nicht. Als ich selbst vor zehn Jahren begann, mich mit diesem Thema zu beschäftigen, wäre ich nie und nimmer auf die Idee gekommen, dass sich so viele Dinge durch pure Zahlen erklären lassen. Auch war ich am Anfang natürlich sehr vorsichtig, habe mich penibel an die Dosierungsvorschriften gehalten, um dann aber (durch regelmäßiges Messen) festzustellen, dass ich einen Mangel eben nicht beheben kann, wenn ich mich an die empfohlene Tagesdosis halte. Die Konsequenz für mich daraus: Dosierung kräftig erhöhen und prüfen, ob sich Nebenwirkungen einstellen. Wer Bedenken haben sollte, dem sei versichert, dass sich einzig bei Magnesium in höherer Dosis eine Nebenwirkung gezeigt hat. Denn Magnesium wirkt irgendwann abführend. Der Vorteil dieser Erkenntnis: Wer zu Verstopfungen neigen sollte, hat damit eine simple Lösung gefunden. Glücklicherweise gibt es aber noch weitere Möglichkeiten, dem Körper Magnesium zur Verfügung zu stellen: Von Magnesiumöl, mit dem die Beine besprüht werden, über Magnesiumbäder bis hin zu Magnesiuminfusionen gibt es reichlich Varianten.

Damit komme ich zum Ausgangspunkt zurück. Niemand nimmt Ihnen die Verantwortung ab, wenn es um Ihre Gesundheit geht. Keine Pharmaindustrie, kein Arzt, kein Apotheker. Vergessen Sie bitte niemals, dass Sie als gesunder Mensch für das gesamte Gesundheitswesen uninteressant sind. Das ist weder böse gemeint, noch möchte ich damit irgendwen in schlechtem Licht dastehen lassen. Aber ganz nüchtern betrachtet verdienen alle nur an Krankheiten – fast nie an Ihrer Gesundheit. Ein Medikament gegen Depression kann patentiert werden – Aminosäuren und Vitamine dagegen (zum Glück) nicht. Vielleicht ist das auch ein Grund, warum so viele schlecht recherchierte »Studien« über Vitamine und Co existieren. Eines bestätige ich aber gerne jedem Gegner von Nahrungsergänzungsmitteln: Diese sind absolut überflüssig, wenn Sie nach dem Gießkannenprinzip eingenommen werden. Die (zumeist sehr niedrig dosierte) Multivitamintablette am Morgen wird in den meisten Fällen eben keine positive Wirkung haben. Um bei unserem Reisebeispiel zu bleiben: Sie kippen einfach von allem etwas nach – Öl, Kühlwasser Benzin und Bremsflüssigkeit. Dabei war alles noch in Ordnung, Ihnen fehlte aber etwa Luft in den Reifen. Durch unzählige Erfahrungsberichte, die ich in den letzten Jahren hören und erleben durfte, ist mir eines klar geworden. Unfassbar viel Leid, Schicksale, Schmerzen und Krankheiten können den Menschen erspart bleiben, wenn sich endlich die Blickrichtung ändern würde. Weg von »Behandlung der Krankheiten«, hin zu »Gesund bleiben«. Wenn ich mir rückblickend die Corona-Zeit ansehe, dann stelle ich mit Erschrecken fest, dass zu keinem Zeitpunkt über die Wichtigkeit gesprochen wurde, sein Immunsystem zu stärken. Wäre das aber nicht sogar hilfreicher gewesen als die tägliche Zahl der neuen Fälle? Als ich im Januar 2020 in Köln auf der Bühne stand, ahnte ich noch nicht, wie dramatisch sich das Leben in den nächsten Monaten weltweit verändern sollte. Viele liebe Menschen haben mich nach dem Auftritt und nach der Veröffentlichung meines Videos angeschrieben und ihre Geschichte mit mir geteilt. Für alle diese Reaktionen bin ich unendlich dankbar, denn sie haben mir gezeigt, dass dieses Thema schon vor Corona einen Nerv getroffen hat, danach an Wichtigkeit aber bei vielen geradezu explodiert ist. Es ist auch nicht immer die unglaubliche Geschichte vom Phönix aus der Asche – sondern eher das Mehr an Lebensqualität, an Energie oder Fröhlichkeit. Ich bin auf die Bühne gegangen, weil ich der festen Überzeugung war, dass meine Botschaft es verdient, gehört zu werden. Dass es wichtig ist, ab und zu vom täglichen Hamsterrad hochzusehen und sich bewusst zu werden, dass es an jedem Einzelnen liegt, wie die Zukunft aussieht. Finanziell, emotional, physisch und psychisch. Trotzdem ist es, wie so oft im Leben, eine einzige kleine Entscheidung, die plötzlich zu einer Veränderung führt. Manchmal ist es eine Begegnung, ein Buch oder nur eine Idee. So wie im Sommer 2019, als besagte E-Mail von GEDANKENtanken kam. Erst war es nur eine Idee, ein kleiner Impuls, und plötzlich war die E-Mail mit meinen Daten raus. Nach einem ersten Telefonat und einem persönlichen Gespräch in Köln stand dann viele Wochen später fest, dass ich dabei sein durfte. Natürlich nicht einfach nach dem Motto: Da ist die Bühne – leg los, sondern (und das war für mich sehr wichtig) mit professioneller Betreuung und Coaching von Experten. Denn schließlich gilt für alle Redner in diesem Format ein Zeitlimit von 18 Minuten, was sich im weiteren Verlauf noch als äußerst schwierig darstellen sollte. An dieser Stelle möchte ich neben den großartigen Kolleg*innen, die ich in den Präsenztrainings kennenlernen durfte, vor allem drei Menschen danken, die mich, jeder auf seine Art, unglaublich unterstützt haben: Frank Asmus, Barbara Fernandez und Christian Gaertner haben enorm dazu beigetragen, dass ich meine Themen so präsentieren konnte, wie ich es mir vorgestellt habe. Am 28. Januar 2020 war es dann so weit. Nach unzähligen Varianten meiner Keynote, vier Tagen Intensiv-Coaching vor Ort, mehreren Stunden Onlinetraining gab es kein Zurück mehr. Nach der letzten Einweisung am Nachmittag hieß es dann ab 18 Uhr: Bühne frei! Insgesamt neun Redner wollten an diesem Montag das Publikum inspirieren, begeistern, informieren oder zum Nachdenken anregen. Ich selbst sollte um 20:35 Uhr dran sein, als erster Redner nach der Pause. Extrem spannend für mich selbst war es, zu erleben, wie unterschiedlich Sprecher mit Lampenfieber oder Nervosität umgehen. Der eine geht in der Garderobe seinen Text wieder und wieder durch, während ein anderer per Videocall seinem Sohn eine gute Nacht wünscht und dieses gute Gefühl mit auf die Bühne nimmt. Ich selbst verspürte viel weniger Aufregung, als ich selbst gedacht hätte. Es war mehr Vorfreude und gleichzeitig auch ein bisschen Wehmut, denn mit Ablauf meiner 18 Minuten würde auch wieder ein weiteres Kapitel meines Lebens abgeschlossen sein. Der erste Auftritt vor fremdem Publikum, der anschließend im Internet von jedem gesehen, kritisiert und bewertet werden würde. Es gibt leider sehr wenige dieser Momente im Leben, die man nur einmal erleben kann. Weil eben ein erstes Mal, ein erster Eindruck nicht wiederholt werden kann. So habe ich den ganzen Abend versucht, jede einzelne Minute zu genießen. Unterm Strich war ich am Ende bis auf wenige Momente sehr zufrieden und es hat unglaublichen Spaß gemacht. Das wichtigste Learning für mich möchte ich an dieser Stelle gerne mit Ihnen teilen: Durch eine kurze E-Mail, eine Chance, die sich mir geboten hat, sind in der Folge unglaublich viele tolle Dinge geschehen. Das alles Entscheidende war aber: den Moment zu nutzen, die Chance zu ergreifen und zu sehen, was danach passiert. Ich habe im Jahr 2020 durch diesen Auftritt unglaublich viele tolle Menschen kennenlernen dürfen, die ich sonst nie getroffen hätte. Aus einer bunt gemischten Truppe, die sich aus Deutschland, Österreich und der Schweiz in Köln getroffen hat, um ihre Botschaft zu verbreiten, sind Freundschaften, neue geschäftliche Kontakte und viele Ideen für die nähere Zukunft entstanden. Eine von diesen Ideen halten Sie gerade in den Händen und wer weiß, vielleicht treffe ich Sie demnächst auf einer unserer Veranstaltungen. Ich habe immer gesagt: Wenn es mir gelingt, einen einzigen Menschen zu überzeugen, dass es sinnvoll ist, sich mit seinen Finanzen intensiv zu beschäftigen, statt diese einfach als lästige Pflicht wahrzunehmen – wenn ich einen Menschen begeistern kann, dass eine Prüfung der eigenen Blutwerte wichtig und lohnend sein kann, dann habe ich mein Ziel erreicht. Wie großartig wäre es, wenn unsere Kinder in der Schule mehr über Geld, Finanzen und Wirtschaft beigebracht bekämen, statt die gleichen Gedichte zu lernen, die seit 30 Jahren im Unterricht besprochen werden? Wie brillant wäre es, wenn Unternehmer erkennen würden, wie Leistungsparameter im Blut helfen können, ihr Unternehmen nach vorne zu bringen? Durch gesunde, leistungsfähige und ausgeglichene Mitarbeiter. Das Institut der Deutschen Wirtschaft gab bekannt, dass zwischen 2010 und 2018 die Ausgaben der Unternehmen für Lohnfortzahlung im Krankheitsfall von 37 auf 62 Milliarden Euro gestiegen seien.[50] Wie viele davon auf ein ausgemergeltes Immunsystem direkt oder indirekt zurückzuführen sind, mag ich nicht beurteilen, aber durch alles, was ich bisher zu diesem Thema lernen durfte, glaube ich an einen sehr hohen Anteil. Mir gefällt bei Weitem nicht alles, was die WHO als oberste Gesundheitsbehörde so von sich gibt, aber sie hat eine wunderbare Definition von Gesundheit, die lautet: Gesundheit ist ein Zustand vollkommenen körperlichen, geistigen und sozialen Wohlbefindens und nicht allein das Fehlen von Krankheiten und Gebrechen.[51] Vielleicht ist auch durch die Viruskrise der jüngsten Vergangenheit klar geworden, dass unser Gesundheitssystem veraltet ist und dringend renoviert werden muss. Aus der Historie lernen wir aber, dass bestehende Systemen meist nur korrigiert werden. Ein vollständiger Neubeginn ist eher unwahrscheinlich. Wenn Sie also ein gesundes Leben bis ins hohe Alter anstreben, dann werden Sie sich selbst darum bemühen müssen. 2036 wird, einer Berechnung von ZEW und DIW nach zu urteilen, jeder fünfte Neurentner in Altersarmut leben. 2015 waren das schon 16 Prozent aller Neurentner. Altersarmut bedeutet, dass diese Person weniger als 1000 Euro/Monat an Einkünften zur Verfügung hat. Am Ende eines langen Berufslebens. Vollkommenes Wohlbefinden sieht für mich anders aus. In einer Statistik über die Gründe, warum eine Beziehung scheitert, standen auf Platz 2 Stress im Job und auf Platz 3 schwierige finanzielle Situation.[52] Spannend, oder? Leider habe ich keine gesicherten Zahlen darüber, aber ich würde gerne mal die Entwicklung der Scheidungen im zeitlichen Zusammenhang mit dem Verlust der Nährstoffe in Lebensmitteln vergleichen. Ich könnte mir gut vorstellen, dass sich da so einiges erklärt. Vielleicht komme ich mal dazu, das zu recherchieren. Zum Abschluss möchte ich noch auf die zwei wichtigsten Fragen eingehen, die mir immer wieder gestellt werden:

Wo kann ich mein Blut entsprechend testen lassen?
Welche Ergänzungen empfehlen Sie mir?

Ich möchte mit der zweiten Frage beginnen, weil diese wesentlich leichter zu beantworten ist. Die, die ihnen fehlen. Punkt. Es ist schlichtweg sinnlos, irgendwelche Substanzen zu nehmen, ohne zu wissen, was wirklich fehlt. Eine einzige Ausnahme gilt hier (für mich), und das ist Vitamin C. Konsequent nehme ich täglich mindestens 2 x 1000 Milligramm zu mir, schon allein deshalb, weil sich meine Sehkraft im Laufe der letzten drei bis vier Jahre deutlich verbessert hat (gemessen und bestätigt beim Optiker). Ich sehe das wieder als Selbstversuch, weil ich lernen durfte, dass die Vitamin-C-Konzentration in der Tränenflüssigkeit 50-mal so hoch ist wie im Blut und dort freie Radikale abfängt.[53] Ich hoffe, noch viele Fortschritte in den nächsten Jahren erleben zu dürfen und so viel wie möglich davon weitergeben zu können. In allen anderen Fällen ergänze ich jeweils das, was laut Bluttest fehlt. Die erste Frage ist schon deutlich schwieriger zu beantworten. Aus der Erfahrung der letzten Jahre muss ich leider berichten, dass viele Ärzte diesen Themen eher ablehnend gegenüberstehen. Die eine direkte Aufforderung, einzelne Werte zu testen, sogar ablehnen, was für mich schon sehr bedenklich ist. Denn letztendlich wäre das so, als wenn Sie in Ihre Werkstatt fahren und dort um einen Lichttest bitten und der Inhaber Ihnen sagt: So einen Quatsch brauchen Sie nicht. Ich sehe doch, dass alles in Ordnung ist. Kein Scherz, solche Aussagen haben Patienten schon zu hören bekommen. Ich freue mich aber über jede Nachricht und jede Adresse von Ärzten, die in dieser Hinsicht offener agieren. Leider haben unsere Krankenkassen die Bedeutung einer umfassenden Blutuntersuchung noch nicht erkannt, weshalb diese Leistungen fast immer privat in Rechnung gestellt werden. Wesentlich zugänglicher sind oftmals Heilpraktiker. Allein schon durch den völlig unterschiedlichen Ansatz der Behandlung von Beschwerden sind Heilpraktiker offener für alternative Heilmethoden. Suchen Sie doch mal nach dem Begriff Mikronährstoffanalyse in Ihrer Nähe. Viele Labore bieten auch mittlerweile den direkten Service an, was bedeutet: Sie machen einen Termin im Labor, bekommen dort von einem Laborarzt Blut abgenommen und erhalten die Auswertung kurzfristig, bei einzelnen Werten vielleicht sogar direkt mitgeteilt. Auf einen »Haken« möchte ich Sie aber noch aufmerksam machen: Es gibt in Deutschland keine einheitlichen Referenzwerte, sondern jedes Labor legt seine Sollwerte[54] selbst fest.[55] Da kann es durchaus vorkommen, dass Labor A der Meinung ist, ein Vitamin D3-Spiegel zwischen 20 und 100 ng/ml wäre »gesund«, ein anderes aber alles unter 30 ng/ml als schweren Mangel bezeichnet. Wenn Sie jetzt einen Wert von 25 ng/ml haben, sieht das im ersten Labor gut aus, im zweiten eher nicht. Eine weitere Stolperfalle öffnet sich, wenn Sie die Werte unterschiedlicher Labore miteinander vergleichen wollen. Denn wie auch im Längenmaß (1 Dezimeter = 10 Zentimeter) gibt es auch in den Laborauswertungen unterschiedliche Einheiten. Da wird wahlweise in nnmol/L, in mg/L oder in mmol/l ausgewertet. Für diese Fälle sind im World Wide Web entsprechende Umrechner kostenfrei zugänglich. Ich wünsche Ihnen von Herzen, dass Sie ein langes, glückliches und sorgenfreies Leben genießen können. Falls Sie das Gefühl haben sollten, ein bisschen mehr an Energie wäre wünschenswert, oder Sie sich in dem einen oder anderen Beispiel wiedergefunden haben, dann zögern Sie nicht, der Ursache auf den Grund zu gehen. Nicht nur aus meinen eigenen Erfahrungen, sondern auch aus den vielen Büchern, die ich zu diesen Themen gelesen habe, möchte ich Ihnen versichern: Ihr Körper hat die Kraft, viel, viel mehr zu leisten, als Sie sich das heute vielleicht vorstellen können. Im Tierreich finden sich die besten Beweise dafür, dass unsere Zivilisationskrankheiten eben nicht »normal« sind. Oder haben Sie morgens die Vögel auf dem Baum vor Ihrem Haus schon mal so richtig erkältet erlebt? Meines Wissens nach kennen Tiere weder Krebs noch Diabetes, zumindest nicht in der freien Natur. Bei Haustieren sieht das freilich schon anders aus. Bleiben Sie fröhlich, genießen Sie Ihr Leben und denken Sie immer daran: Sie sind nicht auf dieser Welt, um durchzukommen. Vielleicht haben auch Sie eine Botschaft, die gehört werden sollte. Dann trauen Sie sich. Am Ende unseres Lebens werden wir wahrscheinlich eher die Dinge bereuen, die wir *nicht* gemacht haben.

ÜBER ULRICH OLBRISCH

Ulrich Olbrisch ist ein Informationsbroker. Zahlen, Daten und Fakten sammeln, auswerten und anschließend auf möglichst humorvolle, interessante Art und Weise weitergeben, das ist seine Berufung. Sein Kernthema, die private Finanzplanung in allen seinen Facetten, wird seit zehn Jahren um einen Teilaspekt der Gesundheit ergänzt, unser Blut. Denn wie bei den Finanzen geht es hier um schlichte Mathematik. Um in der heutigen Zeit leistungsfähig zu sein und zu bleiben, braucht der Körper alle wichtigen Stoffe in ausreichender Menge. Dazu braucht es keine medizinische Ausbildung, sondern lediglich die Fähigkeit und Bereitschaft, Informationen zu sammeln, zu verstehen und umzusetzen. Praktischer Nutzen, für jeden verständlich und anwendbar, ist das Ziel und der Anspruch.

Ulrich Olbrisch über Claudia Strobl

Memoiren haben mich schon immer fasziniert. Zu erfahren, was aus einem »normalen« Menschen einen außergewöhnlich erfolgreichen macht, hat einen ungeheuren Reiz auf mich. Das bedeutet aber nicht, dass die berühmt-berüchtigte Geschichte vom Tellerwäscher zum Millionär das Besondere ist, sondern es sind oft die heimlichen Stars, also die Menschen, die zwar in ihrer »Community« berühmt sind, denen man aber im Alltagsleben diesen Erfolg nicht unbedingt anmerken würde. Erfolg bedeutet in meiner Definition nicht immer zwangsläufig Geld, sondern aus den vielfältig vorhandenen Talenten eines besonders genutzt zu haben. Claudia Strobl hat ihr Talent, auf zwei schmalen Brettern in atemberaubender Geschwindigkeit einen schneebedeckten Berg hinunterzurasen, zur Perfektion gebracht. Sie ist der lebende Beweis dafür, dass Erfolge und Rückschläge oft nur einen Wimpernschlag voneinander entfernt liegen. Zur Weltelite im alpinen Ski-Weltcup gehört man nicht durch Glück, sondern durch die einzigartige Kombination aus psychischer und körperlicher Stärke. Ihre gelebte Begeisterung und positive Grundeinstellung stecken an und beweisen auf eindrückliche Art und Weise, dass Spitzenleistung nicht nur harte körperliche Anstrengung ist, sondern vor allem eine mentale Fähigkeit, mit »Niederlagen« umzugehen. Heute setzt sie sich, neben vielen ehrenamtlichen Engagements, dafür ein, andere Menschen dabei zu unterstützen, diese »Soft Skills« – diese mentale Stärke – zu verstehen, zu verinnerlichen und umzusetzen.

Kapitel 8

CLAUDIA STROBL

IN TOPFORM

September 1989, Sölden in den Ötztaler Alpen

»Claudia, wenn du glaubst, dass du nur dann besser wirst, wenn du noch mehr und noch härter trainierst, dann irrst du gewaltig. Ohne Freude zu trainieren, ist pure Zeitverschwendung. Erst deine wahre Begeisterung für das, was du tust, öffnet dir den Zugang zu deiner inneren Kraftquelle und aktiviert deine volle Stärke. Das macht nicht nur jede einzelne Trainingseinheit effektiver. Diese freudige, mentale Einstellung wird dir auch im entscheidenden Moment DEN Vorsprung verschaffen, der den Unterschied zwischen einer durchschnittlichen Athletin und einer Rennläuferin mit Weltklasse-Niveau ausmacht.«

Alois, einer der besten Trainer meiner sportlichen Laufbahn und seit letztem Jahr Techniktrainer der österreichischen Damen-Nationalmannschaft Ski alpin, schaute mir mit seinem entschlossenen Blick tief in die Augen und wartete auf meine Reaktion, ob ich diese immens wertvolle Botschaft nicht nur verstanden, sondern dieses Erfolgsgeheimnis auch verinnerlicht hatte.

Wir sitzen im Gemeinschaftsraum des Hotel Regina in Sölden und analysieren anhand von Videoaufzeichnungen die Trainingsfahrten, die wir am Vormittag am Rettenbachgletscher absolviert hatten.

Ich weiche seinem Blick aus, versuche, den Kloß in meinem Hals runterzuschlucken, aber dann fließt plötzlich mein ganzer Schmerz der letzten beiden Jahre, der sich in mir angestaut hatte, wie ein reißender Gebirgsbach aus mir heraus.

Alois' Worte trafen mitten ins Schwarze und öffneten in mir eine Schleuse, mit der ich eine tief sitzende Wunde bereits über zwei Jahre lang fest in meinem Herzen verschlossen hielt.

Ich erzählte ihm von meinem großen Kindheitstraum, eines Tages zu den weltbesten Skirennläuferinnen der Welt gehören zu wollen. Ich erzählte von meinem unermüdlichen Trainingseifer, durch welchen ich mich zielorientiert sukzessive an die Weltspitze herangearbeitet hat. Und wie mich mein Urvertrauen und der Glaube an mich selbst viele Rückschläge überwinden ließ. Ich erzählte ihm, wie ich durch meine kontinuierlichen Fortschritte von Jahr zu Jahr voller Zuversicht und motiviert in die Weltcup-Saison 1986/1987 gestartet bin und überglücklich gleich im Dezember meinen ersten Podestplatz beim Weltcup-Rennen in Val Zoldana in den italienischen Dolomiten gefeiert hat.

Ich war so stolz, als Drittplatzierte neben der mehrfachen Weltmeisterin aus der Schweiz, Erika Hess, einer der ganz Großen im alpinen Damen-Skirennlauf, auf dem Siegerpodest zu stehen.

Ich war so glücklich und erfüllt, zu sehen, wie sich mein ganzer Heimatort und Tausende mir unbekannte Menschen mit mir über diesen Erfolg freuten.

Endlich hatten sich all der Schweiß und die Entbehrungen bezahlt gemacht und ich fühlte bereits, dass ich für das oberste Podest und die Verwirklichung meines Traumes bereit war. Ich war im Flow.

Bis mich kurz nach diesem Triumph eine Entscheidung unseres damaligen Trainerteams völlig unerwartet und mit voller Wucht traf. Im damals stärksten Slalomteam der Welt reichte ein 3. Platz nicht, um im österreichischen Team bei der Weltmeisterschaft im Februar 1987 in Crans-Montana an den Start gehen zu können.

»Nicht gut genug zu sein« – das war für mich wie ein Schlag ins Gesicht. Ich war zunächst wie gelähmt und richtig demoralisiert. Ich fühlte mich klein und unverstanden. Mein Selbstwert war binnen kürzester Zeit richtig angeknackst und meine Leistungskurve ging quasi über Nacht steil bergab. Langsam, aber kontinuierlich staute sich eine ungeheure Wut in mir auf. Ich schaltete auf stur und trainierte noch mehr und noch härter und wurde – verbissener, aber nicht besser!

Und genau in diese Wunden bohrte Alois mit seiner Botschaft und gleichzeitig heilte er meine seelische Verletzung durch sein Verständnis.

Er verstand es wie kein anderer Trainer zu meiner Zeit, uns »Alpha-Mädels« zu einem Team zusammenzuschweißen. Er förderte und forderte jede Einzelne dieser so unterschiedlichen und starken Persönlichkeiten ganz individuell. Mit seiner empathischen Art motivierte er uns, die beste Version unseres Talents zur Entfaltung zu bringen.

Alois war auch einer der wenigen Trainer im Österreichischen Skiverband, der es verstand, meinen Vater, der mich seit meiner Kindheit auf meinem sportlichen Weg unterstützt und begleitet hatte, in Gespräche und Entscheidungen miteinzubeziehen.

Dieses Gespräch mit Alois im September 1989 öffnete in mir das seit Langem verschlossene Ventil der Freude und inneren Motivation. Ich war befreit und steigerte mich von Training zu Training erneut zur Bestform meines Lebens, mental und körperlich.

Jetzt war ich bereit!

Die Weltcup-Saison 1989/1990 startete in Parc City, Utah. Mein Ziel, im ersten Slalom des Winters unter den Top Ten zu landen, erreichte ich mit meinem siebten Platz. Es war zumindest ein Lebenszeichen von mir, obgleich ich spürte und wusste, dass ich zu viel mehr fähig war.

Ich visualisierte und verinnerlichte weiterhin täglich in Gedanken, wie es sich anfühlt, meine beste Performance auf den Ski zu bringen und auf dem obersten Siegerpodest zu stehen.Und schließlich wurde mein Traum, für den ich Tausende, ja Zehntausende Stunden geschwitzt und gefightet hatte, fernab meiner Heimat, in einem der populärsten Wintersportorte in den USA, Wirklichkeit.

Am 10. Dezember 1989 wedelte ich im tief winterlichen Steamboat Springs in den Rocky Mountains, Schwung für Schwung, voller Begeisterung, mit mentaler Stärke und wilder Entschlossenheit zu meinem ersten Weltcupsieg.

In diesem Winter war ich scheinbar nicht mehr zu stoppen. Es folgten Podestplätze in Italien, Österreich, Norwegen und schließlich stand ich als Nummer 1 der Weltrangliste beim Weltcup-Finale im März 1990 in Are in Schweden am Start.

Noch war alles offen. Vreni Schneider, die damalige Ausnahmeathletin und Olympiasiegerin aus der Schweiz und ich, duellierten uns im letzten und alles entscheidenden Rennen dieser Saison um den Gesamtweltcupsieg im Slalom …

30. Januar 2020, Flug EW753 Wien-Köln

Eine Durchsage vom Kapitän aus dem Cockpit reißt mich jäh aus meinen mentalen Vorbereitungen für meine Keynote. Heute Abend kommt der entscheidende Auftritt auf der Bühne, im Rahmen der New Faces Night von Greator (vormals GEDANKENtanken) auf den ich die letzten Monate mit allen mentalen und emotionalen Aufs und Abs hingearbeitet habe.

Heute Morgen wurde ich ausnahmsweise nicht von meinem Mann wachgeküsst. Es waren die ersten Sonnenstrahlen, die durch die Jalousien unseres Schlafzimmerfensters blinzelten und einen prachtvollen Wintertag ankündigten. Ich fühlte mich wunderbar erholt, ausgeschlafen und energiegeladen. Kuschelte mich noch mal genüsslich unter der weichen, warmen Decke an Stefan und freute mich auf diesen Tag, der mich heute mit ganz viel Gutem beschenken würde.

Warum ich mir da so sicher war? Weil ich die Zeit der letzten Monate dafür genützt habe, mich kontinuierlich auf diesen Tag vorzubereiten. In meiner vorherigen Welt, dem Skirennsport, trainierten wir jedes Jahr zwischen Mai und Oktober beinahe täglich unsere mentale Einstellung und unsere körperliche Fitness, um dann in den Wintermonaten davon zu profitieren und unser Können an Wettkampftagen quasi per Knopfdruck abrufen zu können. Einer meiner Trainer nannte es in unserem Dialekt das Training »auf weite Sicht«. Heute sagen wir dazu das Training des »Langen Atems«.

Eines der universell gültigen Erfolgsgesetze ist jenes der kontinuierlichen Handlungsschritte in Richtung unserer Ziele. Für uns Leistungssportler war dies also kein Geheimnis, wie es heute viele selbst ernannte Gurus in ihren Büchern und Seminaren erklären, es war schlichtweg unser tägliches Brot. Wir wussten: »Ohne Fleiß kein Preis!« So einfach ist das!

Noch vor dem Frühstück lockte es mich raus in die Natur. Also rein in meine gemütlichen Laufklamotten und mit dem Zuschnüren meiner Joggingschuhe begann bereits ganz automatisch mein innerer Dialog für meine heutige Keynote. Ich schmunzle innerlich über diese Gewohnheit, die ich mir die letzten Wochen angeeignet habe, meine Texte während des Laufens im Geiste zu wiederholen.

Ich genieße die wärmenden Sonnenstrahlen im Gesicht und jogge auf einer Anhöhe oberhalb meiner Heimatstadt Villach am Essachweg entlang, über die Felder, durch ein kleines Wäldchen runter nach St. Ruprecht in Richtung Ossiacher See und wieder retour.

Noch einmal spule ich in Gedanken und im Rhythmus meiner Schritte meinen heutigen Vortrag runter. Und ich fühl mich richtig wohl dabei. Ich bin im Flow und bereit, heute meine bestmögliche Performance für das Publikum zu geben.

Doch es geht heute Abend nicht um mich!

Meine Erfahrungen und Erkenntnisse aus meiner Lebensschule, dem Skirennsport, sind lediglich wertvolle und inspirierende Metaphern für Menschen, die sich berufliche und private Ziele setzen, auf dem Weg dorthin Herausforderungen zu bewältigen haben und nach einer Lösung suchen, diese meistern zu können.

Meine Geschichten sind für Menschen, die wachsen möchten, um das Beste aus sich und ihrem Leben zu machen. Ich ermutige dazu, die persönlichen mentalen Grenzen sukzessive zu dehnen, um das nächste Erfolgslevel erklimmen zu können.

Ja, ich will heute Abend Mutmacherin sein. Ich werde mein Bestes geben und eine Welle an positiver Energie in die Herzen der Menschen zaubern, die mir heute ihre Zeit schenken, um meinen Botschaften zu lauschen. Ich wünsche mir, dass die Menschen heute Abend auf dem Heimweg von der Volksbühne ein Gefühl von Leichtigkeit, Machbarkeit und Glücklichsein verspüren. Und wenn ich für den einen oder die andere im Publikum dazu beitragen kann, das Leben positiv zu bereichern, dann fühle auch ich mich dadurch reich beschenkt. Dann konnte ich einmal mehr mein Credo leben:

Wahrer Reichtum wird daran gemessen, wie vielen Menschen es besser geht, weil DU gelebt hast.

Wir überfliegen gerade die Alpen. Mein Blick schweift über die Bergketten, deren schneebedeckte Gipfel im gleißenden Sonnenlicht glitzern. In Gedanken ziehe ich genussvoll eine erste Spur über diese unberührten Pulverschnee-Hänge und spüre in meinem Herzen ein tief erfüllendes Gefühl von Freiheit und Dankbarkeit. Ich freue mich, mich heute Abend an das Publikum zu verschenken.

Genau wie ich mir damals während meiner aktiven Laufbahn als Leistungssportlerin diese besonderen Momente für das Visualisieren meiner bevorstehenden Skirennen zu eigen gemacht habe, durchlaufe ich in Gedanken jetzt nochmals meinen heutigen Auftritt in der Kölner Volksbühne.

Ich bin zuversichtlich, gelassen und spüre ein bisschen diese positive Anspannung im Geist und im Köper, im Bereich meines Solarplexus. Ein mentaler und körperlicher Zustand, der sich auch früher immer an Wettkampftagen regelmäßig meldete.

Mir wird einmal mehr bewusst, wie wertvoll die persönliche Interpretation solcher »Ausnahmezustände« für das eigene Wohlbefinden und das Gelingen eines Vorhabens ist und wie sehr mich meine Sportkarriere dahingehend in meiner jetzigen Lebensaufgabe unterstützt. Jede Wettkampfvorbereitung und jedes Skirennen war ein hervorragendes Training, meinen »State of Mind« in die von mir erwünschte Richtung auszurichten. Für heute Abend bedeutet dies: Lebendigkeit, Wachheit und in meiner Kraft zu sein.

Es ist wie ein Ankommen daheim in meiner Welt. Lediglich die »Arena« ist eine andere. Ich tausche Rennpiste mit Bühne.

Lebe deine Passion

Viele Jahre nach Beendigung meiner Sportkarriere vermisste ich dieses Gefühl, »meine Passion zu leben«, sehr.

Nach außen hin schien mein Leben top zu sein. Stefan, mein langjähriger Lebenspartner, der ebenfalls einige Jahre Leistungssportler in der österreichischen Langlaufmannschaft gewesen war, machte mir am Neujahrstag 1997 während einer Skitour am Sadnig-Gipfel auf 2745 Meter Seehöhe einen romantischen Heiratsantrag.

Unser gemeinsames Zuhause, eine 100-Quadratmeter-Penthousewohnung mit 50 Quadratmeter Dachterrasse und atemberaubendem Blick über die Bergkette der Karawanken, war durch Stefans Handschliff – als mittlerweile selbstständiger Architekt – ein Schmuckstück und Mittelpunkt vieler Partys mit unseren Freunden aus aller Welt.

Ich widmete mich zunächst dem Studium der Betriebswirtschaften, das ich bereits während meiner Sportkarriere begonnen hatte, und genoss eine Zeit lang das völlig ungezwungene, freie Leben einer typischen Studentin in vollen Zügen. Zeit für Stefan, für meine eigenen Marotten, meine Freunde, Sport ohne Stoppuhr …

Im Zuge meines Studiums absolvierte ich auch ein Trainee-Programm bei der Raiffeisenlandesbank Kärnten.

An einem lauen Frühlingsnachmittag saßen Stefan und ich auf der Terrasse, schlürften genüsslich einen Cappuccino, während ich ihm von meinen Eindrücken erzählte, die ich im Zuge meines Trainee-Programms bei der Raiffeisenlandesbank Kärnten absolvierte. Das Telefon klingelte und ich erhielt kurz darauf ein vielversprechendes Jobangebot. Voller Euphorie und Tatendrang stürzte ich mich in meine neue Aufgabe.

In meinem Job als Marketingleiterin für den Bereich Jugend organisierte ich Events, managte Sportsponsoring und koordinierte interessante Projekte und Aktivitäten der Raiffeisen-Jugendclubs in ganz Kärnten.

Mein erstes »Baby« der »Jugend Trendsporttag«, den ich 1996 gemeinsam mit der Stadt Villach und meinem engagierten Team am Vasenboden ins Leben gerufen hatte, ist auch heute noch – 25 Jahre später – eines der beliebtesten Jugendevents unserer Stadt.

Stefan und ich verdienten beide in unseren Jobs gutes Geld und verbrachten gemeinsam jede freie Minute in der Natur mit Radfahren, Wandern, Skitouren, Langlaufen. Wir genossen unser Leben als typische »DINKs« – Double Income, No Kids.

An Tagen, an denen ich meine Energie und Zeit mit Menschen teilte, um Veranstaltungen zu planen, zu organisieren und durchzuführen, war ich ganz in meinem Element. Dieses dankbare Gefühl nach einer gelungenen Veranstaltung erfüllte mein Herz mit Freude. Trotzdem war ich nicht »Frau meiner 24 Stunden«.

Die meisten Tage im Jahr verbrachte ich im Büro. Mein Wecker klingelte um 6:00 Uhr und sehr häufig verließ ich erst gegen 19:00 Uhr wieder das Gebäude meiner Arbeitsstelle. Der Arbeitstag begann im Morgengrauen und endet zumindest in den Herbst- und Wintermonaten spät abends im Dunkeln.

Es war einer jener Tage im November mit Inversionswetterlage, an denen sich im Klagenfurter Becken der graue zähe Nebel keine Sekunde lichtet. Ich saß im Büro vor einem dieser Computer, die mindestens eine Kaffeelänge brauchten, bis sie hochgefahren waren, und quälte mich durch einen Berg von Zahlen und Kalkulationen zu unserem Jahresbudget. Ein tiefer Seufzer aus meiner Brust ließ mich innehalten. Nachdenklich blickte ich aus dem Fenster meines Büros im 8. Stock der Landesbank in ein Meer aus grauen Nebelschwaden. Sehnsüchtig erinnerte ich mich an jene Zeit, an denen ich beim Schneetraining auf den Gletschern von Zermatt, Sölden, Saas Fee oder Pitztal inmitten einer herbstlich bunt leuchtenden Bergwelt auf das Nebelmeer ins Tal blickte und dem Ruf meines Herzens folgen konnte: mit Freude und voller Leidenschaft meine Schwünge über die Pisten zu ziehen.

Erschrocken fragte ich mich, ob ich denn meine kostbare Lebenszeit gerade vergeudete?

Seit meinem ersten persönlichkeitsbildenden Seminar im Spätherbst 1998 am Weißensee bei Baldur Preiml, dem ehemaligen Trainer der Skisprung-Olympiasieger Charly Schnabl, Toni Innauer und Co, begann ich, mich immer mehr mit dem tieferen Sinn meines Lebens auseinanderzusetzen.

Baldur erkannte meine Leidenschaft und Gabe, Menschen durch meine persönlichen Erlebnisse aus meiner Skikarriere zu inspirieren und zu motivieren, ihre selbst gesteckten Grenzen und Herausforderungen anzupacken und zu meistern. Er ermutigte mich, als Co-Trainerin in seinen Seminaren zu assistieren. Ein verlockendes Angebot, welches mein Herz innerlich jauchzen ließ. Doch das Leben hatte zuvor noch ein paar andere Slalomschwünge für mich eingeplant.

Unsere erste Tochter Sophie war unterwegs und forderte bereits im Mutterleib meine volle Aufmerksamkeit und Liebe. In den ersten Wochen nach der Geburt war es für mich bereits ein Erfolgserlebnis, wenn ich mittags geduscht und nicht mehr im Pyjama durch die Wohnung lief. Halleluja! Was war das für eine starke kleine Persönlichkeit, die einer Weltcup-Siegerin und Managerin sagte, wo es langgeht! Sophie war meine erste Lehrmeisterin im Coaching par excellence. Unsere Erstgeborene ließ mich erkennen, wie erfüllend es sein kann, mein Ego hintanzustellen, um ihren Bedürfnissen Raum zu geben. Sie lehrte mich, innezuhalten, wenn ich es eilig hatte. Und voller Aufmerksamkeit und Wachheit im Hier und Jetzt zu sein.

Nur 22 Monate, nachdem Sophie unser Leben quasi über Nacht auf den Kopf gestellt hatte, erblickte unser zweiter Sonnenschein, Marie, das Licht der Welt. Die beiden sind im Wesenskern vollkommen unterschiedliche Persönlichkeiten. Während Sophie wie ein hitziger Wirbelwind durchs Leben braust, ist Marie die Ruhe und Besonnenheit in Person. Welch ein bereicherndes Geschenk des Lebens. Zwei so verschiedene Charaktere und Persönlichkeiten, die meinen Mann und mich die ersten paar Jahre täglich aus unserer Komfortzone lockten.

Obwohl ich es liebte, für meine Familie voll und ganz da zu sein, suchte ich nach einem Ausgleich und geistiger Nahrung für meine persönliche Entwicklung.

Die Inhaberin meines Lieblingsbuchladens unserer Stadt überreichte mir jeden Monat mit Augenzwinkern einen Stapel meiner bestellten Buchexemplare über Mentaltraining und Neurobiologie. Ich tauchte in eine für mich faszinierende und doch so logische Welt der Erfolgspsychologie ein und begann beim Lesen dieser Lektüre, die Herausforderungen meines bisherigen und jetzigen Lebens zu verstehen. Viele Verletzungen seelischer Natur, die mich immer noch aus meiner vergangenen Sportkarriere belasteten und teilweise in meinen Träumen einholten, begann ich anhand der wertvollen Übungen aus den Büchern aufzuarbeiten und zu heilen.

Schließlich führte mich mein Weg der Selbstfindung in eines der Seminare meines späteren Mentors, Anthony Robbins.

Wir erarbeiteten in Rollenspielen unsere Werte, Stärken und Fähigkeiten anhand der für uns bedeutsamen Storys aus unserem Leben. Anthony holte mich nach vorne auf die Bühne und ich erzählte in meinem damals holprigen Englisch von meinen Ups and Downs aus meiner Skikarriere. Wildfremde Menschen kamen danach zu mir, bedankten sich für die wertvollen Metaphern und Impulse, die ich ihnen vermittelt hatte.

Ich war tief bewegt. Es war für mich wie ein Déjà-vu: Plötzlich stand ich wieder als elfjähriges Mädchen im Zielstadion von Bad Kleinkirchheim, feierte inmitten Tausender jubelnder Fans den Weltcupsieg meines damaligen Vorbilds im Skirennlauf, die fünffache Weltmeisterin Annemarie Moser-Pröll. In dem Moment, wo meine Heldin von ihren Kolleginnen auf die Schultern gehoben und durchs Zielstadion getragen wurde, machte sich eine wilde Entschlossenheit in meinem Kopf und in meinem Herzen breit: Ich wollte alles daransetzen, um eines Tages auch zu den weltbesten Skirennläuferinnen zu gehören. Mein erster großer Lebenstraum war geboren.

Ähnlich wie damals als elfjähriges Mädchen im Zielstadion von Bad Kleinkirchheim stand ich in diesem Seminarraum unter Tausenden von Menschen und spürte dieses innige Verlangen, alles zu lernen, was es braucht, um meine Berufung voll und ganz zu leben und in ein lukratives Business zu verwandeln. Ja, genau das war es, wonach ich viele Jahre gesucht hatte.

Es war schon lange mein Herzenswunsch, durch meine bewegenden Geschichten und persönlichen Erfahrungen andere Menschen zu ermutigen, sich von ihren Rückschlägen im Leben nicht aus der Bahn werfen zu lassen.

Eine der wertvollsten Erkenntnisse aus meiner Lebensschule, dem Spitzensport, ist es, dass jede Herausforderung auch eine spezielle Botschaft für uns birgt.

> *Ich habe gelernt, meine sogenannten Stolpersteine nicht als Hindernisse zu betrachten, sondern diese als wertvolle Lernerfahrungen auf dem Weg zu meinen Zielen anzuerkennen und zu nützen.*

Insgeheim trug ich tief in mir immer schon eine leise Ahnung, dass ich in den Herzen anderer ein Feuer entzünden kann, damit diese ihr wahres Potenzial erkennen. Und ich wollte Menschen darüber hinaus ermutigen und dabei unterstützen, die ihnen von Gott gegebenen Stärken und Fähigkeiten zu aktivieren und mit Passion zu leben. Kein kurzfristiges Strohfeuer durch externe Motivation entfacht, welches im Alltagstrott wieder erlischt, sondern ein sich aus dem innersten Wesenskern eines Menschen nährender mentaler, emotionaler und physischer Energiestrom, der nachhaltig das Leben dieses Menschen immens bereichert.

Nutze die kostbare Chance deines Lebens. Löse deine Bremsen. Aktiviere deine Stärken und lebe deine Berufung.

Dieses Seminar »Unleash the Power within«[56] in London war ein markanter Wendepunkt in meinem Leben.

Ich buchte Seminar um Seminar, um von den erfolgreichsten Persönlichkeits- und Erfolgstrainern der Welt zu lernen. Für mich war es sonnenklar, dass es wie im Sport die besten Trainer braucht, um selbst eine ausgezeichnete Coachin und Vortragende zu werden.

Ohne die großartige Unterstützung meines Mannes, der sich während meiner Seminarreisen liebevoll um die Mädels kümmerte, wäre diese intensive Ausbildungszeit niemals möglich gewesen. Sophie und Marie genossen die besondere Zeit, in der sie ihren Papa voll und ganz für sich vereinnahmen konnten. Meine Entscheidung, mich beruflich wieder neu auszurichten, war für uns alle ein Gewinn und eine wertvolle Lebenserfahrung.

Volksbühne Köln – Der Countdown läuft

Entgegen der würzigen Winterluft zu Hause erwarten mich in Köln bereits frühlingshafte Temperaturen. Ich gönne mir einen kurzen Powernap mit anschließenden Atem- und Stimmübungen im Hotel Steigenberger. Die Volksbühne liegt ideal erreichbar von hier, quasi gleich um die Ecke.

Thomas Spitz, mein sehr geschätzter persönlicher Business Coach von Greator, empfängt mich mit einem wohltuenden warmen und aufmunternden Lächeln am Eingang.

Während der letzten Monate legte sich Thomas richtig ins Zeug, um mich bei der Entwicklung meines Speeches zu unterstützen. Beinahe wöchentlich tauschten wir Ideen zu »meiner Heldenreise« aus und er gab mir ehrliches, aufrichtiges Feedback zu meinen Fortschritten. Thomas hielt mich auf meinem Kurs und motivierte mich, dranzubleiben, wenn ich einen Durchhänger hatte. Er koordinierte Workshops und Coaching-Termine und war für mich da, egal welche Fragen für mich zu klären waren.

Ein Mitarbeiter, der sich so stark einbringt, ist ein immens wertvoller Gewinn für jedes Unternehmen. Ich hoffe, die Geschäftsführung von Greator hat dies in Thomas Spitz ebenfalls bemerkt.

Ein guter Coach erkennt, wann für seinen Schützling die Zeit gekommen ist, die Trainingspiste gegen die Rennpiste einzutauschen. Im Dezember 2019 ließ Thomas nicht locker, mich hartnäckig davon zu überzeugen, meinen Auftritt für den 30. Januar 2020 zu fixieren und ihn nicht weiterhin durch meinen Perfektionismus nach hinten zu verschieben. Als hätte er geahnt, dass dies der letztmögliche Auftrittstermin vor einer langen Bühnenpause wegen der Covid-19-Pandemie sein würde.

Im Foyer treffe ich weitere Crewmitglieder von GEDANKENtanken, die mich herzlich begrüßen. Es ist ungemein beruhigend, so warm willkommen geheißen zu werden. Nach und nach erscheinen meine Speaker-KollegInnen. Manche ganz still, andere ein wenig aufgedreht und sichtlich nervös. Plötzlich hält mir von hinten jemand die Augen zu. Ich drehe mich um und blicke in die wundervollen braunen Augen meiner lieben Speaker-Kollegin Anya Dehlen. Mein Herz springt vor Freude, als mich auch Vera Peters und Ulrich Olbrisch zur Begrüßung in den Arm nehmen. Alle drei hatten ihre Auftritte bereits in den letzten Tagen und trotzdem lassen sie es sich nicht nehmen, mich heute Abend mental und emotional zu unterstützen. Das nenne ich mal echten Team-Spirit!

Ähnlich wie früher in meiner Sportmannschaft die Trainingslager haben uns die gemeinsamen Live-Workshops zu einem Team zusammengeschweißt. Wir trafen uns regelmäßig in den Räumlichkeiten der Kochwerkstatt und der Volksbühne, ehemals Millowitsch-Theater, benannt nach Willy Millowitsch, dem bekanntesten Kölner Volksschauspieler des 20. Jahrhunderts, um unsere Keynotes zu trainieren. Wir tauschten unsere Erfahrungen aus und profitierten während unserer Ausbildung zum Top-Speaker unheimlich viel voneinander. Wir haben uns gegenseitig ermutigt, unsere persönlichen Grenzen sukzessive zu dehnen, um noch authentischer und ehrlicher unser Innerstes in den Vorträgen preiszugeben.

Ich genoss unsere gemütlichen Abende nach jedem ausgiebigen Trainingstag, an denen wir bei gemütlichem Essen miteinander über unsere Fauxpas gelacht und unsere Selbstzweifel mit einem guten Glas Wein runtergespült haben. Jeder einzelnen dieser Begegnungen und Freundschaften bin ich zutiefst dankbar.

Thomas tippt auf die Uhr und meint, es seie an der Zeit, uns mit dem Labyrinth im Keller der Kölner Volksbühne und den »Katakomben«, wie die Künstlergarderoben unter Insidern genannt werden, vertraut zu machen. Es riecht ein wenig muffig. Die Räumlichkeiten an sich wirken wenig einladend auf mich. Es sind jedoch meine Einstellung und die Menschen um mich, die mit ihrem Augenzwinkern, dem Small Talk und ihrem Lächeln eine gute, stimmige Atmosphäre kreieren.

Wie haben sich wohl all die großen Künstler, SchauspielerInnen, Kabarettisten und SängerInnen der letzten Jahrzehnte hier unten auf ihren großen Auftritt vorbereitet? Ein ehrfürchtiger Gedanke huscht mir durch den Kopf: »Wow! Womöglich hat einmal genau hier an meinem Garderobenhaken der Mantel einer berühmten Schauspielerin gehängt.« Bevor wir uns mit der Crew für einen letzten Check und zur Regiebesprechung auf der Bühne zusammenfinden, bleibt mir noch wertvolle Zeit, um mich mit »meiner Arena« vertraut zu machen. Aus meiner Wettkampfvorbereitung weiß ich, wie kostbar es ist, sich ausreichend Zeit zu nehmen, um sich in Ruhe und mit Konzentration mit den Gegebenheiten vertraut zu machen. Während meine KollegInnen wieder in den »Katakomben« verschwinden, um sich ihre Garderobe einzurichten, ist jetzt mein wichtigstes Anliegen, die Ruhe vor dem Sturm zu nutzen und mich mit »meiner Piste« vertraut zu machen.

Noch sind die Türen der Volksbühne für das Publikum verschlossen und es herrscht feierliche Stille im Zuschauerbereich.

Ich berühre die leeren Sitzreihen mit meinen Händen und nehme so den Raum »in Besitz«. In meiner »vorherigen Welt« hätte ich ein paar Schwünge über die Pisten gezogen, um mich mit den Schneeverhältnissen und dem Gelände vertraut zu machen.

Über ein paar schmale Stufen seitlich der Bühne gelange ich auf »meine Rennpiste«, den Raum für meine Performance. Ich nehme »meinen Platz« am kreisrunden grauen Teppich im Zentrum der Bühne ein. Stelle mich gut zentriert in selbstbewusster, aufrechter Körperhaltung hin. Mein Herz pocht wie wild und ich spüre, wie meine innere Anspannung wächst. Ich atme einige Male tief ein und aus, balle meine rechte Hand ganz fest zur Faust und rufe innerlich mehrmals ein kraftvolles »Yes!« Mein persönlicher Anker und Energie-Booster, mit dem ich mich augenblicklich in einen ressourcevollen, freudig motivierten Zustand versetze.

In Gedanken sehe ich bereits, wie sich die Reihen mit gut gelauntem Publikum füllen. Ich suche mir die sogenannten »Landing Points« links und rechts außen, im vorderen und ganz hinteren Bereich der Sitzreihen und auch auf dem Balkon. Dorthin werde ich später in meiner Keynote immer wieder meine Blicke schweifen lassen und Blickkontakt zu den Menschen, die dort sitzen, aufnehmen – um mich zu erden und den Energielevel im Raum zu spüren. Ich spanne sozusagen in meiner geistigen Vorstellung einen energetischen Bogen, wie Engelsflügel, über den Raum und darüber hinaus. Sofort fühle ich, wie sich mein kraftvoller Spirit mit dem Wohlwollen der – noch imaginären – Zuschauer verbindet. Gleichzeitig durchflutet mich eine tiefe Dankbarkeit, dass ich heute hier in Köln Menschen mit meiner Geschichte inspirieren und ermutigen werde, ihre ganz persönlichen Herausforderungen im Leben als wertvolle Chance zu erkennen, um zu wachsen und sich zur besten Version ihrer selbst entwickeln zu können.

Genauso wie früher vor dem Start meiner Weltcuprennen klopfe ich mir zum Abschluss meines Bühnen-Warm-ups nochmals mit der rechten Faust auf meine Thymusdrüse etwa in Höhe meines Herzchakras zur Aktivierung meiner mentalen, emotionalen und körperlichen Kraft/Stärke/Energie, mit der ich später die Bühne betreten werde.

Nach und nach treffen meine Kolleginnen und Kollegen auf der Bühne ein, Stefan Frädrich begrüßt uns mit ein paar Späßchen. Als erfahrener »Bühnenfuchs« ist das anscheinend seine Art, uns zu beruhigen und zu vermitteln, dass wir cool bleiben können, und wünscht uns alles Gute für unsere Keynotes.

Wir erhalten ein letztes Briefing des Programmablaufs. Ein Monitor auf der Bühne zählt den Countdown unserer Speaker-Zeit. Nach 18 Minuten beginnt das Ding zu blinken, was bedeutet, dass meine Zeit um ist. Ich schmunzle innerlich, denn bei meinen Skirennen war es ähnlich. Bevor wir uns aus dem Startgate katapultierten und ins Rennen gingen, wurden wir vom Startrichter und dem lauten Piepton der Uhr eines bekannten Schweizer Uhrenherstellers, der mit einer beachtlichen Geldsumme die Veranstaltung sponserte, eingezählt, und sobald wir die Ziellinie passierten, erschien unsere Laufzeit in der Ziel-Arena an einem riesigen digitalen Anzeigenbord.

Jingis – Ruhe, Gelassenheit in Person – schwirrt wie eine gute Fee von einem zum anderen und scheint alles perfekt unter Kontrolle zu haben. Sie zwinkert mir motivierend zu und lädt mich ein, ihr zur Technik zu folgen für die letzten Feinabstimmungen. Der Soundcheck ist noch mal ein perfektes Warm-up für meine Stimme. Ich singe einmal die Tonleiter rauf und wieder runter, wechsle den Tonfall zwischen laut und leise. Ich schließe kurz die Augen, atme tief durch, konzentriere mich und beginne die ersten Sätze meiner Keynote ins Mikro zu sprechen, bis mir die Regie einen Daumen nach oben zeigt. Das Zeichen, dass mein Mikro nun perfekt auf meine Stimme und Tonlage eingestellt ist. Mein Blick schweift durch den Raum und einmal mehr erkenne ich, wie viele beflissene Crewmitglieder auf Hochtouren arbeiten und ihr Bestes geben, damit wir Speaker heute Abend perfekte Voraussetzungen vorfinden und uns ausschließlich auf unsere Performance konzentrieren können. Viele wichtige Vorbereitungsschritte und Handgriffe, die vom Publikum und uns Akteuren meist unbemerkt bleiben.

Jingis winkt mich zu sich, da es Zeit wird, nochmals gemeinsam die Abfolge der Fotos für meine Keynote zu kontrollieren. Tatsächlich entdecken wir ein Fehlerteufelchen, welches sich bei der Schreibweise meines Namens eingeschlichen hat. Die Präsentation wird ausgebessert und ich erkenne erneut, wie wertvoll es ist, vorab ausreichend Zeit einzuplanen, um nicht unnötig in Zeitdruck und Nervosität zu geraten.

Visagistin Anna erwartet mich bereits in der Garderobe mit einem herzlichen Lächeln. Sie betrachtet aufmerksam mein Gesicht und meint dann augenzwinkernd: »Du kannst dich entspannt zurücklehnen, da reichen ein paar Pinselstriche, um deine natürliche Strahlkraft zu betonen.« So ein schönes Kompliment, welches meiner Seele so kurz vor meiner Performance noch mal richtig guttut. Will ich doch heute durch mein Licht ein helles Leuchten in die Herzen des Publikums zaubern.

Es ist 17:55 Uhr. Stefan Frädrich wird in exakt fünf Minuten den Abend eröffnen. So wie ich Stefan bisher wahrgenommen habe, ist es seine Intention, von Beginn an eine lockere, schwungvolle Atmosphäre in der Volksbühne zu kreieren.

Mein Auftritt ist für 18:50 Uhr getaktet, als vierte Vortragende des Abends. Wir sind drei weibliche Akteure und sieben männliche Kollegen.

Gerade als ich meine letzten Sprachübungen mit Korken im Mund für eine deutliche Aussprache wiederhole, schaut Frank Asmus mit seinem verschmitzten Lächeln durch die Garderobentüre und fragt, ob er kurz hereinkommen könne.

Und ob er das kann! Mein Herz lacht vor Freude. Ich empfinde tiefe Wertschätzung, dass sich Frank extra Zeit nimmt, uns heute Abend zu beehren.

Frank Asmus ist Regisseur, Speaker und Top Executive Coach. Er begleitete unsere Gruppe im Zuge der Speaker-Ausbildung bei GEDANKENtanken in den Bereichen Dramaturgie, Inszenierung und persönlicher Auftritt. Frank ist eine jener großartigen Persönlichkeiten, die ihren Erfolg nicht an die große Glocke hängen. So wie ich ihn kennen- und schätzen lernte und er es uns vermittelte, sieht er sich ganz klar als Diener, im Sinne von: sich für die Weiterentwicklung und den Erfolg seiner Klienten voll und ganz einzubringen. Wir profitierten für unsere Keynote-Entwicklung enorm von seinem unschätzbaren Wissen und seiner persönlichen langjährigen Bühnenerfahrung.

Frank behandelte jeden von uns von Anfang an als ebenbürtige Kolleginnen und Kollegen. Ganz egal, aus welchen Lebensbereichen und Erfahrungen wir kamen. Er beendete erst dann das Training, wenn sowohl er als Coach als auch wir Speaker jeder für sich das Gefühl hatten, aus dieser Trainingseinheit einen richtigen Mehrwert und Fortschritt für uns gewonnen zu haben.

Vom Spitzensport zu Spitzenleistungen

Spitzensportler sind bereit, sehr viel, wenn nicht sogar alles, dem Sport unterzuordnen.

Ich hatte große Wertschätzung für jede meiner Teamkolleginnen und ebenso größten Respekt den Rennläuferinnen der anderen Nationen gegenüber, weil ich den Weg bis zur Weltspitze selbst gegangen bin und weiß, wie hart jede einzelne Platzierung unter den Top Ten erarbeitet werden musste.

Wir trainierten beinahe täglich bis zur körperlichen Erschöpfung und dehnten auch regelmäßig unsere mentalen Grenzen im Kopf. Ich weiß jedoch auch, dass letztendlich nicht meine körperliche Verfassung für Sieg oder Niederlage entscheidend war, sondern wie klar und fokussiert ich im Kopf bin.

Das klarste Element gewinnt! Je konkreter meine Absicht und das dazugehörige Gefühl für meine Zielerreichung, desto mehr Energie war ich imstande, aus mir heraus zu generieren.

Genau wie meine Coaches damals im Sport vermittelte uns Frank Asmus während einem unserer Bühnen-Trainings an einem kühlen regnerischen Herbstvormittag im Oktober 2019 im ehemaligen Millowitsch-Theater, dass Klarheit DER Schlüssel ist, wenn wir für unser Publikum eine starke Wirkung erzeugen wollten. Klarheit im Inhalt, Klarheit in unserer Ausdrucksweise und Klarheit in der Abfolge und dem Aufbau unseres Vortrags.

Obwohl ich mich seit mittlerweile mehr als 30 Jahren intensiv mit der Psychologie des Erfolgs und dem Aktivieren der mentalen, emotionalen und körperlichen Potenziale beschäftigte, begann ich, den Sinn und den Zusammenhang meiner vergangenen Sportkarriere und meiner jetzigen Berufung zur Coachin und Vortragenden aus einer neuen Perspektive zu betrachten. Es war, als fügten sich nach und nach die einzelnen Puzzleteile (meines Lebens) zu einem wertvollen Gesamtwerk zusammen.

Finde deine Key-Message und verbinde diese mit deinem inneren Feuer, deinem starken »Warum«.

Wenn du deinen Leitstern gefunden hast und weißt, wofür es sich lohnt, deine Lebenszeit und deine Energie einzusetzen, dann erlebst du Sinn in deinem Tun und Wirken. Herausforderungen wird es immer geben! Unser Leben kennt keinen Stillstand. Doch wenn du dein »Wofür« kennst – wofür du etwas tust, dann lässt du dich von deinen scheinbaren Hindernissen nicht vom Weg abbringen. Das Leben, das Universum, der liebe Gott oder wie auch immer du diese Kraft nennst, schickt dir diese »Prüfungen«, damit du für dich selbst in deiner Persönlichkeit wachsen kannst und wachsen darfst.

Mentale Stärke. Motivation. Erfolg.

Im Laufe meines Lebens habe ich immer wieder die Erfahrung gemacht, dass mein unmittelbares Umfeld enormen Einfluss darauf ausübt, ob ich selbst an meine Fähigkeiten glaube und meine Visionen verwirklichen kann. Umso mehr schätzte ich die Workshops in der sicheren Atmosphäre einer vertrauten Gruppe unter Gleichgesinnten. Nach und nach lernten wir von unseren beiden Coaches

Christian Gaertner und Frank Asmus das Handwerkszeug für unsere zukünftigen Keynotes. Wir erlebten unser Bühnentraining als wertvollen Ort der Weiterentwicklung unserer Persönlichkeit, der Selbstwirksamkeit und der Transformation. Wir wussten, dass jeder von uns mit denselben Herausforderungen zu dealen hatte: Wie bringe ich meine Story klar verständlich, interessant, spannend und humorvoll rüber, sodass das Publikum durch unser Speech nicht nur einen netten Abend erlebte, sondern mit einem richtigen Mehrwert nach Hause gehen konnte?

Durch Frank lernte ich, meine Rolle als Keynote-Speakerin neu zu definieren: Auf der Bühne bin ich eine Führungsperson. Ich führe die Zuschauer durch meine Journey. Von nun an war ich für mein Publikum eine Reiseführerin durch die imaginäre Welt des Spitzensports im alpinen Skiweltcup.

Meine persönlichen Erfahrungen und Erkenntnisse aus meiner Sportkarriere verpackte ich in klare Schlüsselbotschaften, die das jeweilige Learning und den Nutzen für das Publikum auf den Punkt bringen.

Je öfter ich probte und je deutlicher ich meine starken Kernbotschaften herausarbeitete, umso wohler fühlte ich mich. Je klarer und authentischer ich meine Botschaften kommunizieren lernte, desto mehr Energie strahlte ich aus, und je mehr Energie ich in mein Speech legte, umso leichter gelang es mir, mich mit meinem wahren Selbst zu verbinden.

Wenn ich auf die Bühne gehe, geht es nicht um mich! Es geht ums Dienen, um die Hingabe an die Menschen im Publikum. Meine Hingabe an die Zuschauer befreit mich aus meiner Ichbezogenheit.

Ich lernte, das kraftvollste rhetorische Ausdrucksmittel – die Dynamik meiner Körpersprache – zu nutzen, um mich auf der Bühne energetisch entfalten zu können. Es bedarf, wie im Sport, der absoluten Präsenz, um die richtige Energie zum richtigen Zeitpunkt zu aktivieren. Die ganze Bandbreite an Emotionen, wie zum Beispiel Humor, Trauer, Wut, Angst, Freude, Begeisterung und so weiter kann ich nur dann im entscheidenden Moment auf der Bühne preisgeben, wenn ich mutig in die jeweilige Energie hineingehe, diese in mir aufsteigen lasse und mich dann diesem Gefühl voll und ganz hingebe.

Um dieses machtvolle Tool für meine Bühnenpräsenz und kraftvolle Inszenierung meiner Keynote zu lernen, machte ich mir eine der effektivsten Erfolgsmethoden aus dem Spitzensport zunutze.

Bist du bereit?

Wenn ich zum Beispiel im Slalom eine neue Technik erlernte, dann trainierte ich diese nicht nur auf der Piste, also real, sondern auch mental in meinem Geiste. Vor allem versuchte ich, auch emotional zu spüren, wie sich diese neuen Bewegungsabläufe anfühlten. Je öfter ich die Schwünge trainierte und auch mental verinnerlichte, umso leichter und selbstsicherer gelang es mir dann auch, diese Bewegung in Extremsituationen, sprich, im Wettkampf, zu meistern. Durch das mental-emotionale Visualisieren verankerte ich mein Ziel-Bild sowohl auf der bewussten Ebene meines Verstandes als auch in meinem Unterbewusstsein.

Übertragen auf deine Vorbereitung für deine nächste Präsentation heißt dies, dass du ...

- im ersten Schritt deinen Text sitzend auf dem Stuhl ausschließlich im Kopf mental übst – ohne Lippenbewegung.
- Im zweiten Schritt schließt du deine Augen und beginnst deine Keynote im Geiste zu spielen, ohne dabei zu sprechen. Du visualisierst mental, emotional und seelisch und trainierst dabei zugleich deine Atmung.
- Im dritten Schritt dieser Übung spielst du deine Keynote als Pantomime. Du hältst deine Rede mit geöffneten Augen, nur mit dem Instrument deiner Körpersprache, ohne ein Wort zu sprechen. Dabei trainierst du deine Gestik und deine Mimik. Dein Körper beginnt, deine Story im Flow zu erzählen.

Durch diese Übungsmethode erschaffst du neue neuronale Verbindungen in deinem Gehirn. Du kannst das mit dem Anlegen eines neuen Pfades in der Natur vergleichen. Je öfter du denselben Weg beschreitest, desto breiter und komfortabler wird dieser Pfad, bis er zu einem ausgetretenen und breiten Weg wird. Deine Keynote wird lebendiger, emotionaler, humorvoller und natürlicher. Du kannst gar nicht anders, als authentisch zu performen, und dein Publikum wird begeistert sein.

Und solltest du doch mal den Faden verlieren, was auch mir immer wieder mal passiert, dann bleib locker und improvisiere. Pannen geben uns die Chance, noch sympathischer und menschlicher rüberzukommen.

Jeder Speech / jede Keynote / jeder Vortrag / jede Präsentation ist wie ein Slalomlauf.
Ich katapultiere mich energievoll aus dem Startgate,
versuche, einen Rhythmus zu finden,
lege meine volle Passion in die Performance,
konzentriere mich auf die jeweiligen Übergänge und Schlüsselpassagen und
gehe mit einem starken Call to Action als Endspurt über die Ziellinie.

Bevor Frank wieder auf seine dezente und achtsame Weise den Garderobenraum verließ, bestärkte er mich nochmals, in meiner Präsenz und Kraft zu bleiben. Es war wie damals vor dem Start eines Weltcup-Rennens, wenn mir mein Trainer noch mal wohlwollend auf die Schulter klopfte und viel Glück und Erfolg für meine bevorstehende Performance wünschte. Jetzt konnte der heutige Abend nur noch ein Gewinn werden.

Keine Angst vorm Versagen

Aus dem Flur ertönen die letzten Anweisungen der Regie an die ersten Speaker. Es wird etwas hektischer um mich herum. Jingis lächelt zur Garderobentüre herein und bedeutet mir, dass es Zeit ist, das Headset, welches vorhin beim Soundcheck auf meine Stimmlage abgestimmt wurde, anzulegen.

Ich trete hinaus auf den Flur, der nach oben zur Bühne führt, und spüre ein Knistern in der Luft. Crewmitglieder sprechen über Funkgeräte ihre letzten Anweisungen. Stimmengewirr, Lachen und manch tiefer Seufzer erinnern mich an die unmittelbaren Wettkampfvorbereitungen in der Start-Arena eines Weltcup-Rennens.

Gott sei Dank kommt mir meine jahrelange Startroutine zugute, die ich mir als Rennläuferin nach und nach angeeignet habe. Nach weit mehr als tausend Startvorbereitungen habe ich sämtliche Ausprägungen von Nervosität und Versagensängsten selbst durchlebt, bis ich für mich schließlich mein optimales Ritual verinnerlicht hatte. Mentale Methoden, Atemübungen und körperliche Bewegungen, durch die ich mich in kürzester Zeit in einen ressourcevollen Zustand versetzen und meine innere Kraft und Stärke in die von mir erwünschte Richtung kanalisieren konnte.

Diese Erfahrungswerte waren und sind nicht nur für mich und meine Performance sehr wertvoll. Von vielen meiner Klienten ernte ich laufend das positive und dankbare Feedback, wie sehr sich ihre Lebensqualität und ihr beruflicher Erfolg verbessert haben, weil sie dank meiner Unterstützung eine für sie maßgeschneiderte Methode entwickeln konnten, anhand derer sie die Energie ihrer Aufregung umwandeln und so zu ihren Gunsten nutzen können.

Die große Uhr über der Garderobentüre, welche an die Modelle in einer Bahnhofshalle aus dem letzten Jahrhundert erinnert, zeigt 18:35 Uhr. Es wird Zeit für ein letztes Warm-up vor meinem Auftritt. Je nach Grad meiner Nervosität zaubere ich unterschiedliche Übungen aus meinem Repertoire hervor. Heute passt zur Aktivierung von Körper und Geist ein Lauf am Stand, dessen Intensität ich fortlaufend bis zu einem kurzen Sprint steigere – im Sport auch unter dem Begriff »Skipping« bekannt. Gefolgt von tiefen Atemzügen zur vermehrten Sauerstoffaufnahme bis in die äußersten Lungenspitzen. Ein paar kurze Hampelmann – Sprünge oder Liegestütze und nochmals eine Koordinationsübung, bei der ich abwechselnd mein linkes Knie zum rechten Ellenbogen hebe und mein rechtes Knie zum linken Ellenbogen. Ein kurzes, konzentriertes Aufwärmen sowohl der Muskulatur als auch ein nochmaliges mentales Visualisieren des bevorstehenden Rennens gehört nach wie vor zu den wichtigsten Vorbereitungen, womit sich Spitzensportler in einen optimalen Wettkampfzustand eintunen.

Genussvoll gönne ich mir einen Schluck aus meiner Thermoskanne. Lauwarmer Salbeitee aus meinem Kräutergarten ist Balsam für meine Stimmbänder. Besonders wenn ich mich gewohnheitsbedingt kurz vor einem Auftritt öfter räuspern muss. Anschließend schneide ich noch ein paar Grimassen zur Belebung meiner Gesichtsmuskulatur und klopfe mir mit den Fingerspitzen rhythmisch auf meine Thymusdrüse, die sich in der Mitte meiner Brust hinter dem Brustbein befindet. Der Begriff »Thymus« kommt aus dem griechischen Wort »thymos«, was so viel wie Lebenskraft, Seele und Gefühl oder Sensibilität bedeutet.

Nervosität, Lethargie, Aufregung, Begeisterung … Alles ist eine Form ein und derselben Energie. Es gilt lediglich, diese in mir aufsteigende Kraft in einen unterstützenden Zustand zu verwandeln und in die von mir erwünschte Richtung zu lenken. Ich bin das Ventil, durch welches diese Energie direkt in den Raum und die Herzen des Publikums fließt!

Die Aktivierung der Thymusdrüse ist eine effektive Methode, um Stress abzubauen und um körpereigene Energien zu steigern. Bei regelmäßiger Anwendung dieser einfachen, jedoch sehr effektiven Entspannungstechnik wächst der Tatendrang, gleichzeitig wird das physische und emotionale Immunsystem gestärkt und obendrein stellt sich eine wohltuende Gelassenheit ein.

Aus meiner eigenen Erfahrung kann ich sagen, dass diese praktische und hilfreiche Übung mich innerlich entspannt, während gleichzeitig mein energetischer Zustand belebt wird, ohne dabei zu überdrehen.

I LOVE THE STAGE

Kurz vor meinem Auftritt wollte Stefan Frädrich noch mal mit mir meine Anmoderation besprechen, als das Speaker-Paar vor mir früher als erwartet zu Ende war. Er musste auf die Bühne. Jetzt! Er drehte sich noch im Rausgehen zu mir um und fragte: »Und du hast tatsächlich den Weltcup gewonnen?« Vollkommen erstaunt über diese Frage, da er ja meine komplette Anmoderation lange vorab erhalten hatte, erwiderte ich nur: »Nix verraten, das gehört zur Pointe«. Stefan improvisierte vollkommen cool und holte mich auf die Bühne.

Der Applaus ebbt ab, ich atme ein paar Mal tief und ruhig ein und aus und blicke in einige erwartungsvolle Augen, lächle und warte. Stille. Gelassen schweift mein Blick durch die Reihen bis ganz nach hinten. In der Dunkelheit sind keine Gesichter mehr zu erkennen, aber ich beginne, die Energie im Raum zu spüren. Erst, als es mucksmäuschenstill wird, hebe ich meine Hände und lege mit kraftvoller Stimme los.

Immer wieder suche ich Blickkontakt zum Publikum und nehme es schwungvoll mit durch den Slalomlauf meiner sportlichen Karriere.

Wir starten mit dem ersten Schwung an dem Tag, der mein ganzes weiteres Leben entscheidend beeinflusst hatte. Der Moment, an dem ich als Elfjährige mit Gänsehaut die Siegerehrung meines damaligen Idols Annemarie Moser-Pröll im Zielstadion von Bad Kleinkirchheim live miterlebte und sich ein inniger Wunsch ganz tief in mein Herz brannte: »Eines Tages bin ich auch eine Siegerin!«

Erfolg ist kein Zufall, Erfolg ist eine Frage unserer inneren Einstellung.

Dieses brennende Verlangen in mir wurde zu meinem Leitstern, der mich über Wasser hielt, wenn ich in einem Formtief zu ertrinken drohte. Solange ich wusste, wofür es sich lohne, meine Lebenszeit und meine Energie einzusetzen, erlebte ich Sinn in meinem Tun. Das mentale Bild, eines Tages am Siegespodest ganz oben zu stehen, verlieh mir auch die Kraft, jene unzähligen Trainingsstunden, in denen ich über meine Grenzen ging und mich vollkommen verausgabte, als sinnvollen Teil des Erfolgsprozesses zu verstehen.

Ich offenbare dem gespannt lauschenden Publikum all meine Versagensängste und wie ich meine Selbstzweifel besiegte. Wir nehmen Fahrt auf, und wie bei einem realen Slalom der Rhythmus zwischen schnellen und langsameren Tor-Passagen wechselt, so ändert sich auch der Spannungsbogen meiner Geschichten. Die Leute erleben eine emotionale Achterbahn zwischen Lachen, Berührtheit und Hoffnung. Mit Spannung biegen wir auf die Zielgerade zu jenem Rennen, welches zum Turning Point in meinem Leben und zur Geburtsstunde meiner wertvollen neuen Lebensaufgabe als Vortragende und Persönlichkeits-Coachin wurde. Ich genoss den Schlussapplaus und erkannte in manchen Gesichtern eine Träne der Ergriffenheit, während andere voller Freude strahlten.

Eine Welle tiefer Dankbarkeit durchflutete mich und ich fühlte mich reich beschenkt, als mir Stefan Frädrich an diesem Abend den Preis zum Publikumsliebling und Speaker des Abends überreichte.

Erfolg ist kein einzelnes Ziel, welches du einmal erreichst und
das dich dann für den Rest deines Lebens glücklich macht.
Es ist der Weg mit all seinen wertvollen Herausforderungen,
Lernerfahrungen, den Misserfolgen und Höhepunkten,
der dich erfüllt und zu einer starken, authentischen Persönlichkeit macht.

Mit meinen Speaker-Kolleg*innen feierten wir am leckeren Bufett und mit einem Gläschen Wein glücklich und beschwingt unser aller Erfolge und gelungenen Keynotes.

Ich war richtig angetan vom positiven Feedback vieler Leute, die das Gespräch mit mir suchten.

Ein junger Unternehmer erklärte mir, dass er durch meine Story einen völlig neuen Zugang und eine andere Einstellung zu seinen Stagnationsphasen gewonnen hatte.

Von nun an sieht er Rückschläge nicht mehr als persönliche Misserfolge, sondern als kostbare Lernerfahrungen und Etappenziele auf seinem Weg zum nächsten Erfolgslevel.

Eine attraktive Frau, Mitte Vierzig, kam freudestrahlend auf mich zu und bedankte sich für den wertvollen »Anstubser«, den ich ihr gegeben hatte. Es war für sie schon lange an der Zeit, eine wichtige berufliche Entscheidung zu treffen, die sie bisher vor sich hergeschoben hatte. Durch meine Impulse hätte sie jetzt die Courage, diese Veränderung aktiv anzupacken.

Einige Tage nach unserem Gespräch meldete sie sich erneut bei mir und bat mich um Unterstützung. Mittlerweile lebt sie ihre Berufung und führt erfolgreich ihr eigenes Beratungsunternehmen im Bereich Ernährung und Gesundheit.

Die Show geht weiter

Trotz des anschließenden ersten Corona-Lockdowns hat sich seit der New Faces Night mein Business fortwährend erfolgreich weiterentwickelt.

Mit meiner sehr geschätzten Kollegin Vera Peters verband mich vom ersten Tag unserer Keynote-Trainings ein Band der Freundschaft. Gemeinsam veranstalteten wir im Sommer 2020 in den Nockbergen meiner Heimat ein außergewöhnliches Gipfelstürmer-Event für Führungskräfte.

Verschiedene Speaker-Agenturen kamen auf mich zu und nahmen mich unter Vertrag, woraus sich zahlreiche physische Events und auch Onlinevorträge für Unternehmen in Österreich, Schweiz und Deutschland ergaben.

Große Freude machen mir nach wie vor die Ski-Events, für die ich von Wintersportorten für Gäste gebucht werde oder von Unternehmen als Incentive für Kunden und Mitarbeiter.

Ich erhielt Einladungen, an diversen Onlinekongressen mitzuwirken, was sich wiederum sehr positiv auf mein Coaching-Business auswirkt.

Wenn du also das nächste Mal zauderst, dein Ziel anzupacken, oder an dir zweifelst, dann denk dran, dein Leben ist keine Gerade. Dein Leben ist ein Slalomlauf mit vielen unverhofften Turning Points, wertvollen Lernerfahrungen und erfüllenden Erfolgsmomenten! Glaub an dich, pack deine Chancen beim Schopf und gib niemals auf! Und dann – mit Schwung über die Ziellinie, direkt auf dein persönliches Siegerpodest!

ÜBER CLAUDIA STROBL

Weltcup-Siegerin und Olympia-Sportlerin **Claudia Strobl** zählte mehr als ein Jahrzehnt zur Elite des alpinen Ski-Weltcups. Die Unternehmerin, Buchautorin und Entwicklerin der SLALOM-Methode©, beschäftigt sich seit mehr als 30 Jahren intensiv mit der Psychologie des Erfolgs und dem Aktivieren und Stärken der persönlichen Potenziale.

»Vom Spitzensport zu Spitzenleistungen«, so ihr Credo als Keynote-Speaker, Persönlichkeits- und Erfolgscoach. Claudia Strobl ist seit 2018 Präsidentin des Skiverbandes in ihrer Heimat Kärnten. Gesellschaftlich engagiert sie sich als Botschafterin für Wings for Life World Run.

ANMERKUNGEN

1 https://gutezitate.com/zitat/114997
Das Originalzitat lautet: *Zusammenarbeiten führt zum Erfolg.*

2 Keynote kommt von Grund-/Leitgedanke und bezeichnet einen herausragend präsentierten Vortrag zu einem bestimmten Aspekt.

3 Nico Dietrich / Wolfgang Frindte (Hrsg.), 2017: *Muslime, Flüchtlinge und Pegida. Sozialpsychologische und kommunikationswissenschaftliche Studien in Zeiten globaler Bedrohungen*, Springer Fachmedien, Wiesbaden: S. 16 ff.; https://www.spiegel.de/politik/ausland/is-islamischer-staat-syrische-kurden-fliehen-in-die-tuerkei-a-993172.html

4 https://www.faz.net/aktuell/gesellschaft/menschen/zum-18-geburtstag-von-greta-thunberg-17128919.html; https://www.augsburger-allgemeine.de/politik/Kommentar-Die-Greta-Frage-Warum-Thunberg-so-extrem-polarisiert-id55234721.html; https://www.faz.net/aktuell/politik/greta-thunbergs-komplette-wutrede-vor-der-un-im-video-16400632.html

5 https://www.welt.de/vermischtes/video224209420/Zuspruch-fuer-Klimaaktivistin-Es-gibt-echte-Hoffnung-Dalai-Lama-lobt-Greta-Thunberg-fuer-Engagement.html; https://www.greenbiz.com/article/when-greta-thunberg-met-dalai-lama; https://utopia.de/dalai-lama-unterstuetzt-greta-thunberg-141988/

6 https://www.duden.de/rechtschreibung/Anerkennung

7 »Emotion is created by motion«, Quelle: https://www.youtube.com/watch?v=nYhdVxnqs7A, Minute: 00:34, The Edge: the Power to Change Your Life Now, © 2013 Robbins Research International, Released on: 2013-12-15, Writer: Anthony Robbins. Auto-generated by YouTube; Robbins, Tony, 2013: The Edge: The power to change your life now (Album / Hörbuch), Part 1: Welcome to thre Edge, Robbins Research Institute, San Diego.

8 https://www.bundestag.de/leichte_sprache/wer_arbeitet_im_bundestag/abgeordnete; https://rp-online.de/info/consent/; https://aka-blaetter.de/der-sinn-der-politik-ist-freiheit/; https://www.gut-leben-in-deutschland.de/bericht/massstab-fuer-politik/

9 https://www.religionen-entdecken.de/eure_fragen/warum-wurde-jesus-hingerichtet; https://zeitzeichen.net/archiv/2014_Januar_politik-bei-jesus; https://www.deutschlandfunk.de/vor-50-jahren-der-mord-an-martin-luther-king.871.de.html?dram:article_id=414543; https://www.spiegel.de/geschichte/nelson-mandela-auf-robben-island-a-947040.html; https://www.bing.com/search?FORM=INCOH2&PC=IC04&PTAG=ICO-e28d3473&q=neolson+mandela+freilassung

10 https://www.nationalgeographic.com/history/article/nelson-mandela-fought-apartheid-work-not-complete; https://www.iofc.org/nelson-mandela-talked-with-enemies; https://www.bbc.com/news/av/world-africa-20737342

11 Wikipedia, Kristina Vogel

12 Westdeutsche Zeitung, 18.03.2019

13 www.frankasmus.com

14 Wikipedia, Schweizer Frauenbewegung, Chronologie der Frauenbewegung

15 Petra Müssig, *Erfolg ist Kopfsache*, Motorbuch Verlag 2010

16 https://vestorscapital.com/politik-wirtschaft/unternehmen/planer-geschichten-unsere-helden/58311/

17 https://beruhmte-zitate.de/zitate/1975659-denzel-washington-gluck-ist-dort-wo-moglich-keit-auf-vorbereitungtr/

18 https://gutezitate.com/zitat/192089

19 https://beruhmte-zitate.de/zitate/1970584-soren-kierkegaard-verstehen-kann-man-das-leben-ruckwartsleben-muss/

20 Bibel, Lukas 6,45

21 https://beruhmte-zitate.de/zitate/125670-mark-twain-der-unterschied-zwischen-demrich-tigen-wort-und-de/

22 www.zitate.woxikon.de, siehe: https://zitate.woxikon.de/fehler/767-dietrich-bonhoeffer-den-groessten- fehler-den-man-im-leben-machen-kann-ist-immer-angst-zu-haben-einen-fehler-zu-machen

23 Gallup Studie 2019

24 https://www.globalcitizen.org/de/content/nelson-mandela-inspiration-zitate/

25 https://www.zitate-online.de/sprueche/wissenschaftler/265/probleme-kann-man- niemals-mit-derselben-denkweise.html

26 Vera Peters und https://de.wikipedia.org/wiki/Ubuntu_(Philosophie)

27 Bernhardt, Klaus (2016): *Panikattacken und andere Angststörungen loswerden*, München: Random House, S. 9.

28 https://de.statista.com/statistik/daten/studie/313967/umfrage/bestand-an-versicherungsvertrae-gen-in-deutschland/

29 Ich bin selbst seit 1989 als Finanzberater tätig. Hierbei handelt es sich um eine von mir gemachte Erfahrung. Am Anfang meiner Tätigkeit gab es je Haushalt maximal zwei bis drei Versicherer, heute schließt man Versicherungen bei zwischen acht und zehn verschiedenen Anbietern ab.

30 https://de.statista.com/infografik/19906/risiko-fuer-altersarmut-in-deutschland-nach-geschlecht/
https://de.statista.com/statistik/daten/studie/155734/umfrage/wohneigentumsquoten-in-europa/

31 Der korrekte Wert laut Quelle liegt sogar bei 9,41 Prozent, siehe https://www.dws.de/aktienfonds/de0008474008-dws-esg-investa-ld/

32 Der korrekte Wert liegt seit Auflegung laut Quelle bei 8,0 Prozent, siehe: https://am.oddo-bhf.com/deutschland/de/privatanleger/funddata/DE0008478058

33 https://de.wikipedia.org/wiki/Investmentfonds#/media/Datei:Funktionsweise_von_Invest-mentfonds_Grafik_BVI_Bundesverband_Investment_und_Asset_Management.jpg

34 https://www.boerse.de/grundlagen/etf/Wie-funktionieren-ETFs-8

35 https://www.allianz.ch/de/privatkunden/ratgeber/vorsorge/rueckkaufswert-lebensversicherung.html

36 https://www.recht-finanzen.de/contents/1216-besteuerung-von-vor-2005-abgeschlossenen-lebensversicherungen

37 https://beruhmte-zitate.de/autoren/edward-snowden/

38 https://dr.spitzbart.com/der-mensch-besteht-aus-47-zutaten

39 https://xn--aminosure-02a.org/aminosaeuren/l-carnitin

40 https://www.cell.com/cell-metabolism/fulltext/S1550-4131(10)00304-9

41 https://de.wikipedia.org/wiki/Arginin

42 https://flexikon.doccheck.com/de/Tryptophan

43 https://www.dge.de/wissenschaft/referenzwerte/vitamin-c/?L=0

44 https://pubmed.ncbi.nlm.nih.gov/?term=vitamin+c

45 https://pubmed.ncbi.nlm.nih.gov/32102933/ oder auch: https://pubmed.ncbi.nlm.nih.gov/22021693/

46 Jeff T. Bowles, *Hochdosiert*, Goldmann Verlag, 3. Auflage

47 https://swprs.org/wunder-von-elgg-vitamin-d/

48 G.D. Jones et al. (2017): *Selenium deficiency risk predicted to increase under future climate change.* PNAS
[Bleys J, Navas-Acien A, Guallar E. (2008): *Serum selenium levels in all-causes, cancer, and cardiovascular mortality among US adults. Arch Intern* Med., 168: 404-410]

49 https://pubmed.ncbi.nlm.nih.gov/28245865/ und https://www.medmeister.de/serotonin-erhoehen/

50 https://www.iwkoeln.de/studien/iw-kurzberichte/beitrag/jochen-pimpertz-62-milliarden-euro-fuer-entgeltfortzahlung-bei-krankheit-454750.html

51 https://www.euro.who.int/de/about-us/partners/news/news/2018/12/health-is-a-human-right

52 https://de.statista.com/infografik/9957/altersarmut-in-deutschland/

53 Dr. Strunz/Jopp: *Topfit mit Vitaminen: Die Vitamin-Revolution,* S. 124 und https://www.jneurosci.org/content/31/26/9672

54 Eigene Erfahrung durch Vergleich verschiedener Labore und siehe https://www.med4you.at/laborbefunde/allgemeines/pdf_lbef_referenzbereiche.pdf, S. 6

55 Dr. Strunz/Jopp: *Topfit mit Vitaminen: Die Vitamin-Revolution,* S. 124 und https://www.jneurosci.org/content/31/26/9672

56 https://www.tonyrobbins.com/

STICHWORTVERZEICHNIS

J

K

L

M

N

O

P

R

S